◉ 建筑施工失败案例分析丛书

建筑结构工程

[日] 半泽正一 著
小山 广
小山友子 译

中国建筑工业出版社

著作权合同登记图字：01-2006-1500号

图书在版编目（CIP）数据

建筑结构工程/（日）半泽正一著；小山广，小山友子译.—北京：中国建筑工业出版社，2006
（建筑施工失败案例分析丛书）
ISBN 7-112-08237-4

Ⅰ.建... Ⅱ.①半...②小...③小... Ⅲ.结构工程—工程施工—案例—分析 Ⅳ.TU74

中国版本图书馆CIP数据核字（2006）第031401号

责任编辑：白玉美　戚琳琳
责任设计：郑秋菊
责任校对：张树梅　王雪竹

建筑施工失败案例分析丛书
建筑结构工程
[日] 半泽正一　著
小山广　小山友子　译
*
中国建筑工业出版社出版、发行（北京西郊百万庄）
新华书店经销
北京方嘉彩色印刷有限责任公司印刷
*
开本：880 × 1230毫米　1/32　印张：5¾　字数：166千字
2006年12月第一版　2006年12月第一次印刷
定价：45.00元
ISBN 7-112-08237-4
(14191)

本社网址：http://www.cabp.com.cn
网上书店：http://www.china-building.com.cn

前　言

目前，在建筑施工现场，以劳动灾害为首的包括混凝土的缺陷、漏水事故等现象，在许多地方不断地重复发生着。究其原因，我认为主要在于从事建筑工程的大多数人没有做好“将已经发生的失败作为教训传达给后人”的工作。

因此，我将过去的失败案例用具体的数据和照片进行归纳和分析，提供给现场的施工队，通过模拟体验来强化施工人员的事故意识，以预防事故的再发生，这种做法很有效果。本套丛书，就是将过去的失败案例按工种分类归纳编写而成的。

在现场管理中，仅仅遵守操作手册是远远不够的，还应该重视过去的失败教训。很重要的一点，是要求在现场的施工队中，人人都要意识到：“这种失败绝不能有第二次”。为了能够更好地对现场进行运筹管理，希望建筑工程技术人员都能很好地应用本书。

最后，由衷地感谢在本书编辑中给予帮助的朋友们。

半泽正一

2002年6月

目录

[1]安全

[2] 火灾・噪声

[3] 施工计划

[4] 临建工程

[5] 挡土墙・土方工程

[6] 桩基工程

[7] 解体・修复工程

[8] 主体结构工程

[9] 钢结构工程

本书中的图片上所附带解说的编码，按如下所示颜色进行区分。

蓝……失败案例

红……正确施工案例或对失败案例的改善方案

[1] 安全

1 因翻斗车造成的牵连第三者的交通事故

建筑工程必须在各种各样的条件下施工。下列图1至图5，说明了从现场运出弃土的翻斗车撞到作为第三者的过路行人的交通事故。虽然有交通引导员在场，但还是难免出现顾及不到的死角。

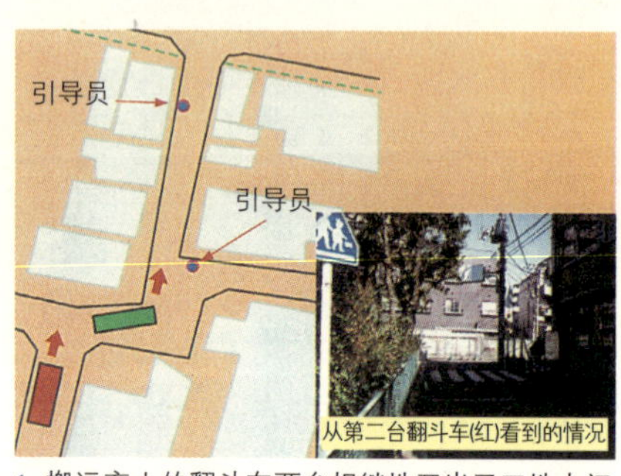

1 搬运弃土的翻斗车两台相继地开出了工地大门(上图中的绿和红)。

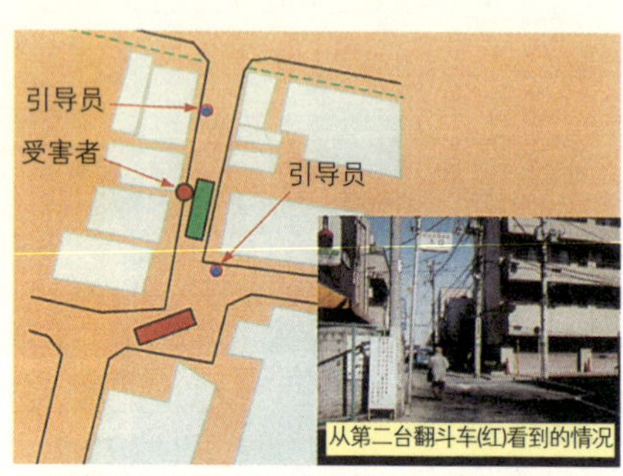

2 受害者正从第一台(绿)车旁通过，但是红车的驾驶员和引导员都没有注意到受害者的存在。

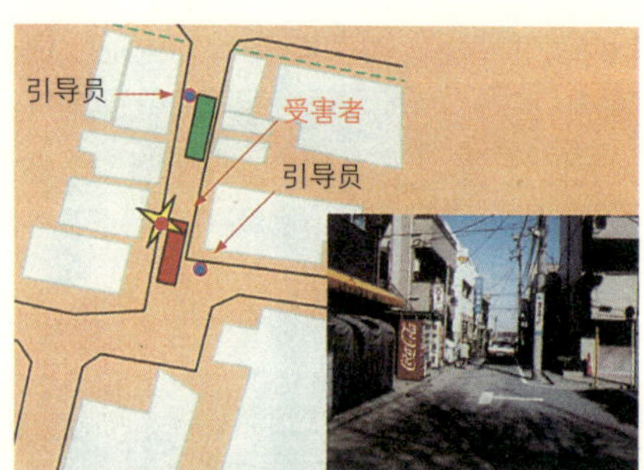

3 红色翻斗车把方向盘左转时，左前轮撞上了从前面翻斗车旁穿出来的受害者。

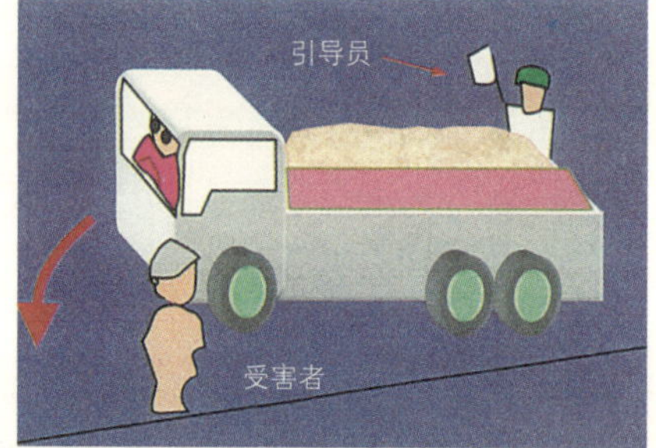

4 眼前的车子使引导员和驾驶员的视觉出现了死角。在如此狭窄的道路上要想减少死角，就必须充分拉开车的间距，也要妥善安排引导员。

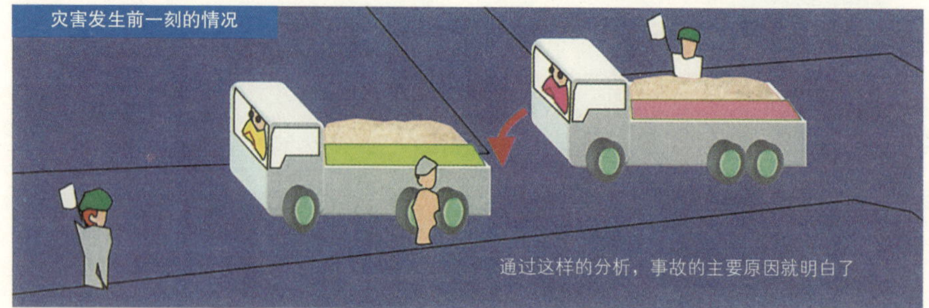

5 为了防止事故再度发生，专家们都在各自的立场上努力着。但是，正如人们所说的“万一”这个词一样，连专家都无法预测的情况也会发生。如果我们分析一下过去发生的许多事例，就会注意到那种“万一”的事故正在重复发生。

2 其他的交通事故

为了防止在工地出入口出现交通事故，必须根据周围的交通状况来安排引导员。不过，引导员安排之后不能放任不管，现场负责人要很好地确认引导情况，发现问题要明确地指出，让他们了解过去曾经发生过的事故实例，如果不进行指导就不能防止事故发生。

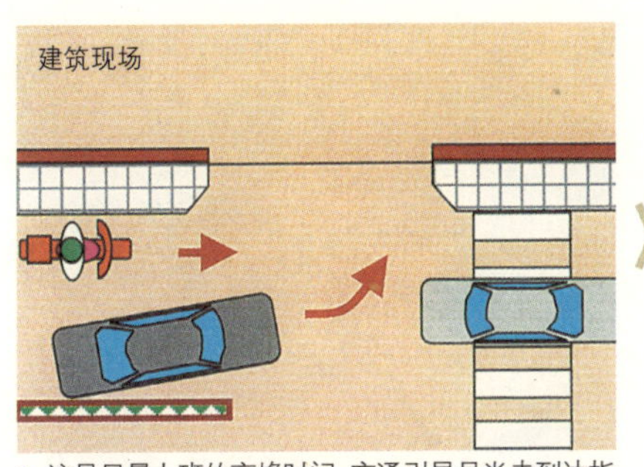

1 这是早晨上班的高峰时间，交通引导员尚未到达指定位置时发生的交通事故。工地的施工人员乘坐的车子开来，在工地入口处打算左转弯的时候发生的。

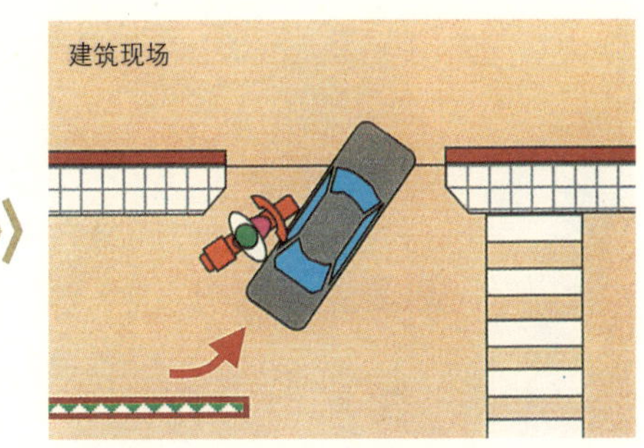

2 刚好并排行驶前来的一辆摩托车正向前进，就撞到了汽车的左侧。警察前来查问现场的管理状况。

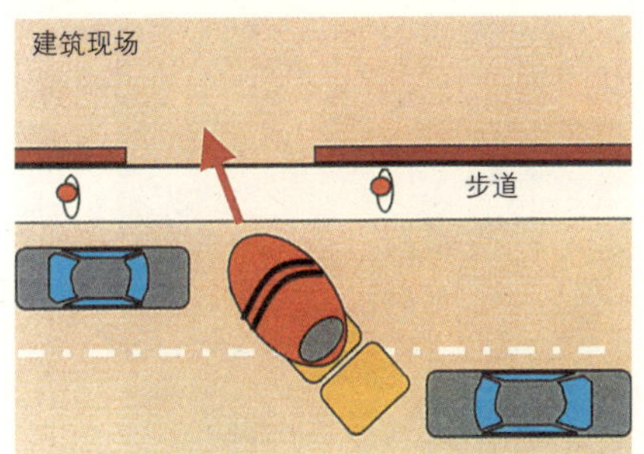

3 混凝土搅拌车使用反向车道，后退进入现场的情况较多，这种时候必须拦住两个方向的来往车辆。

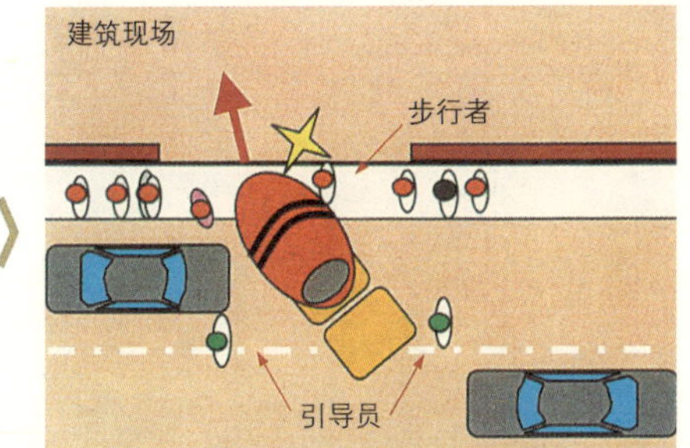

4 这种时候，急着要走过去的步行者因为注意着其他车辆，而发生了被搅拌车撞倒的事故。

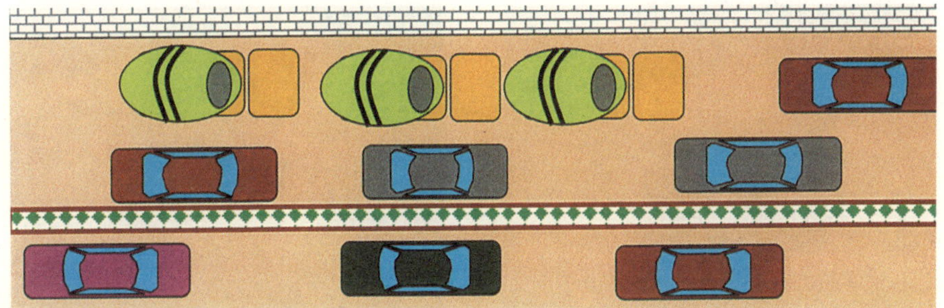

5 浇灌混凝土的早晨，混凝土搅拌车在附近的道路上等待并占用了一条车道，造成交通堵塞，受到警察的严厉批评。在施工现场，不仅是预拌混凝土，还有许多材料都要搬入，在挤成一团的施工状态中，要向全体驾驶员说明情况，那是非常费力的。

3 对行人造成危害

在施工时最应该注意的是来往行人的安全。像图5这样的场合，在发电机过热冒起黑烟的情况下还是继续进行施工，这是犯了双重错误。出现这样的情况，只能停止施工向周围道歉。工期越紧越容易出现这种事故。绝对不可急躁，要沉着冷静地采取措施防止事故发生。

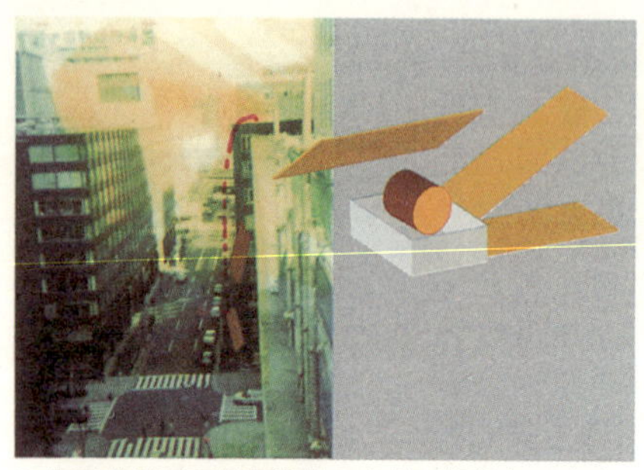

1 为了进行屋顶的翻修施工安装了螺纹加工车床，下面铺上9mm厚度的胶合板作防护，但是，大风将胶合板吹起，落到过路行人的头上。

2 就像上面的照片一样，如果随意地将胶合板放在屋顶上，就有可能出现类似左图那样的事故。

3 春天刮大风的日子，吊车在吊装钢结构楼梯时，楼梯在大风中摆动着，因为前几天下雨而积存在楼梯里的满是铁锈的水溅到行人的身上。

4 在切除钢结构柱子安装中使用的临时构件时，气割的火花穿过防护布空隙落到正在人行道上行走的行人身上。

5 在挡土板立桩打桩时，使用了配管内部已堵塞的螺旋钻，导致水压上升软管脱落，污水飞溅到外面的行人身上。这是由于没有做通水试验的原因。

6 将大型机械安放在建筑物上面进行解体施工时，大型机械的油压软管脱落，机油飞溅到外面的行人身上。

4 出入口周围的事故

施工现场的周围与邻近社区密切相连。如果如图 1 或图 2 所示那样不负责任地进行管理的话，就会大大增加周围人群对施工现场的不满程度。如果是图 3 和图 4 所示的那样面向外面的部分，则必须要特别谨慎地进行检查。

1 这是地下电缆的挖掘施工现场情况。施工地点面向道路却没有采取围上护栏等防止跌落的措施，可能出现儿童进入后坠落的事故。

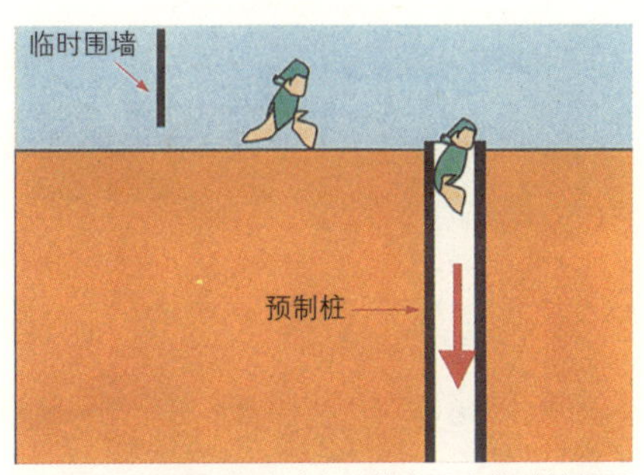

2 在已打了预制桩的地方，常有儿童钻过简易围墙跑进来玩耍，发生了跌落到桩坑里的事故。

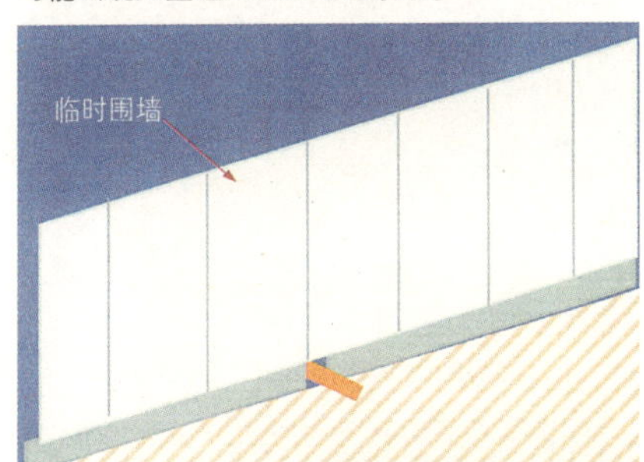

3 行人绊到了临时围墙的踢脚线空隙中伸出的加固木杆，因而摔倒了。希望工地的管理人员多为他人着想，每天检查一次周围的情况。

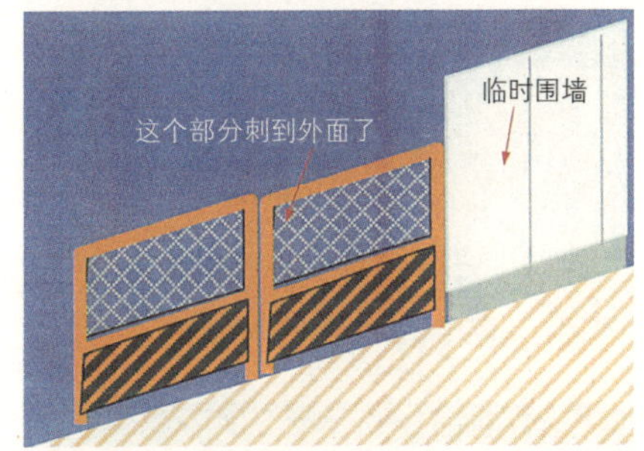

4 如上图所示，由于栅栏的网孔部分有根钢丝挑到外面，曾有行人抱怨："大衣被划破了"。

5 解体工程使用的隔声板堆放的状况。施工人员没有考虑到，像这种状况，只要稍有碰撞就会倒塌压到人。安全管理人员必须做具体的指导。

6 装配式脚手架用的脚手板堆放的情况，这也是危险的堆放方法。

5 无意识的陷阱 (1) 从楼面开口处坠落

如果我们反省一下长期以来经历过的许多事故，就会知道许多事故中的一个重要原因，即“无意识地设下的陷阱”。这种陷阱容易产生在施工界面之间的一瞬间。要尽快制定不产生这种陷阱的施工计划，并进行防止落入陷阱的教育。下面列举几个事例进行说明。

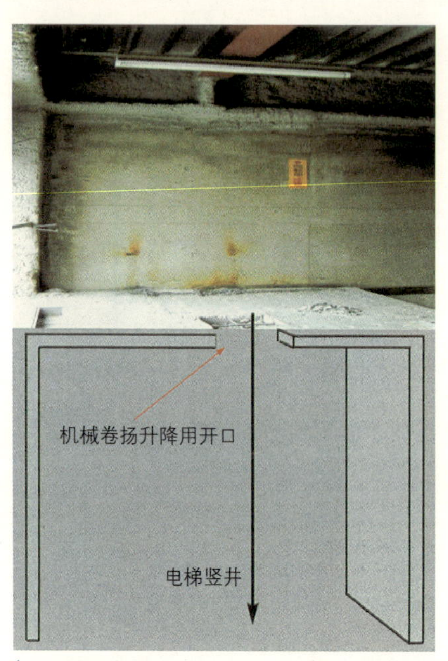

1

1 如左边的照片所示，电梯机械室内部的模板拆除完了，施工人员接受了命令进入其中进行打扫，正在整理杂乱无章地堆放着的模板时，从机械升降使用的开口处坠入电梯井坑。令人费解的是：虽然说现场十分杂乱，但是明知有开口为什么不注意呢？为了浇灌机械室的混凝土楼板，曾经在竖井里支设脚手架和支架，楼板的开口部位上紧贴着模板，但是前几天已将下面的支架拆除完了，糟糕的是那模板上面留着薄薄的混凝土余浆。所以我想：大概施工人员认为下面还有模板支架，因而毫不怀疑地踩上去了。在负责安全管理的人员意识到之前，这样的陷阱就已经被设下了。现场管理者必须在规划阶段就要努力设法避开这一类陷阱。这类问题在画施工图的阶段能够发现，如果将施工图委托他人设计，就可能失去一个极好的检查机会。所以，希望对施工规划应该有冷静的自我分析和对应方法。

2

3

4 如图 2 所示，楼面上放着胶合板，工人打算收拾起来，如图 4 那样将它拿起向前走去时，像图 3 那样的开口露着，因而从 7m 高处坠落死亡。即使在开口部有标志，因为现场的环境昏暗有灰尘或是标志被弄脏了，以致看不见它。如果在开口处设有防止落下的钢筋网就可以救命。

6 无意识的陷阱 (2) 登上未固定好的模板而坠落

这也是陷阱的一个事例。为了防止事故再次发生，要让更多的人了解发生过的灾害，应用漫画来表现是个有效的方式，因为它能够表现出人物的心情、时间的经过等。这个事故是划线工从模板工临时架设的墙壁上框的模板上走过时发生的。人在无意识之中设下了陷阱。希望在施工中时常检查有无类似情况，预知危险。

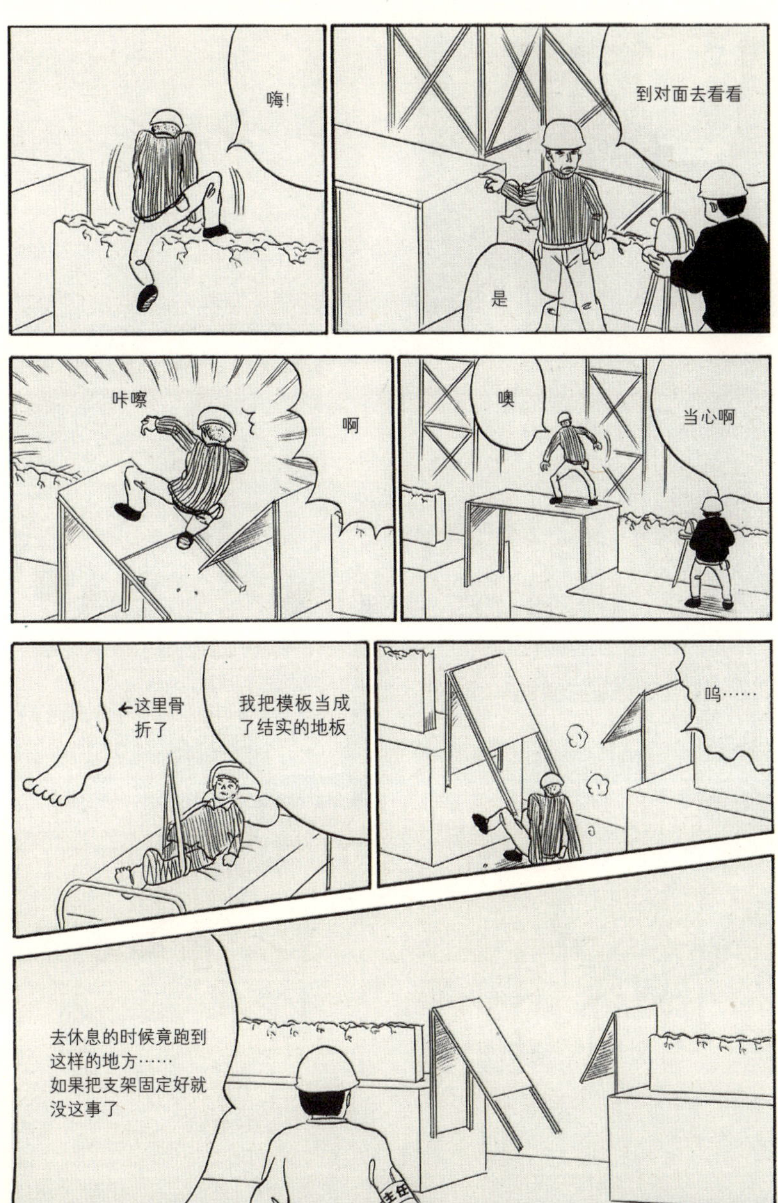

7 无意识的陷阱(3) 从波纹钢板开口处坠落

压送管通过内部卷扬使用的开口处，浇筑数层的楼面混凝土，最后准备浇筑最下层的楼面混凝土。那个时候，在混凝土的压送管通过的地方，留下一块大小为0.6m × 2.2m的开口位置没有铺波纹钢板，而在那开口处放上胶合板。

1 在开口处铺上波纹钢板浇筑混凝土。

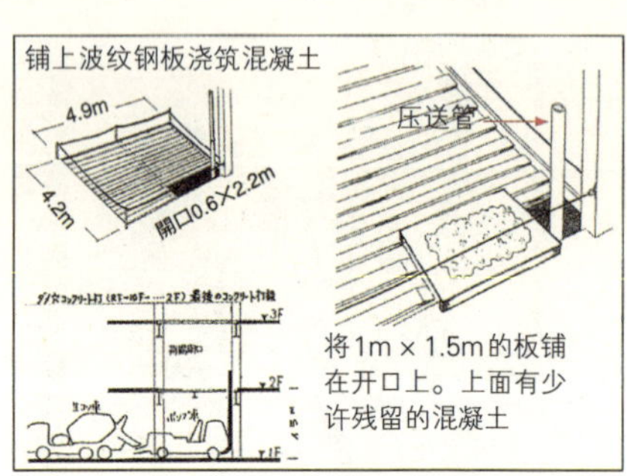

2 4.9m × 4.2m的开口处铺着波纹钢板，为了通过混凝土压送的配管，留下了0.6m × 2.2m的开口位置。

3 2人朝着箭头方向打算移动胶合板的时候，中途赶来帮助的受害者钻过绳子把胶合板抬起。

受害者认为胶合板下面也铺着波纹钢板，他把胶合板抬起往开口部位走去。

当其他2人注意到危险还来不及提醒之时，他一下子就坠落到4.5m下的混凝土地面上了。

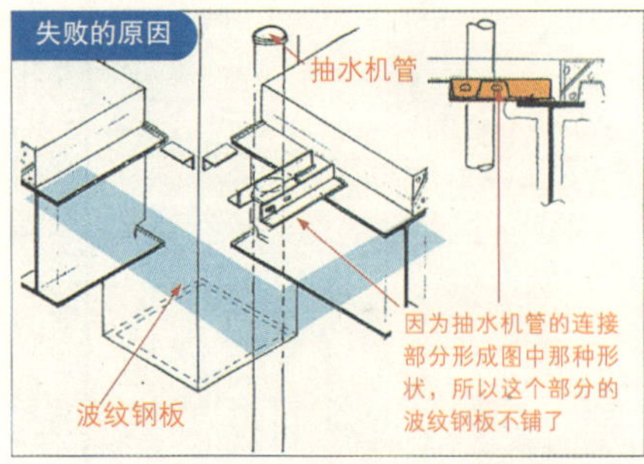

4 不考虑后果的盲目行事，导致了这种悲剧的发生。

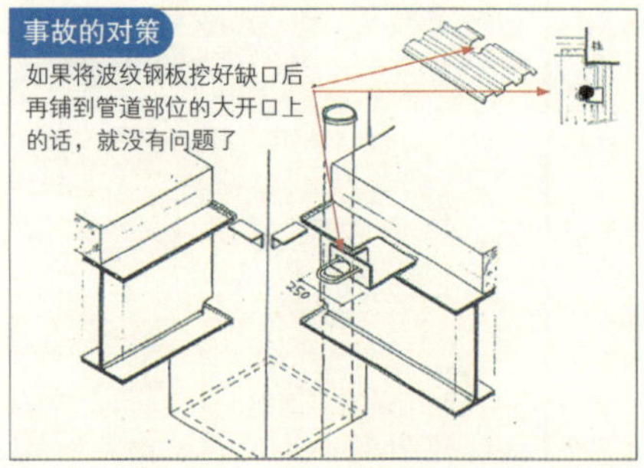

5 在钢结构发包时，事先了解到这些危险，预先制定出严格的临时工程计划，才能够防止事故的发生。

8 无意识的陷阱(4) 从钢结构的爬梯上坠落

在施工时，不可能对一件一件的工作边想边干。在一连串无意识的动作的重复中，将会落入这一类陷阱。有必要认识到：如果把角钢像这样安放可能成为陷阱。这种不自觉的陷阱是造成许多事故的一个重要原因。提高对于这类事故的预知能力可以避免灾害。

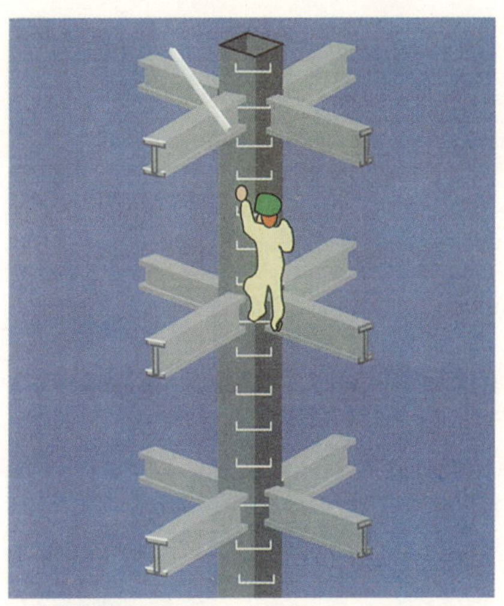

1 在攀登钢结构柱子上的爬梯。

2 因为梁上有角钢，所以用手抓着它准备攀上去。

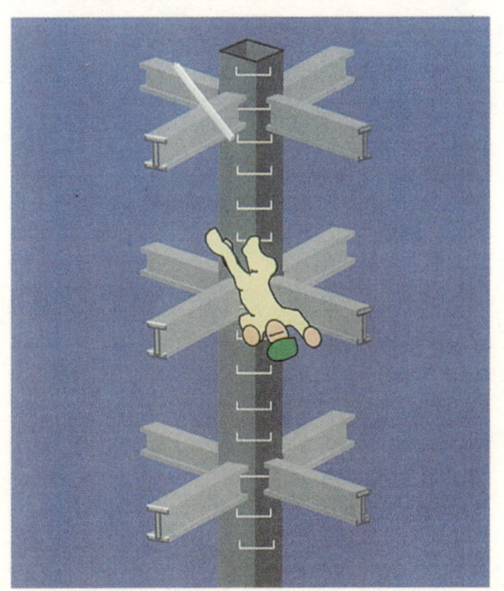

3 认为是固定好的角钢却移动了，慌张中失去平衡而坠落。

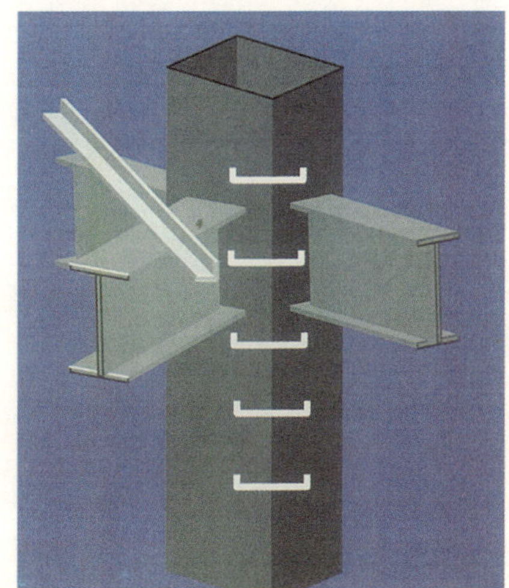

4 希望将这种情况牢牢印在脑海里。另外，为了发现与这个类似的陷阱，必须要钻研并提高“陷阱的预知能力”。

9 无意识的陷阱 (5) 在石砌墙壁上修整接缝的时候被打磨机伤及脸部

如图1所示，在大楼的门口部分，卷帘铁门的轨道和石头之间有的地方接缝太小，为了使接缝的宽度一致，就用刀具来切割它。当时，打磨机的刀片碰到后面的钢筋，崩裂的碎刀片击中头部，造成重伤事故。在某种程度上，人们认为施工按照操作程序进行就可放心了，对于石头后面无意间形成的陷阱就没发觉了。

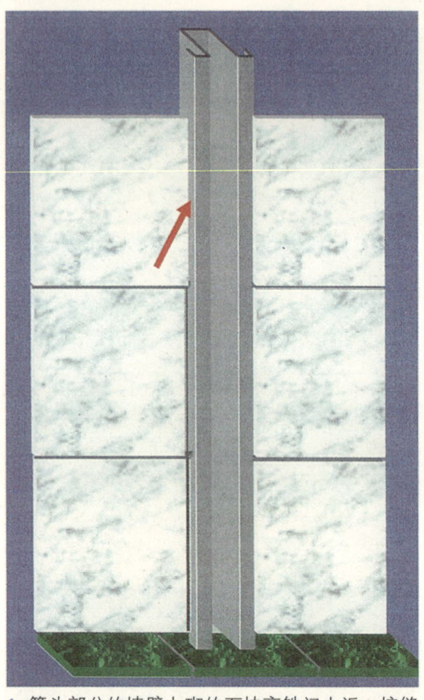

1 箭头部分的墙壁上砌的石块离铁门太近，接缝变得很细。

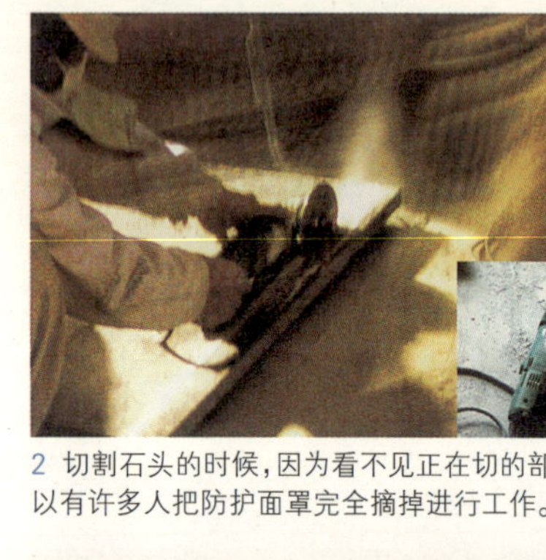

2 切割石头的时候，因为看不见正在切的部分，所以有许多人把防护面罩完全摘掉进行工作。

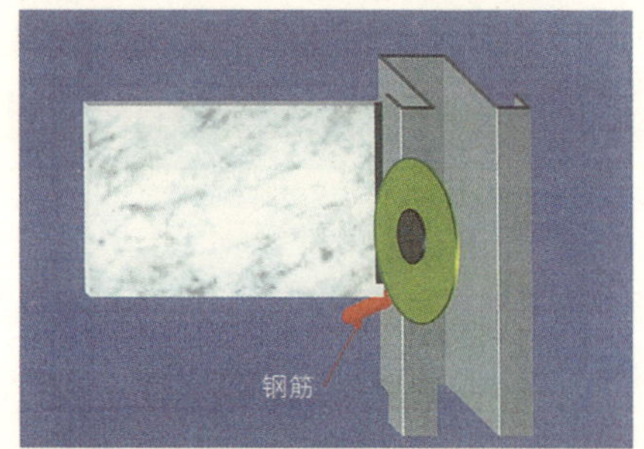

3 打磨机正以均匀的速度在切割。突然，打磨机的刀片碰到焊接在卷帘门轨道上的钢筋而崩裂了。

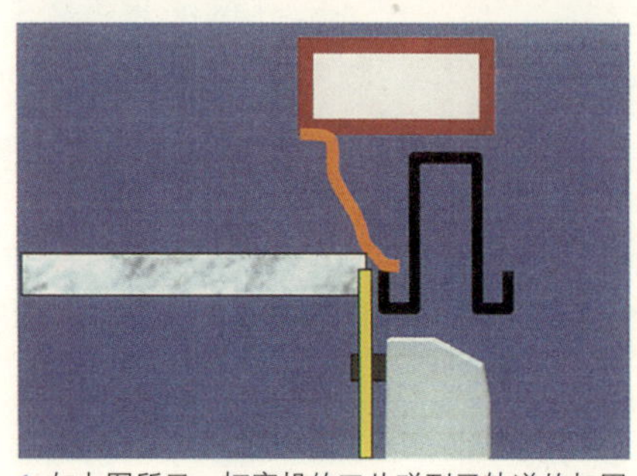

4 如上图所示，打磨机的刀片碰到了轨道的加固钢筋。

5 飞出的碎刀片击中施工者的脸，从鼻子到嘴唇被深深地切开造成了重伤。

10 无意识的陷阱 (6) 错踩到悬挑的脚手板而坠落

从移动式脚手架约4m高的地方探出身子想下来，把脚踩到没有固定的、长度为2m的脚手板的悬挑部分时，因脚手板移动失去平衡而坠落。在选择落脚点时，只要刚好有合适的地方，人们往往容易认为那里是牢固的。

1 当事人就是把脚踩到这样的脚手板上，因而发生了事故。

2 从这个狭窄的空间探出身子。

3 坠落后头部受到撞击形成脑损伤的严重状态。

把身体探出外部前，只要系好安全带就没问题，但是要养成一种习惯却非常困难。在现实中，这种事故的实例很少向施工人员传达。当本人实际感受到安全带的重要性时，就像上面的例子一样已经晚了。我期待：不仅要有“使用安全带”的标语，还应该有安全教育和安全管理，使人刻骨铭心地记住悲惨的事故正在大量发生的事实。

11 因用力过度而失去平衡 (1)

这是因反作用力而产生事故的一种表现。为了将某个物件安放到正确的位置上，正在拼命用力时，整个身体突然失去平衡导致坠落的典型。如果是在平地上施工，这种情况不会形成大的事故，但是，如果发生在高处或是开口部位的附近，那就是文字所说的那样“要命”了。

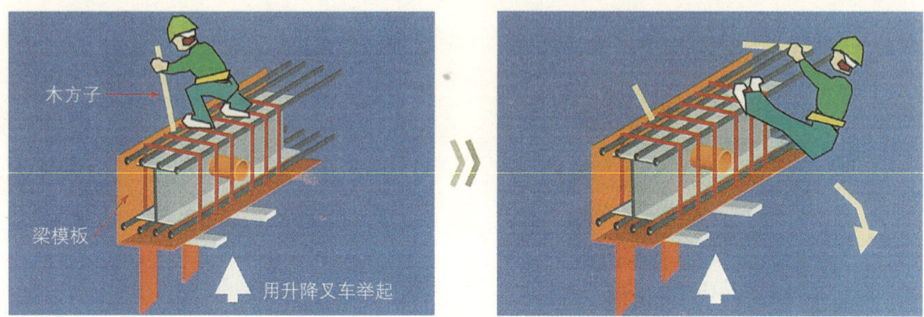

1 用升降叉车举起梁模板准备安装到扎好钢筋的钢结构梁上的时候，因为梁模板碰到钢结构的套管，所以模板工爬到钢结构的梁上，用木方子去撬梁模板。这时候木方子突然折断，工人落到3.7m以下的地面而死亡。

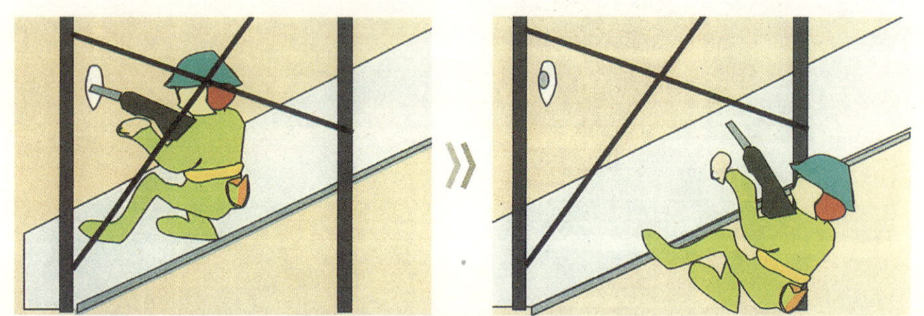

2 正在外墙上打孔的机械被墙里的钢筋卡住，当用力地向外拔的时候，机械突然从墙上退出。因此，工人的身体失去平衡向后跌倒，从支架下部滑出落到8m下的地面而死亡。

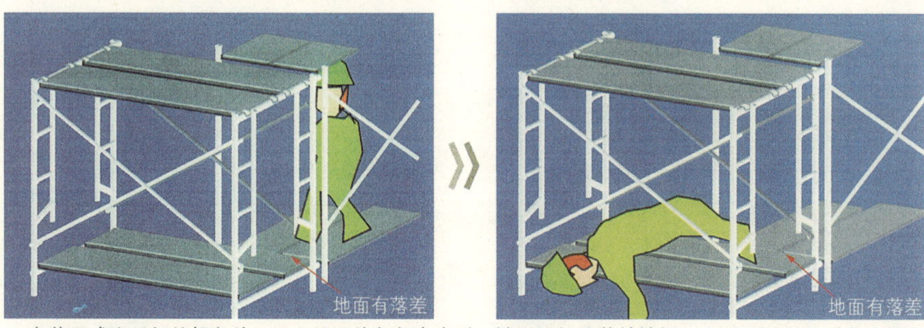

3 在装配式脚手架的拐角处，工人从远处匆匆走来时，被脚手架的落差绊倒，如图所示，从对角支撑的空档处坠落到13m以下的地面而死亡。

12 因用力过度而失去平衡 (2) 牵引钢梁时坠落

这类事故的模式非常多。图1的事故是因为第一节的钢结构有4m高，所以大意地没有使用安全带而发生。图2所示的在梯上作业时发生的事故，是钢筋工站在梯子上绑扎柱子的箍筋时，因力量失去平衡而坠落的事例。希望要注意这种例子是许多职业种类中共同存在的事故。

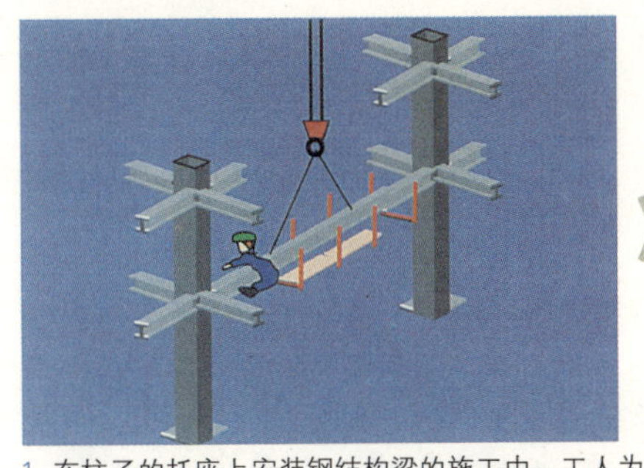

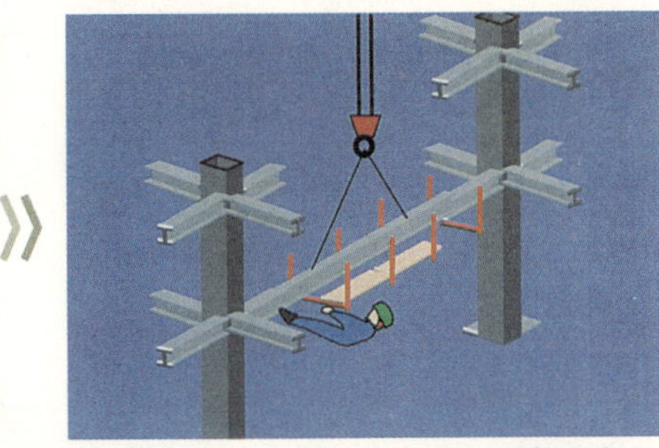

1 在柱子的托座上安装钢结构梁的施工中，工人为了将钢梁拉近身边，正在用力拉扯时，不料钢梁轻易地移动了，所以，身体失去平衡坠落到4m以下的混凝土地面，脊椎压迫性骨折，受了重伤。

2 站在铝制梯子上进行骑墙板的切割施工时，锯子被卡住，用力向外拔时失去平衡，头部猛烈撞击混凝土地面而死亡。希望认识到：由于反作用力存在，作用于头部的力量是非常大的，要把它作为简单的梯子作业中的一个教训。

3 拆除外部的装配式脚手架时，立杆怎么也拔不出来，所以用力地使劲一拔，立杆突然被拔出了，这时身体失去平衡，和立杆一起落到12m以下的地面导致死亡。

13 因用力过度而失去平衡 (3) 弯曲钢筋时坠落

建筑现场的事故是令人讨厌的事。况且，一旦发生死亡事故，全体员工所付出的努力可能被否定。经历了许多事故让我们想到：同样模式的事故正在重复地发生着。我希望不要把事故的原因用一句话："因为没有系安全带"来下结论，要看到其隐藏在深处的本质性的问题。并且，要将针对其本质性问题的对策应用于实践。

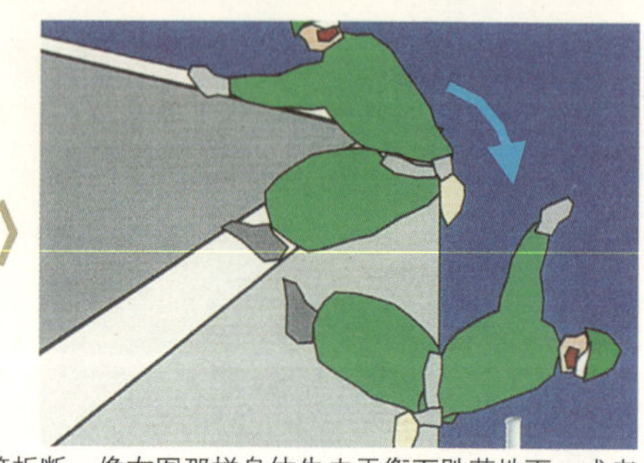

1 这张照片是现场上正在弯曲钢筋的情景，万一钢筋折断，像右图那样身体失去平衡而跌落地面，或者是，脊梁骨碰到脚手架的尖角部分导致致命的事故等等，这些可能性都很大。一旦开始作业，人们很难客观地注意到自己的处境。周围的人和安全管理者在日常就必须不断反复地指导。

2 工人打算把作为扶手的单根钢管固定到托座脚手架的紧固件上，但是钢管从紧固件上滑落了。于是，他去抓滑落的钢管，如右图所示，身体失去了平衡，头部撞到3m以下的地面，造成死亡事故。

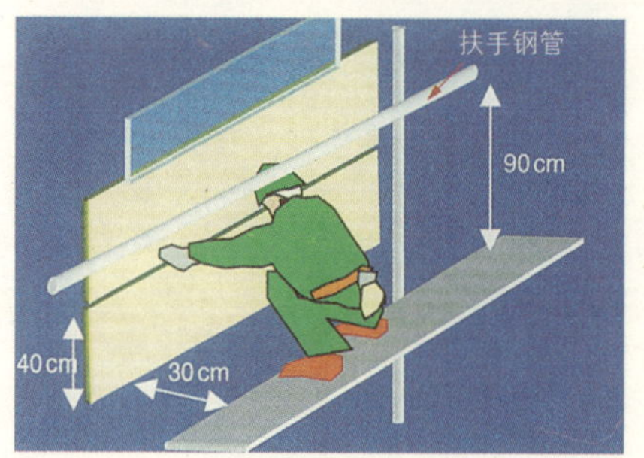

3 工人正在脚手架上进行外墙水平接缝的勾缝作业，水平接缝的位置在离脚手架的地板40cm的高度，所以蹲着施工。当他站起来的时候，头部碰到了距离地板90cm高度的钢管扶手，身体失去平衡，落到5.1m以下的托座脚手架上，被反弹后落到9m以下脚手架板上，造成重伤。

14 危险的施工动作 (1)

“为什么发生那样的事故？为什么干那样的事情？”在事故发生之后觉得真是不可思议。但是，现场上的工艺规程、施工计划的错误是家常便饭，为了解决这些问题，现实中就采取了一些勉强的施工方法。安全管理者必须要整理出脚手架拆除前应该完成的施工项目，并对它们进行确认。另外，安排擅长沟通的临时负责人也是一种有效的办法。

1 幸亏使用了安全带，但是，真后悔为什么有脚手架的时候没有施工呢？脚手架拆除前的确认非常重要。

2 工人正爬在管道上施工，但是，管道本身并没有可以攀爬的强度保证。曾经发生过从配管爬到管道上去的时候坠落死亡的事例。

3 这是地下通道的顶棚管道。上面部分的施工还未完成时，下面部分的配管施工结束了，所以，现在只好爬在配管上面施工。

4 没有脚手架计划，也没有施工计划，就把配管卸在现场。

5 工人正站在往地下送料的开口处栏杆上绑扎墙壁钢筋。必须制订好施工计划，避免出现这种现象。

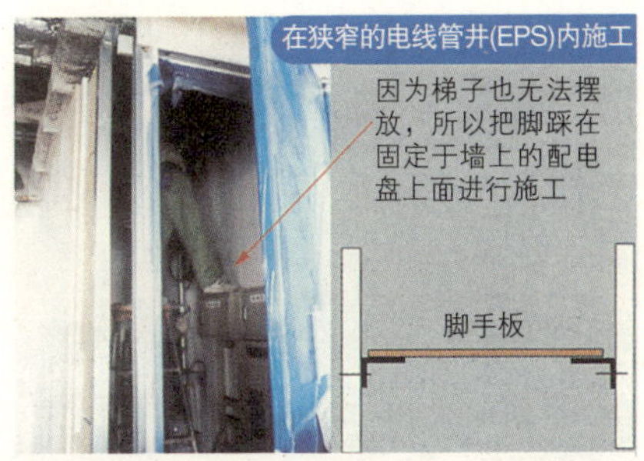

6 希望把要在这里进行的施工任务都弄清楚，战略性地解决专用脚手架的问题。也可以在两侧安上角钢再放上脚手板就行了。

15 危险的施工动作 (2)

以下是总不使用安全带现象的照片。一旦忙于作业，就无法客观地看到自己的情况了。必须花费大量的时间，对施工人员、工长、业主、现场管理人员等进行反复、不断地教育和说服。

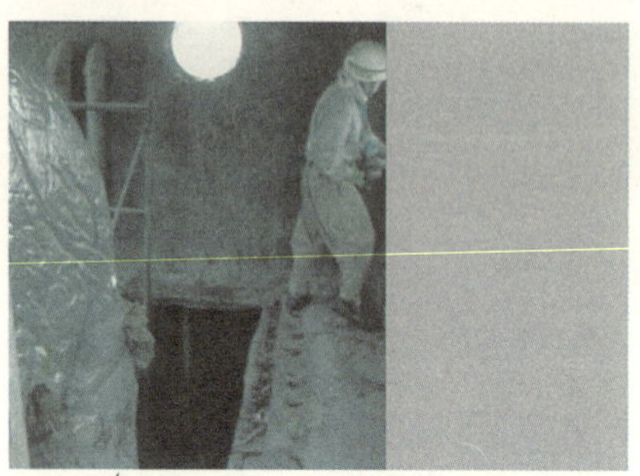

1 工人正全神贯注地进行着切削打磨作业，身后一步之遥就是恐怖的地狱之门。为什么不用安全带呢?

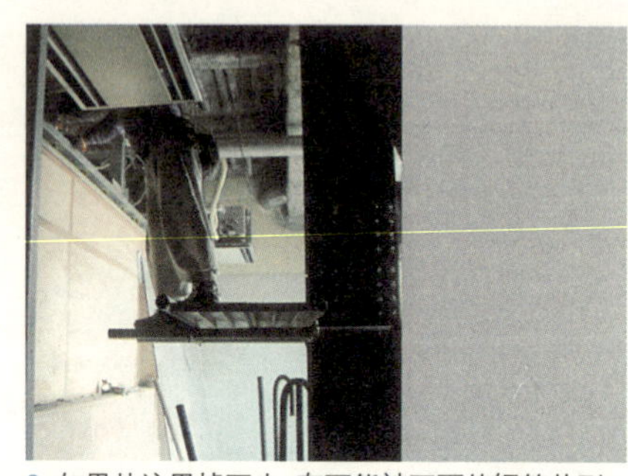

2 如果从这里掉下去，有可能被下面的钢筋扎到。

3 挡土墙横撑钢结构解体施工中的现象。下面的钢筋笔直竖立着，这种情况下希望使用安全带。

4 工人正以相当危险的姿势进行施工。没有栏杆，也没有使用安全带。这种姿势下如果发生头晕现象，身体就容易失去平衡。

5 为了爬到窗户外面，所以把安全带系在管子上。这个情况下要注意的是：这根管子是否牢牢地固定着。

6 因为蹲着的施工姿势，很多情况下栏杆的高度失去安全保护的意义。像这样习惯地使用安全带的人，发生事故的概率就很低。

16 用梯子施工中的危险施工动作 (1)

在梯子作业中发生的坠落事故依然很多。因为梯子轻便所以经常使用，但是，曾经有过从梯子顶层的高度上后仰坠落，撞到头部而死亡的例子。请看下面的照片，希望由此发现你们的施工中容易出现的倾向，作为制订临时工程计划时的参考。

1 一只脚踏在墙壁钢筋上，一只脚踏在梯子上正在配置钢筋。由于梯子轻便，往往出现某种失常的动作。

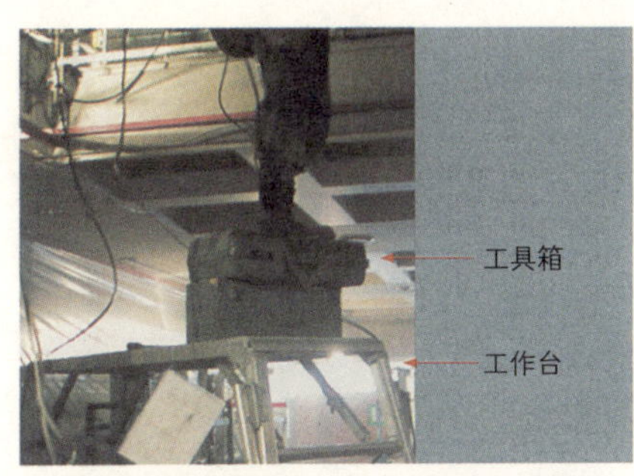

2 把两个工具箱重叠在工作台上作为垫脚使用。

3 为了在顶棚插入部件，正在打孔预留锚固点。有时，钻机碰到钢筋晃动起来，使身体失去平衡。

4 顶棚高的房屋施工时，要事先计划，准备好适合高度的脚手架设备。

5 外部招牌的安装施工正在进行中。如果行人的脚碰到梯子，就会使作业人员身体失去平衡而坠落。

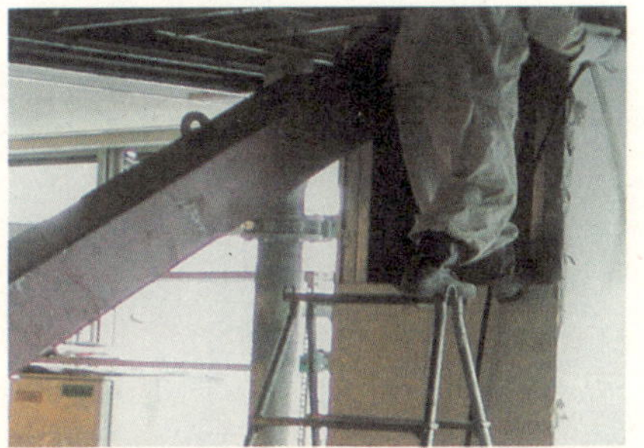

6 身体重量压在梯子的一端。如果下来移动一下梯子的位置，就可以安全施工了，但是施工者往往凑合地干下去。

17 用梯子施工中的危险施工动作 (2)

在梯子上的施工是非常不稳定的，大家对这个问题有所认识。希望作出使用有稳定性的脚手架提高施工效率的计划。

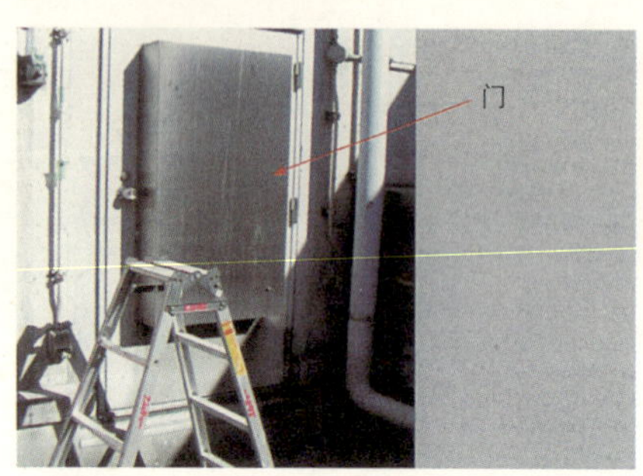

1 把梯子放在门前时，一定要记住把门上锁和挂牌提示。尤其是梯子在楼梯间倒下的话，会酿成大事故。

2 后面如果堆放着材料，就会影响施工时的姿势，容易摔下来。材料堆放地点的分隔要在早期决定并作标记。

3 在昏暗的地方，站在一块脚手板上，进行着不稳定的施工。一旦脚手板弯曲就使身体失去平衡。

4 这是经常可以看到的，用两点支撑一块板的脚手架。有人总是不肯遵守正确的使用方法。

5 只要有地方踏脚，就爬上去了。

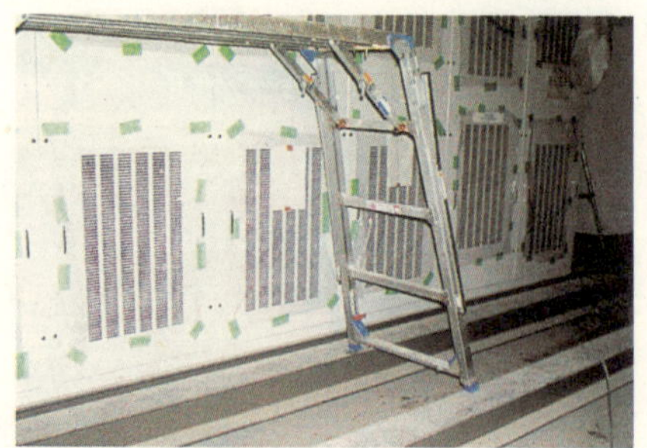

6 只要梯子腿稍微一歪就会摔倒。

18 绊倒·跌倒

在施工现场内被绊倒，很容易产生重大事故。尤其是扛着大的物件时看不见下面。如图1、图2所示，楼梯部分如果摆着电线非常危险。如果把配电盘放在楼梯间就容易变成这个样子。在钢结构梁的上面安装不易察觉的零部件也容易使人绊倒。

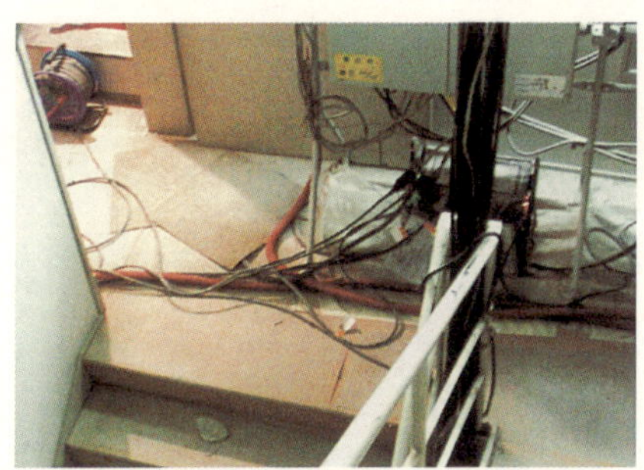

1 把配电盘放在楼梯上非常容易绊倒人。

2 焊接用的橡胶绝缘软电缆处于危险的状态。在通道部分如果安装架空配线的设备，整个环境就变得很整洁。

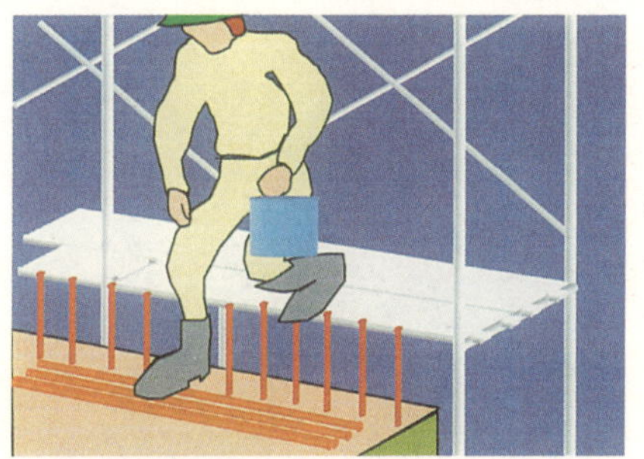

3 从外部的脚手架上下来准备通过栈桥。墙壁的钢筋临时放在那里。

4 脚踩到钢筋的时候，由于钢筋滑动摔倒在墙壁的直立钢筋上，膀胱受伤了。

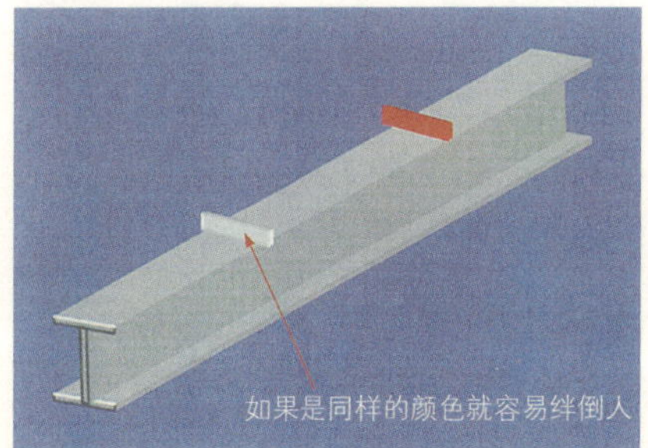

5 在钢结构梁的上面要安装钢筋支架和吊挂部件，但是，如果它们的颜色和钢梁相同，在黑暗的地方就看不清楚，容易被绊倒。应当配上醒目的颜色。

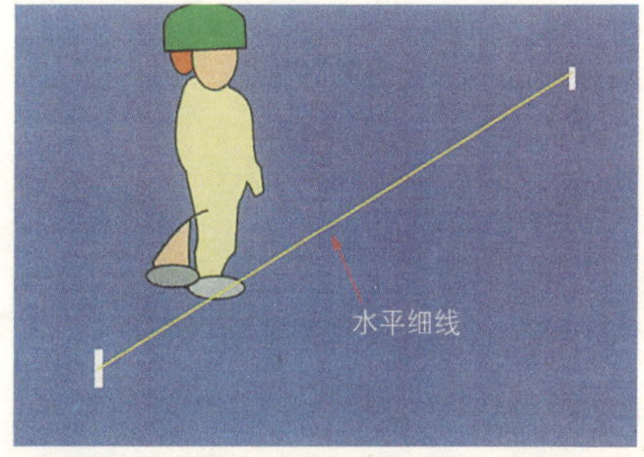

6 用水平细线标出位置后放着不管，因此使人摔倒造成重伤的事例也曾发生过。另外，也要彻底处理混凝土钉。

19 卸货物时的灾害

过去，因为起重机挂钩的钢索断裂造成了许多人的死伤事故。起吊货物下面不许站人的原则就是因这些教训而规定的。但是，这些正在操作的人不知是没有这方面的经验，还是因为全神贯注于工作呢？他们竟从下面去抓吊装中的货物。希望要彻底地预知危险，万一钢索断了也能够保护自己。

1 工人正站在钢丝筐的下面，要卸下里面的重物。

2 用尼龙吊索把大型管子吊起，在下面拉着牵引绳。

3 这也是使用钢丝筐的例子，它在不稳定的状态下被起吊了。如果有强风吹过，货物晃动起来就会掉下。

4 把吊装中的钢结构柱子从工作平台上拉进来，但是平台上的栏杆拆除了，工人也没有系安全带，钢柱万一晃动起来，工人可能因此从20m的高处坠落。

5 固定卸货用的滑车时，使用了强度不足的挂钩。另外，只将一根钢管挑出的做法是很危险的。

6 从这个高度的脚手板的搭接处坠落事故很多。只要稍微失去平衡就会坠落。希望在上面施工的人养成使用安全带的习惯。

20 重型机械使用中发生的灾害

如图1、图2那样的重型机械的旋转速度出乎想像的快。一旦习惯了，人们就常常会从它边上穿行而过，但是脚下的地面如果情况恶劣的话，就不能快速通过。必须大力纠正一些容易出事故的坏习惯。另外，为了防止像图5、图6那样的起重机臂架产生的事故，设置监视人员是必要的。

1 重型机械用于地下的拆除施工时，在昏暗的环境中，有人想从机械和柱子之间挤过去，曾经发生过由于机械的旋转被挤压致死的事故。

2 小型的解体机械的周围站着2个人，如果操纵杆发生误动，他们将被夹在机械和墙之间。实际上这种类型的事故很多。

3 起重机的防止卷动过度的装置坏了，或者是把它的开关关闭了，在这种情况下，起重机吊着货物延伸起重臂时把钢丝拉断了，货物砸到下面的人。

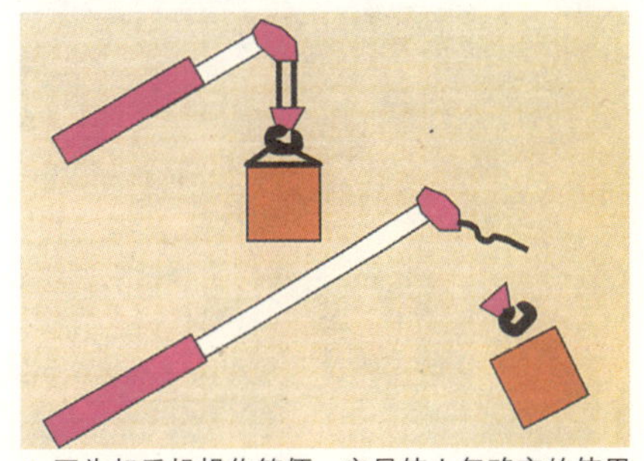

4 因为起重机操作简便，容易使人忽略它的使用方法。进入现场的车辆里面，尚有许多没有安装防止卷动过度装置的。

5 我们已经习惯于起重臂在没有阻挡的天空延伸的感觉，因此，在有障碍物的地方，就像上面的照片那样，很难知道伸缩的感觉。

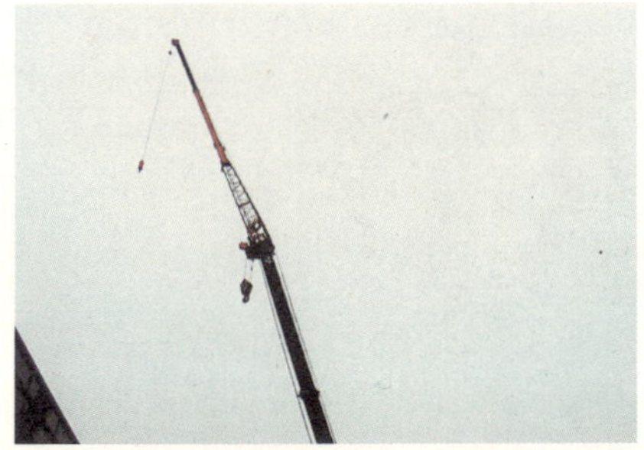

6 如果引导员从旁边确认的话，就可以像上面的照片一样可以看得清楚。有障碍物的情况下，除起重机操作者外要配备监视人员。

21 高空作业车使用中的危险施工姿势

自从高空作业车这种便利的机械问世以来，建筑工地上就大量使用。与此同时，由于使用方法错误而导致的灾害也多起来了。这里试举一些危险的使用例子。安全带的使用和确认地面的落差是关键问题。

1 使用高空作业车上升到最大高度，从那里爬上栏杆正向目的地移动。

2 高度差一点时就踩着栏杆来进行作业了。恐怕他是在无意识当中把脚踩到栏杆上去了吧。所以要养成习惯，只要乘上高空作业车就马上系上安全带。

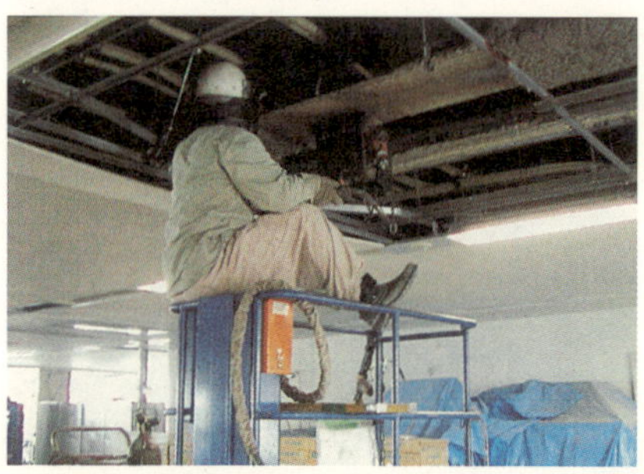

3 没见他使用安全带。如果在操作中产生反作用力时，他就会坠落了。

4 高空作业车有个弱点，因为它的宽度设计得很窄小，容易往横方向倒下。曾经发生过将钢索吊起时，因钢索所载的重量而倾倒的事故。

把叉车使用于规定的用途以外

这是非常危险的作业方式。如果操作杆被触动使作业车移动，身体将失去平衡而坠落。

采用怎样的施工方法，必须在事前做好调整。

5 当全神贯注于工作时不会注意这样的楼板开口。

6 当作业台在升高的状态下移动时，轮胎陷到地面的小落差里面导致倾倒的事故很多。

22 电动机械的破损·维修不良

带到现场的工具种类中，经常可以看到有破损的工具。尽管在工程确认例会上提出来，也得不到彻底的解决，这是一种现状。让工人面对实物进行指示、指导是很重要的。

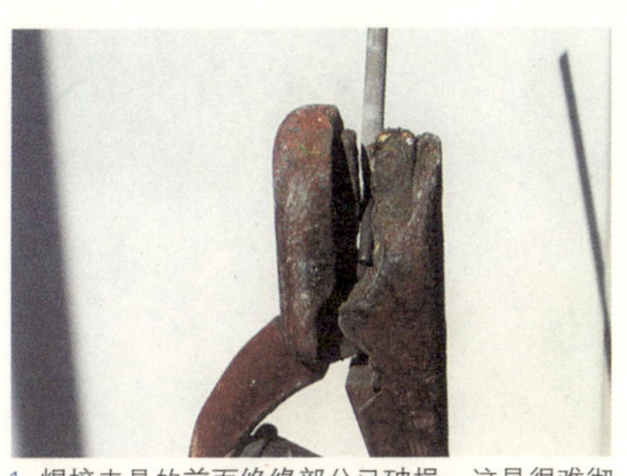

1 焊接夹具的前面绝缘部分已破损。这是很难彻底改变的不良状况。难道再没有能够抗碰撞、耐高温，绝缘性好的材料了吗？

2 没有保护罩的投光灯。如果碰到东西，可能打破灯泡。

3 把小型打磨机的防护罩拆掉了。

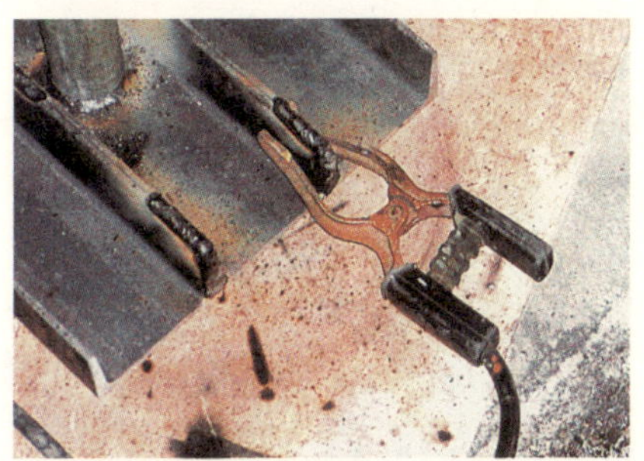

4 如果夹入式的接地工具松动的话就会产生火花，很危险。建议使用老虎钳样式的接地工具。

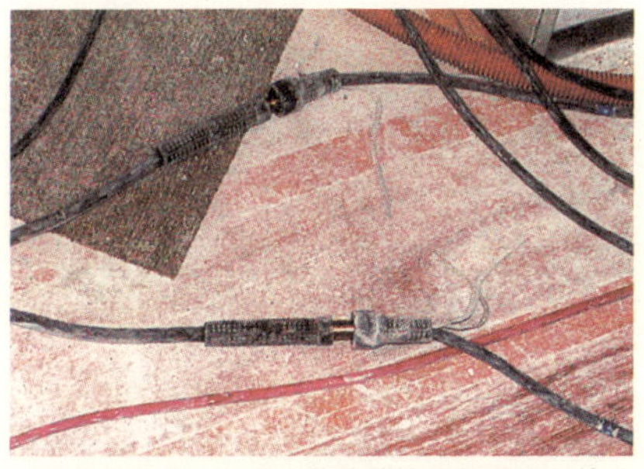

5 连接焊接机和夹具的橡胶绝缘的软电缆，接头部分的绝缘橡皮脱落了，看得见带电部分。

6 配线部分没有做好防护。

23 起重机的挂钩钢索脱落时

有的时候，就像童年时玩的九连环似的，钢索从挂钩里脱出，造成了重大事故。即使装上防止滑落的装置，在打桩施工或振动锤施工中，挂兜也有一时松动的时候，这是很危险的。尽管是专业施工人员，也会在不自觉中造成事故，这是一种现状，有待严格的指导和管理。

1 挂兜被什么托住失去张力，钢索向上升起。

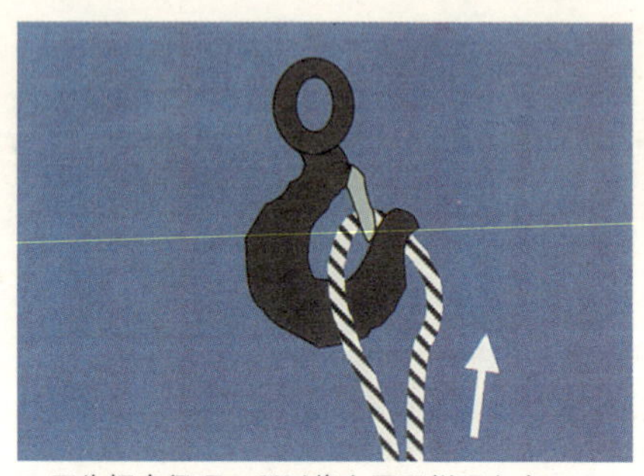

2 因为钢索很硬，所以像上图那样顶上来。

3 受到旋转力的作用，钢索越过挂钩尖端。

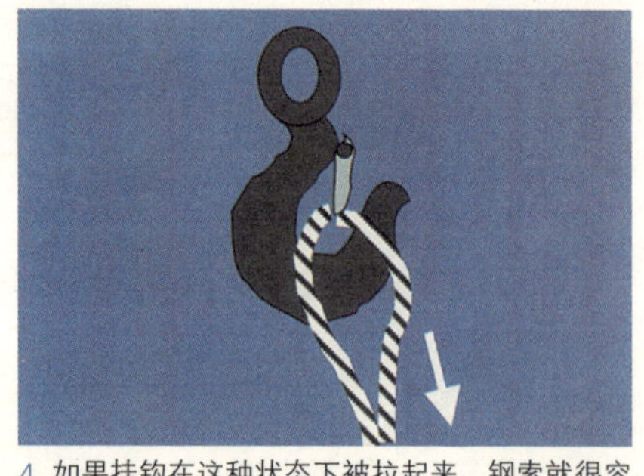

4 如果挂钩在这种状态下被拉起来，钢索就很容易地滑落了。

5 有松动可能性的起吊时，必须如上图所示把钢索绑扎好。

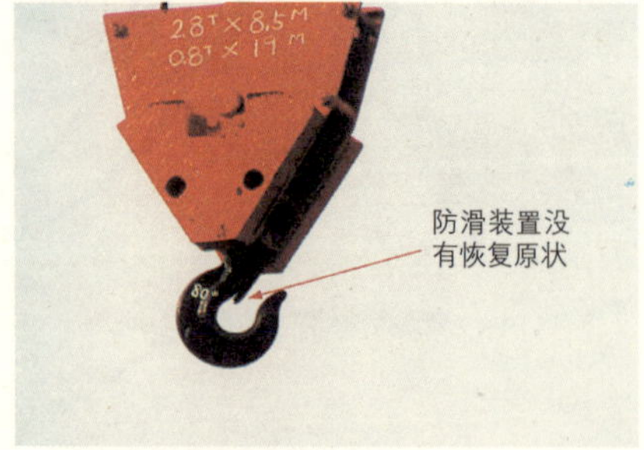

6 这是由于保养不良使防滑装置失效。起重机司机必须负责做好管理。

[2] 火灾·噪声

24 泡沫聚苯乙烯的起火

在修复施工的现场，如图1所看到的，气焊的火花引发了铺在模板里的、像图2那样的墙壁内的泡沫聚苯乙烯板的火灾。虽然从模板的上面喷了水又洒了灭火剂，但是，一旦燃烧起来的泡沫聚苯乙烯的火扑不灭，产生了大量的黑烟。于是，黑烟冒出大楼外部，消防车出动，给周围邻居带来很大惊扰。

1 就是这样的火花落入模板的小洞里，将泡沫聚苯乙烯点燃了。

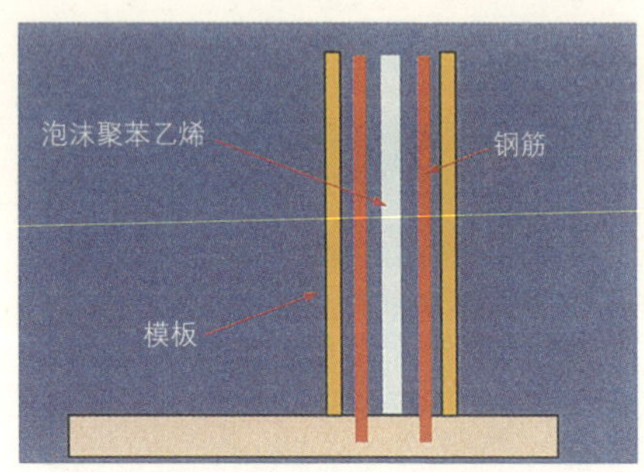

2 虽然是高度约4m的模板，但是从模板上面无法灭火了。

3 将模板拆去一面后终于把火扑灭了。由于这场火灾，使本来就已经很紧的工期陷入了更加紧张的困境。

4 拆下的模板和使用灭火器之后的状况。密封的泡沫聚苯乙烯上面绝对不可有火花溅落。

5 这是现场泡沫氨基甲酸酯的施工后，焊接墙壁立筋时引起燃烧的地方。泡沫氨基甲酸酯的火灾中会产生有毒气体，导致人员大批死亡。

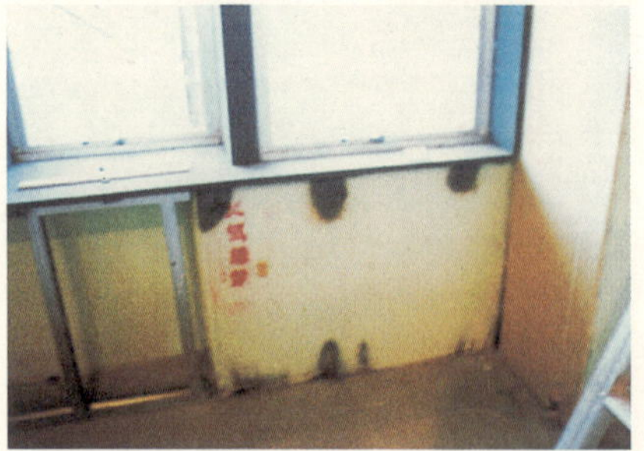

6 应当事先作好计划，以保证现场泡沫氨基甲酸酯的施工后，不使用焊接手段。为了隔热，也有采用喷涂耐火的石棉的方法。

25 管道保温材料的起火

如图3所示，在地板的下面切断地下管道的时候，切割的火花溅到上一层（图1）的炭化软木的管道保温材料上，发生了火灾。哪怕是很小的洞，也可能因为火花的迸入而燃烧到上下的楼面。若是正在施工的楼面，那么眼睛可以看到，可是上下的楼面无人注意，发现就迟了。层间的区域划分和用火场所的整理、整顿非常重要。

1 拆下来的保温用的炭化软木。就是它被气割的火花引燃造成了火灾。

2 火焰和黑烟以令人吃惊的速度，从上面照片中的竖井喷出，初期灭火很困难。

3 把这根管子用气割枪在这个部位切断了。

4 切割的场所和周围的状况。虽说要使用火，周围却没有整理好。

5 拆卸材料的搬运计划很糟糕，道路也是如此状况。“确保搬运通道后开始拆卸”，这一原则必须遵守。

26 用气割枪截断电线管道时引发下面楼层着火之类的事故

如图 1 所示，用气割枪切断电线管道的时候，如同导火线似的，火花从管中通过将下层的可燃物点着了(如图 2)。如图 3 所示，在通风井的地方用火时，下层的无人注意的地方的可燃物被引发着火了。另外，火花是如何扩散的，请根据图 5 来确认。

1 电线管不知通向何处，切断时应该避免使用气割。

2 在下面楼层燃烧的状况。

3 不能让火花扩散到自己能够管理的范围以外。用惯了火的人，容易轻视火的威力。要认识到，现场负责人有不可推卸的防火责任。

4 周围都是可燃物，并且下面是地面瓷砖保护毯的状况下，工人满不在乎地用气割枪切割着门框。不管怎么强调预防火灾，现实中却总是这样。

5 楼下仅仅用红色交通锥围着作为标识，但是周围没有灭火器，没有水，也没有监控人员。希望牢记住，火花是可能在如此大范围地扩散的。

6 不经意地放在那儿的汽油。如果因此引发火灾，用灭火器将无法扑灭。对危险的预知能力也太差了。希望要再次认识火灾的可怕性。

27 与用电有关的火灾

和用电有关的火灾非常多。像图1那样会产生振动的电器，它所需插座的安装，在设计阶段就应该正确无误地计划好。还有像图3那样，在壁柜门的移动范围内应该考虑不安装电灯。确认顶棚平面图的时候，更重要的是我们不光看顶棚，还要预知有否可能产生影响的问题。

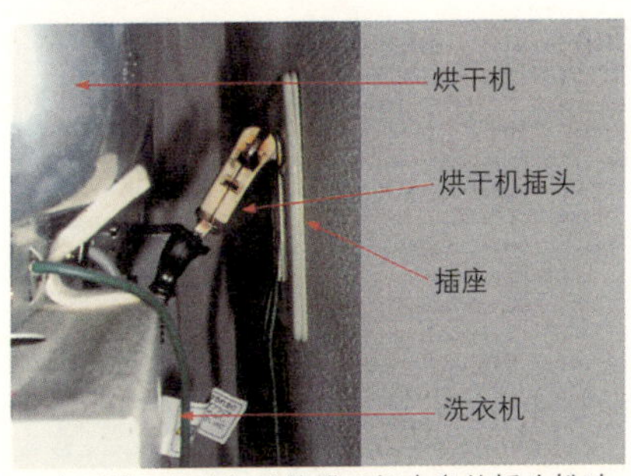

1 由于烘干机的振动使烘干机本身的插头松动，和插座之间产生火花燃烧起来。同理，应该多考虑洗衣机周围的插座位置。

2 因燃烧损坏的二相插座。如果发现晚了将造成火灾。

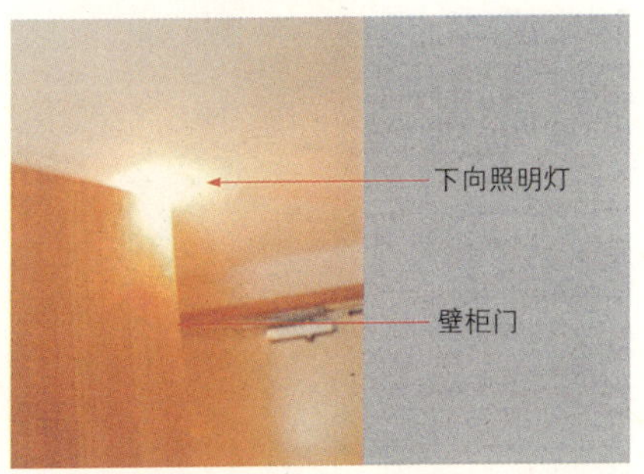

3 一打开房门口的壁柜门，就刚好位于下向照明灯的正下方，白炽灯的热度将使木门燃烧起来。

4 发电机的周围放着轻油，旁边随便地放着烟灰桶。谁都不考虑万一可能发生的事。这是现实中常有的现象。

5 这是电焊机的接地，使用了夹钳式。这个接地部分的线一旦被拉扯，就会脱落并且迸出火花。

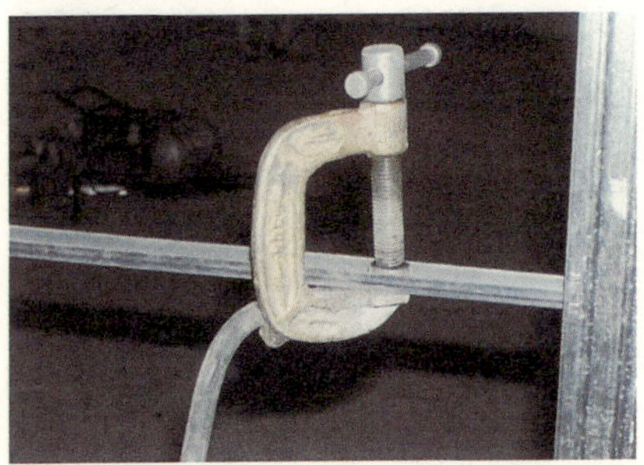

6 必须使用上面的照片中那样的台钳式的接地工具。

28 其他原因引发的已有的火灾案例

在以往的建筑现场，发生过许多火灾。因为不知道过去的失败，就轻视了火灾的可怕性。这也许就是不管到什么时候火灾也不减少的理由。如果自己的工地发生了火灾，就会遭受沉重的打击。现场管理者应该对其严重性有足够认识。

打扫成堆的锯末后来燃烧起来

下班打扫的时候混进锯末中的烟头冒起了烟，无人在场的情况下2小时之后燃烧起来，导致了消防车出动

1 不是马上燃烧，而是过了一段时间之后再燃烧起来的火灾非常可怕。所以吸烟管理很重要。

溅到乙炔气瓶上的火花引起燃烧

在钢结构施工中，一楼竖着摆放的乙炔气瓶的软管裂缝里有气体泄漏，从楼上落下的火花引发了火灾

乙炔气瓶

2 乙炔气瓶引发的火灾可能引起爆炸。气瓶的防火保养和气体泄漏的定期检查很重要。

3 在安装柱子用的临时部件切除时火花溅落，防护网罩着的地方堆有垃圾，被引燃失火。

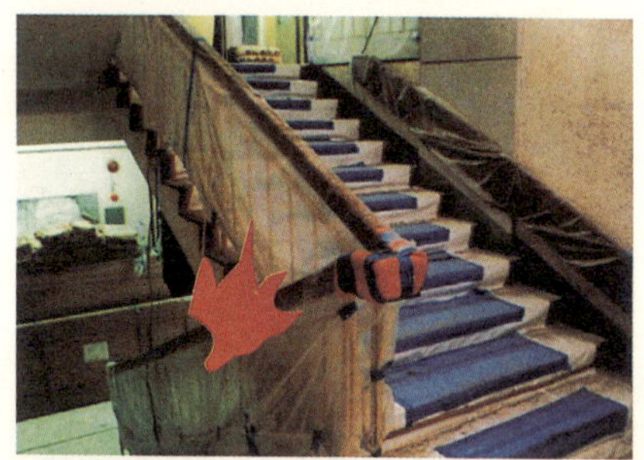

4 为了修改扶手，正在楼梯上部进行焊接的时候，火花落下引燃下面的塑料保护膜而失火。

5 研磨机的火花点燃了冬天的枯草引起失火，灭火费了1小时。关东地区的冬天非常干燥，枯草极易燃烧。

6 解体时采用气割机切割钢筋和钢构架，但是，像照片中那样的隐蔽的部位可能有易燃物存在，因此要慎重地确认。

29 放火·偷盗

图1是在即将完工的公寓大楼，施工单位利用公用空间作为临时办公室使用的地方。星期六的天亮前，小偷潜入办公室偷盗后，为了消灭罪证而放了火。今后必须提供的重要资料和图纸都被烧毁了，还有保存在计算机里的数据也烧光了。

1 被烧毁的计算机。烧塌下来的吊顶显示着火灾的严重程度。

2 烧毁的文件和被洗劫的桌子。作为一个企业，要具有危机管理的能力，面对这样的事情也要能够应对。

3 如照片所示，被临时围墙围着的施工现场从外面看不见，所以，小偷不怕被发现而为所欲为了。

金钱被盗

像图3那样被临时围墙围着的临时办公室内，工长室里的钱被盗了。以后采用了安装报警器等方法也不见效，自动售货机也被洗劫了3次。后来，犯人在别的现场被逮捕了。他是以前在那个工地上干过活，熟悉内部情况的男子。

照相机被盗

临时办公室内部被盗，后来在偏远的县的当铺里发现了被盗的照相机。结果只好向当铺付了钱赎回来了，但是，如果计算交通费的话损失就大了。要十分注意钱和贵重物品的管理。最近还出现了手提电脑的被盗。存入电脑的重要数据的备件和防止数据的泄漏问题变得十分重要。

Q^2电话拨号

还发生过临时办公室里不放钱和贵重物品也令人不能安心的事件。深夜里有人使用了办公室的电话，把电话拨通到需要付出高额通话费用的Q^2拨号上，然后溜走了。所以必须办理不能使用这类电话的手续。

30 施工中的噪声

低噪声型的重型机械已经出现了，但是，目前要想在不影响周围邻居的情况下完成施工任务还很困难。为了得到附近邻居的谅解，必须通过充分的考虑，调整作业时间带，从施工人员到搬运的卡车、翻斗车的工作时间都要彻底做好安排。这里特别列举出噪声影响大的施工内容。

1 拆除钢骨钢筋混凝土的钢骨中填入的混凝土。因为破碎机难以进入，所以不得不使用巨型破碎机。

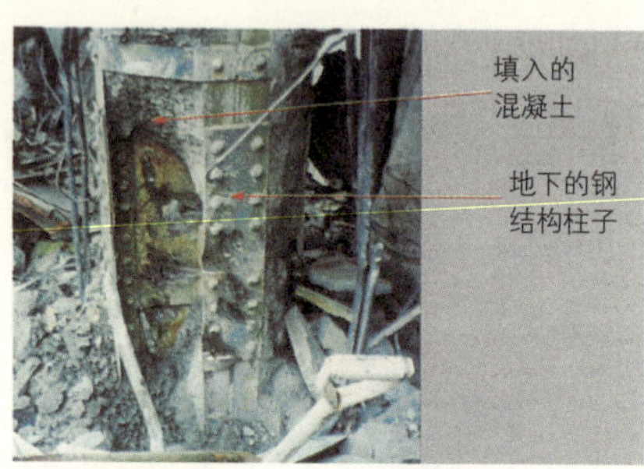

2 拆除地下物的场合，由于振动噪声对周围的影响，经常要中断施工。其原因的多数是要除去钢结构柱子周围的混凝土。不除去这些混凝土就不能用气割机切断钢结构。

3 波纹钢板铺设时的砰砰声震耳欲聋。

4 冲击钻的声音令人很不舒服。住人的房间进行改造施工时，一定会受到隔壁人家的抱怨。

5 地下厚厚的耐压盘解体时，使用破碎机有困难，要像照片那样使用巨型破碎机。

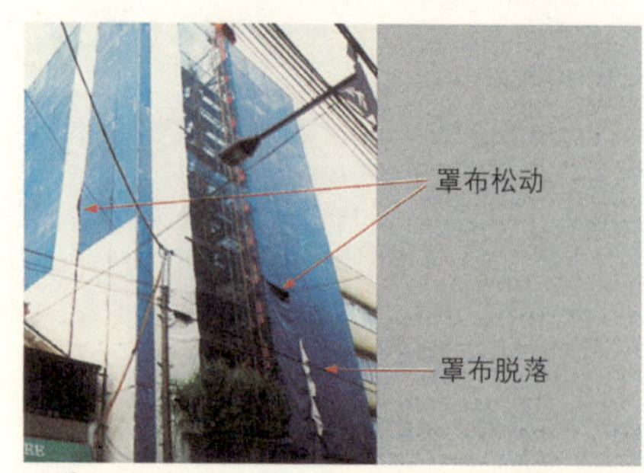

6 像上面的照片一样，松动的罩布被风摇动，发出“吧嗒吧嗒”声。

31 因噪声·振动而产生的问题

有的建筑物在完工后开始使用时，出现了意想不到的噪声问题。要想解决它是非常费劲的事。这个问题多数是因为设计内容不周到引起的，但是，施工者不能推说不知道，其结果是施工单位负责修改。

1 抽水机的声音传进酒店的客房，原因是缺乏设备知识的设计者没有考虑设备的布局就进行了设计。

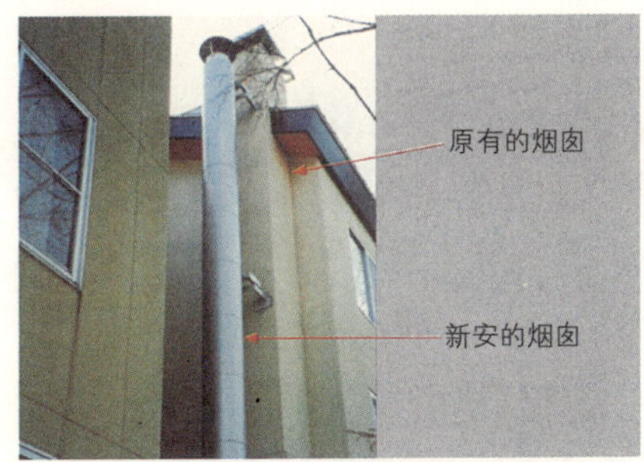

2 因为紧靠客房设计了锅炉的烟囱，所以锅炉的振动声从烟囱传到了客房。结果，如照片所示，改装了新的烟囱。

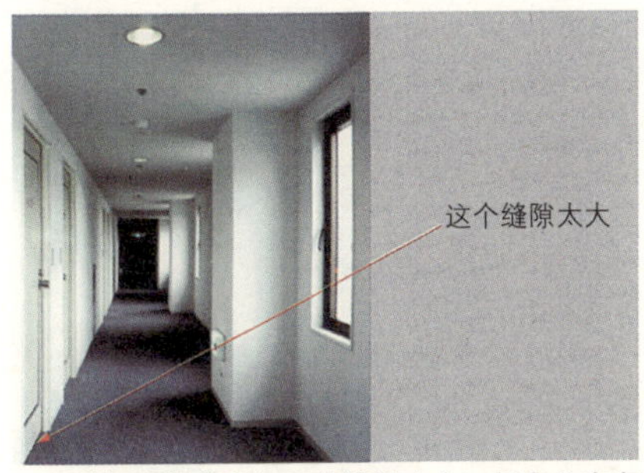

3 因为酒店的客房门下的缝隙太大，邻室的声音都听得见。

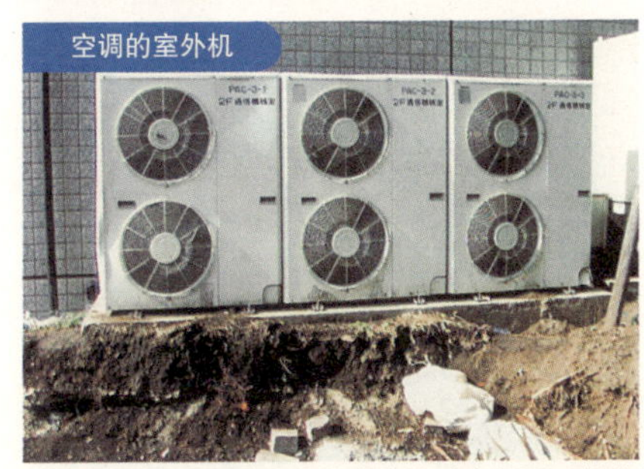

4 不太考虑今后布局发生变化的对应问题，往往就简单地安装上去。但是，希望根据对附近邻居的影响情况来决定安装位置。

5 发电及废热供暖设备，由于其振动很容易影响周围，有必要采取加大楼板厚度的做法。还要注意它的位置规划。

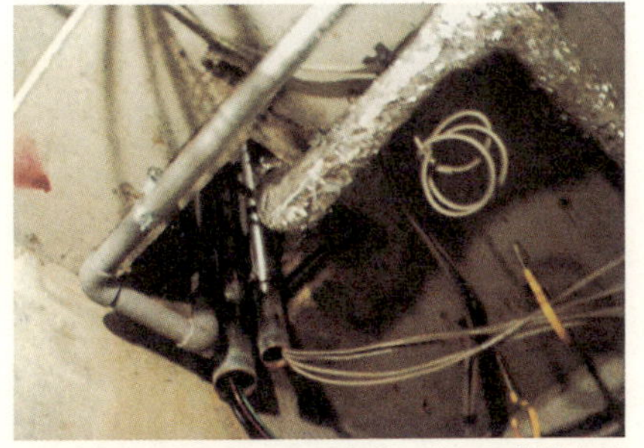

6 通风井的楼板开口暴露在外。为了不使排水管的流水声影响下面的房间，有必要采用隔音手法。

32 工程现场的某些金钱纠纷

施工负责人要尽最大努力使施工步入轨道顺利进展，并负起全部责任。不过，工作中不可能万事如意，最重要的是当纠纷发生时采取的措施。如果因为腻烦或是工作忙而采取“逃避”的方式，就会被对方抓住弱点胁迫用钱解决。我们绝不能忘记社会上有这样一类人物的存在。不要从最初的纠纷逃开，光明磊落地承担责任是最好的。

环境保护组织

有人威胁说：“你们违法丢弃了工业垃圾吧？如果不付钱就把宣传车开到街上去，要叫你们停止施工。”并且从建筑公司的负责人那里强取了现金100万日元(摘自新闻报道)。有的团体以环境保护组织的名义前来质问说：你们是怎样处理了石棉废弃物……等等。或者有类似那种团体的人进入工地，不知来检查什么。当问题发生的时候，不要掩盖，应当光明正大地到警署或政府部门去交涉。

街道委员会

有人这样前来说：“我是街道委员会的人，希望你们为这次的庆典活动捐款。”结果就被巧妙地欺骗了，把钱捐了。来人带着收款收据，为了不让人起疑心还说：“以后要将名字写在灯笼上拿来”。事后想想，觉得这些人有些特别慌张的样子。另外，提起街道委员会里头熟人的名字时，回答也是含糊其词的。骗子们知道施工公司的人对“街道委员会”有所顾忌，因而采取这种卑鄙的欺诈手段，而对于受骗者来说，则是对自己的愚蠢进行反省的一个机会。

强行推销

这是很早以前的事。有人拿着卡车用的绳索、手套等杂物到工地办公室来，以市场价格几十倍的金额强行推销。他们说：“你们公司的××先生和××先生一直都很关照我们的”。我想，如果在这里买了此人的东西，自己的名字也会这样被到处宣扬的吧?……，所以无论他怎么说我都不买。

噪声

某个居住在施工现场约距离100m左右的人家，带着帮手冲进工地办公室，大喊大叫说：“施工的噪声吵的我们受不了，这回你们的公司打算给多少钱？前一个公司可是给了一大笔……。”噪声之事经过调查，发现基本没有影响。将这件事和街道委员会的会长商量之后，他说：“绝对不要给钱。因为前一个公司给了钱，结果钱落入一部分人手里，产生了许多纠纷。”后来，也和警察探讨了此事，又时常和街道委员会进行联系，正常地推进了施工。

企图讹诈的人

两个人冲进办公室来大喊大叫地吵闹，说是其中一个人跌倒膝盖受了伤。他们说：“你们究竟是怎么管理的!打算怎么赔偿这只脚？”情况问了一下，说是在大门附近，模具的加固杆伸出路边约15cm，被它绊倒了。他们还说：“我们急着要走，如果给钱这事就忍了。”工地管理人员为避免今后的麻烦，用出租车将2人带到附近的医院作了X光检查，发现骨头没有问题也没有外伤，但是本人一直叫痛，所以诊断为磕碰伤。结果，作为道歉不得不支付了少量的金钱。现在要反省的是：去了医院后应该马上到警署去报告事故的内容。在这样的时候，如果不下决心踏踏实实地花时间去解决问题，就会产生判断失误。

和警察的联络

在繁华地段施工的时候，经常有索要金钱的电话打进来。将这个问题和警察交谈之后，警方提醒说：在工地附近有200个以上的团体，所以要当心。于是，每当电话打来时就进行录音，并告诉对方正在录音中。这么一来，这类电话就自然地减少了。

[3] 施工计划

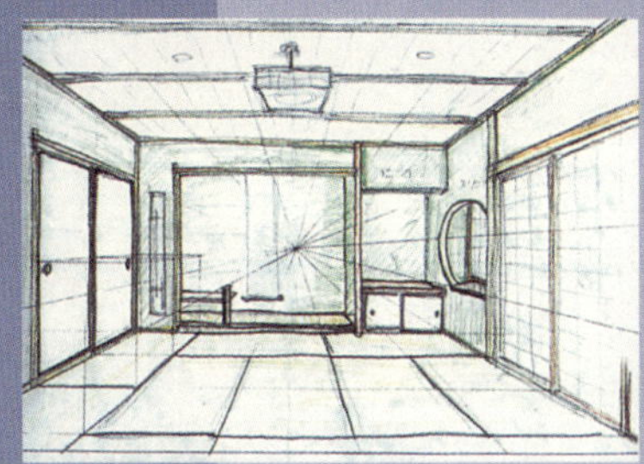

33 利用示意图来说明施工计划 (1)

重型机械的安置及其更换的顺序在线条状工程进度表和网络工程进度表上面很难看明白。所以，像下面的图那样，如果画出具体表示施工动向的内容，再移到网络进度表上，就成为更加醒目的临时计划了。这里举出的工程案例，就是通过制作十几张的图，使整个工程几乎完全按照计划实施了。

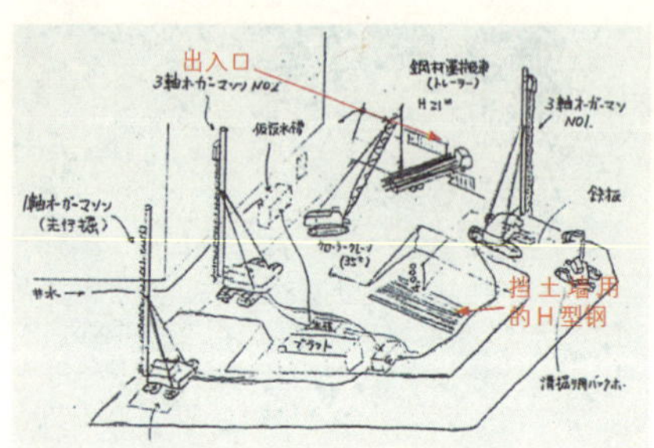

1 因为开挖地下，用于周边填土的土量不足，所以利用坡道将材料搬入了。又检讨了设备的位置。

2 这是左边计划图的实施状况。将建筑用地内部有效地活用，配置了重型机械和设备材料等。

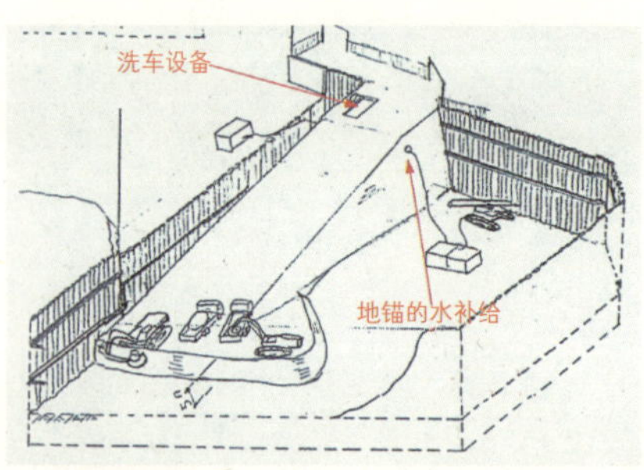

3 坡度和挖掘状况。

4 左边计划图的实施状况。

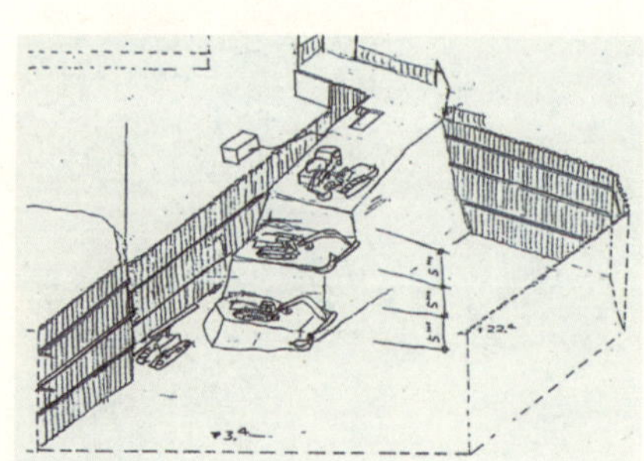

5 最后坡道的挖掘顺序。

6 从最里面浇灌混凝土垫层，开始主体结构施工。

34 利用示意图来说明施工计划 (2)

施工计划必须将复杂的施工内容、施工顺序明确地表示出来。因为面对各种各样场面的许多有关人员，如果不能够清楚地说明将来的某个场面的情况，就不能让那些人承担起各自的任务。为了达到目的，不是依靠只有建筑行业的人才能理解的工程进度表，而是应用下图这样的“一目了然的工程进度表”很有效。

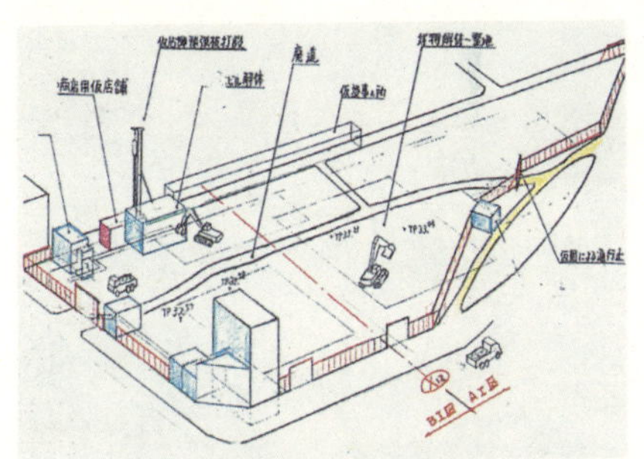

1 为了原有店铺而设计的临时店铺的建筑和拆除的顺序都具体地画出来了。连废弃道路的临时围墙的位置也清楚地标示出来了。

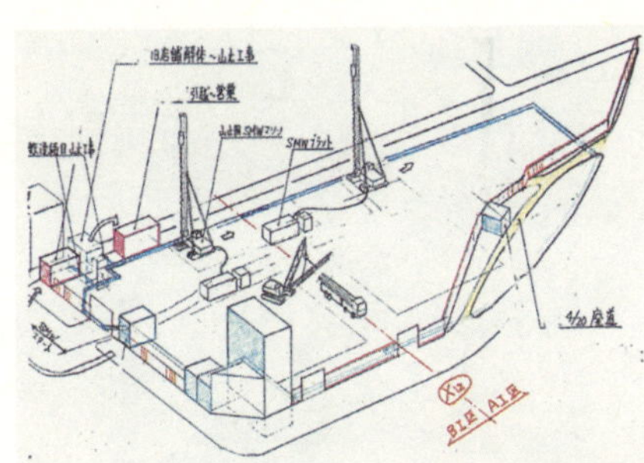

2 挡土墙施工的开始和临时店铺的完工搬迁以及那个时候的施工状况。

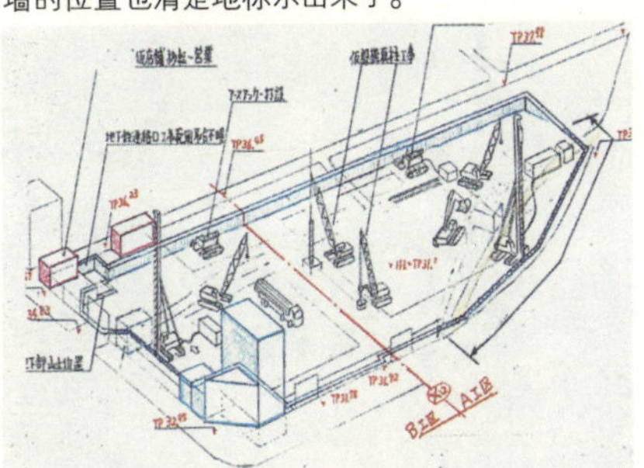

3 废弃道路后面的挡土墙施工的推进方式，结构中心柱的施工开始。

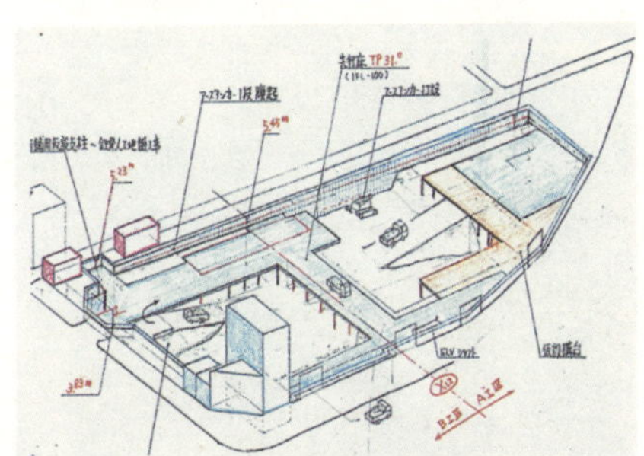

4 先行施工的地面和临时操作平台、弃土的搬运状况、地锚的浇灌状况。

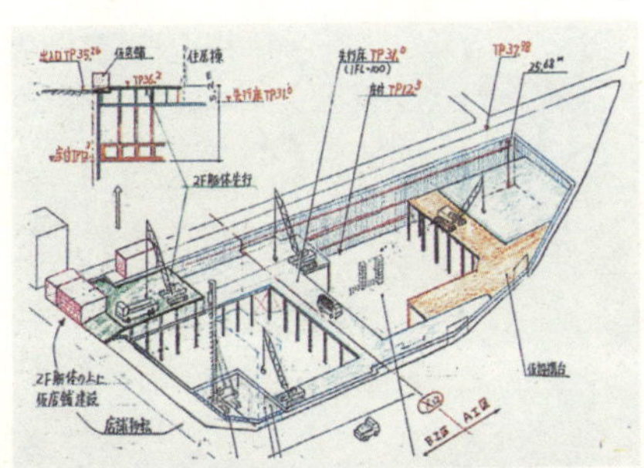

5 拆除时期晚的大楼，它的拆除以及与其他部分的关联情况，高度不同的出入口状况。

6 已实施的状况。A工区实施了逆作施工法，B工区实施了正向浇灌混凝土施工法。

35 利用模型制定施工计划

这是一个打算削去河沿的悬崖峭壁，建造温泉旅馆的计划。在非常狭窄的峭壁上如何推进施工？因为无法想像，所以制作了模型，把施工的流程一个一个地弄清楚了。对复杂的工程、没有经验的工程，光凭头脑的想像是很难规划的。如果将那些状况变成眼睛看得见的形象，征求专业工程人员的意见之后，再去规划总体，情况就更清晰了。

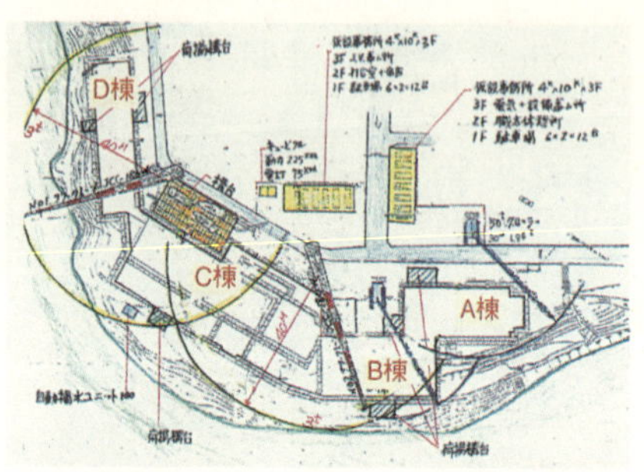

1 因为没有路，所以必须依靠塔式起重机将器材搬运到最里面的工区(D栋)去。为了安装这架起重机需要操作平台。

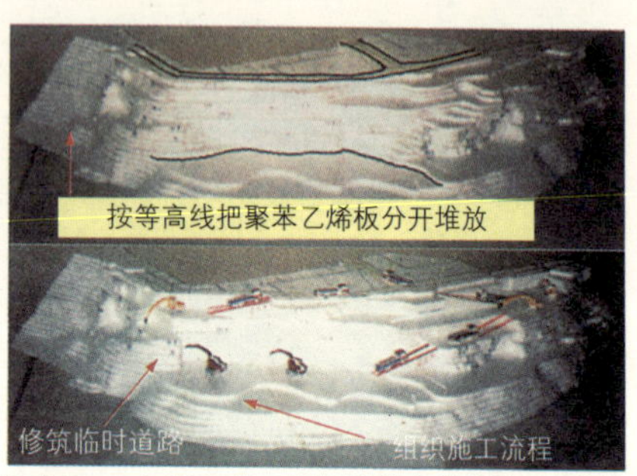

2 把5mm厚的聚苯乙烯板按等高线堆放，形成现状场地。

3 最里面工区的挖掘完工。

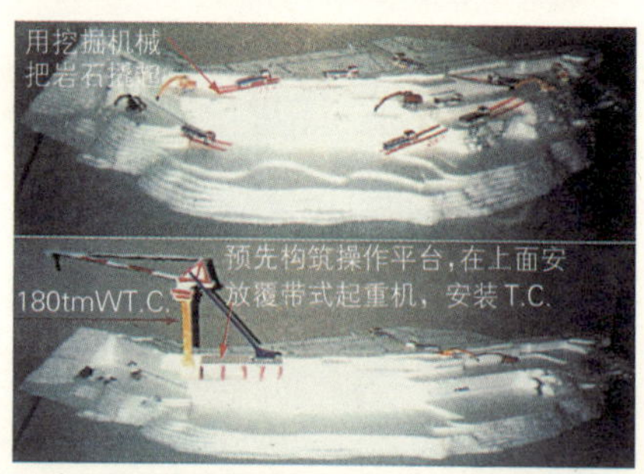

4 为了最里面工区的施工，构筑了操作平台，从操作平台上面安装塔式起重机(T.C.)。

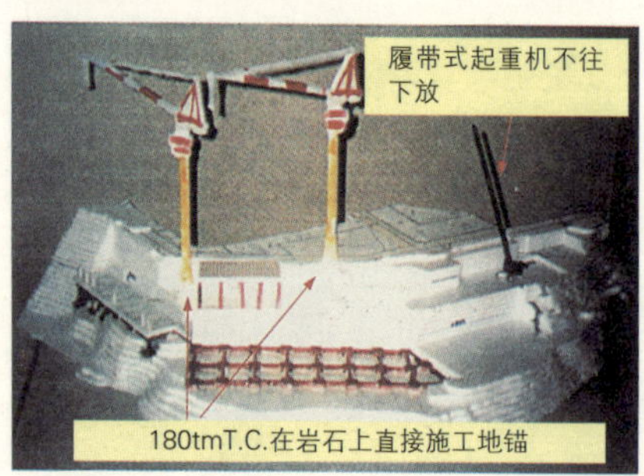

5 操作平台部分有净化槽，为了在操作平台拆除后尽快施工，从最初就变更为PC。

6 灵活应用机动能力实施PC次梁、PC阳台作业。制定出直到施工结束为止的具体程序，让全体施工人员都了解，因此使工期缩短了2个月。

36 利用透视图的表现方式

把旅馆的客房里最重要的凸间部分的形象画成透视图，取得业主的认可后投入施工。由于这个原因，施工中途没有出现返工和变更，可在短时间内顺利地施工。如果对于工作不理解就画不出透视图，但是，如果习惯了就能迅速制作。

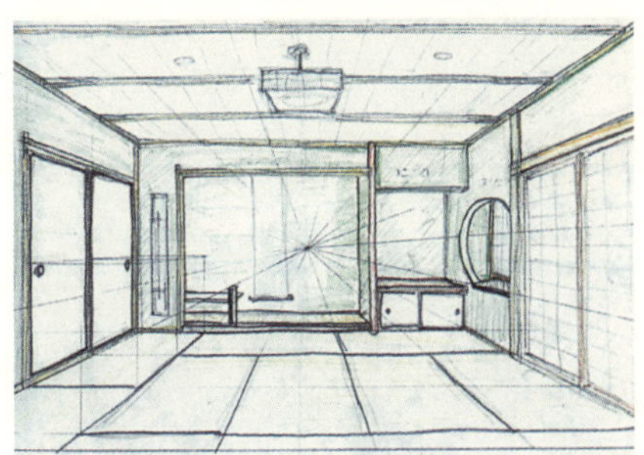

1 内观透视图
依照这张图，大体上就可以开始木结构施工的准备了。

2 完工后的客房模样。

3 按设计者、业主的要求形象地绘成透视图，得到批准后施工。

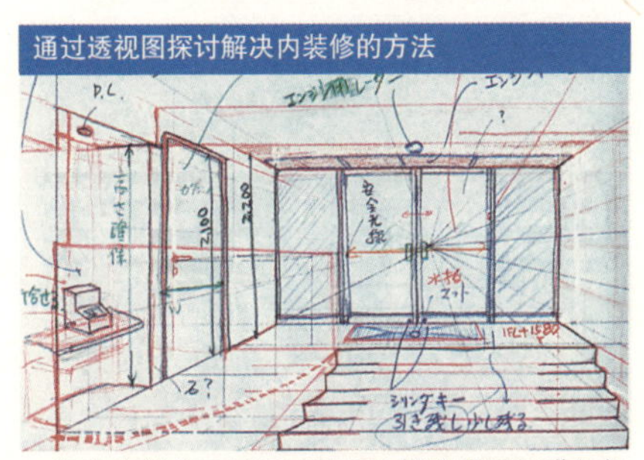

4 复杂的部分正是通过画了这样的透视图进行探讨后，原先看不见的部分就清楚了。

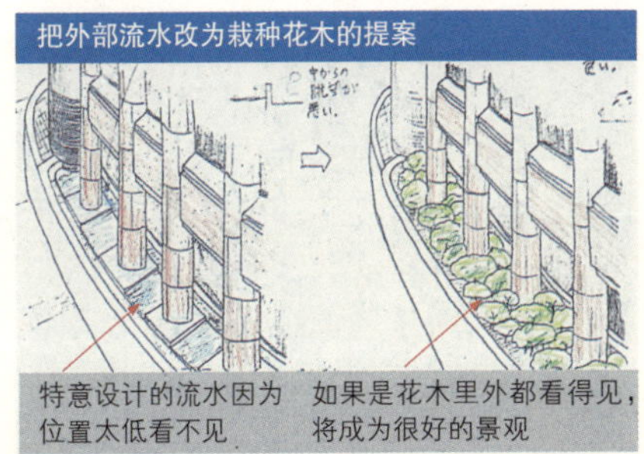

5 对于设计图上没有看到的部分，存在什么样的问题？应当怎样解决才好？透视图有助于提出方案。

6 形成了比原设计更协调的外观。

37 采用 Excel 和 PowerPoint 来表现三维空间

把自己的想法清楚明了地向他人转达是一件非常重要的事。从对于业主的演示，到实际操作的施工人员在各个阶段加强理解，进行协商、说服等方面，应用 Excel 的三维空间表现，在制作上简单并且有效。另外，如果采用 PowerPoint 的动画表现，会更加强理解。下列的示意图不是特殊的软件，而是使用 Excel 的图形和三维空间来表现。

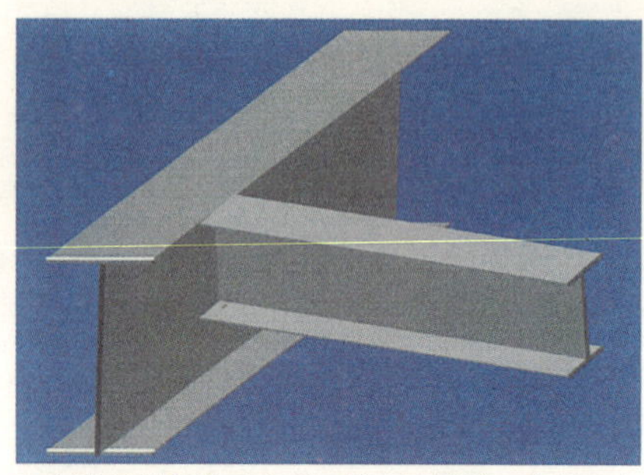

1 表现 H 型钢的重点是：按照下翼缘、腹板、上翼缘的顺序画线，组合之后定出纵深，使它能够纵横转动。

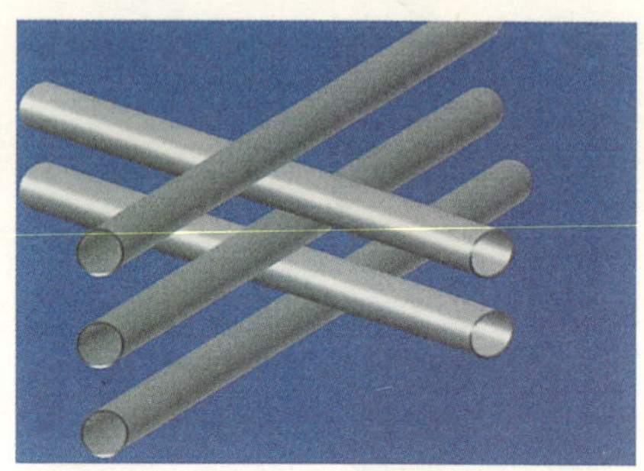

2 表现单管，是画圆以 3-D 决定出纵深，使它转动。按照顺序向上复制，就成了上面那样形状。

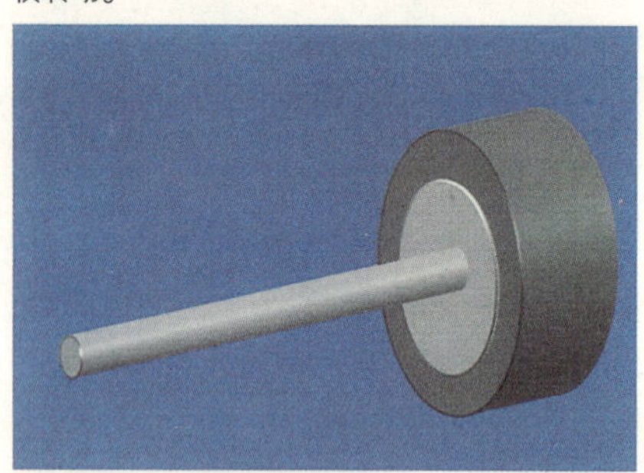

3 表现三个圆柱，是将画好的一个复制，使大小和颜色变化，调整顺序。

4 表现安上玻璃的窗框。玻璃设定为半透明状。

5 表现了装配式脚手架。应用三根圆柱按顺序、大小、长短进行调整。铺放的板是将四角形 3-D 化之后配置的。

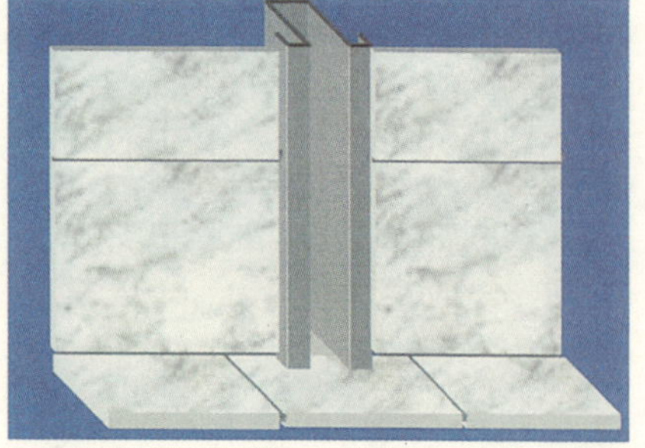

6 把卷帘门轨道的断面自动成型后，选择自由线，将其 3-D 化；在四角形 3-D 化之后将立体原料全面涂刷，从材质和效果上选择石材。

38 网络工程进度表的重要性

经常听到这样的话："那个工地的施工计划太差，工作没法进展"。在建设成本下降中，工地负责人的生存之道是精益求精的施工计划。对于归纳全部的施工顺序，杜绝返工从而顺利地推进现场工作，这个时候起作用的是网络工程进度表。提起网络工程进度表，许多人都认为只不过就是综合工程之类，但是正因为它使用在日常的施工中，所以产生了很大的效果。

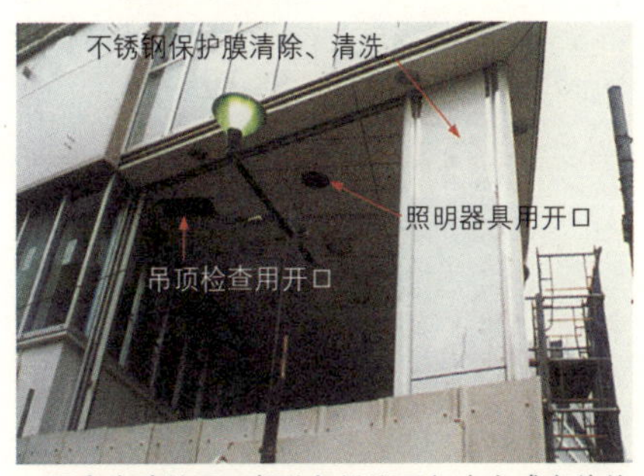

1 预定在建筑开口部分架设脚手架来完成高处的作业，但是由于来不及制作照明器具和吊顶检查口，就拆除了脚手架，后来又再次架设。

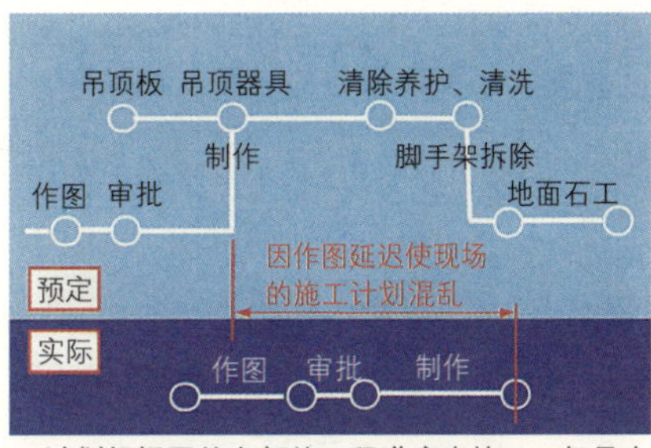

2 计划根据图的上部的工程进度表施工，但是由于作图延迟，增加了这样无谓的作业。在脚手架拆除之前必须做什么呢？应当认真制定网络工程进度表，并照此施工。

3·4 图3是由于门框制作推迟，无奈之下先进行了墙板施工的情景。图4是门框终于送来了，正在安装。可是很难在门框边上严丝合缝地贴上细条状的墙板，又耗费墙板施工人员的大量劳力。作为现场管理人员不能让这样的现象出现。墙壁的轻钢龙骨一做好就马上安装门框，贴上墙板。在平常就要留心学习好的施工计划。

5 这张照片是贴上墙板之后又慌慌张张地破开来安装了门的状况。必须要看完图纸后再指挥现场。

6 最近的设计中有喜欢采用大型门的倾向。由于电梯放不进这么大的门，所以艰难地用起重机吊上去。应该乘着有起重设备的时候就搬上去。

39 施工计划不善而引发问题的实例

工程动工初期，该做的事情非常多，制订施工计划的事很容易往后推，但是，越是困难的工程越需要配备有彻底地冷静地预测工程进展的人才。如果说，“只有施工开始之后才能安排人员”的话，就只能出现图1那样的工程。

1·2 图1因为没有起重设备，器材堆积如山，在往后的每次作业时都必须移动器材。不能预测工程进展的管理人员，他所在的施工现场就会出现这样一连串的重复无用功的现象。图2则是认真制订了工程和起重设备的施工计划，形成了整整齐齐的工作空间。提供良好的施工场所是管理人员最重要的工作。

3·4 这是工期紧迫的改造施工现场。若是短工期，就更需要重视工作效率的施工计划。杂乱无章的作业如果持续下去，质量上的缺陷就容易被忽视。

5 虽然马上就要绑扎墙壁的钢筋了，但周围却是材料堆积如山。若是这样，既没有立脚之处也不能搭脚手架。

6 特意搬进来的管道却被当成垃圾丢弃了。这是由于设计变更或者是尺寸弄错了。

40 对业主需求的把握

和业主充分沟通，弄清业主的建筑意图，将业主的要求归纳整理后就形成设计图了。但是，投入施工之后一看，有时候会出现业主的需求与设计图不一样的问题。没有将画好的设计图向业主作充分的说明，就作为“预算图”发图了，边施工边进行设计，像这样的例子很多，于是造成返工增多，既浪费时间又浪费金钱。

确认业主所说的“好建筑物”

经常听到说：“总之，请给我造一座‘好建筑物’”，可是，业主心里所想的“好建筑物”的内容究竟是什么样的东西？却是各不相同。把业主所要求的条件具体地问清楚，作为重点施工方针，让全体施工人员彻底领会，这是十分重要的事。

确认业主的要求

为防止工程中途返工，应该对业主的要求进行确认。觉得有怀疑的问题要及早以文字的形式进行确认。如果有与设计图类似的建筑物，要和业主、设计者一起去看，包括设备等情况都要做好确认。或者将设计图纸采用一目了然的颜色区分，画出简单的透视图进行说明，让全体人员达到共识。最重要的是要积极地将“业主心目中的好建筑物”具体地表现出来，并投入实施。

从维修角度修订设计

在设计中优先考虑维修是很困难的。但是，如果疏忽了这个问题，将来对于业主来说，会造成很大损失。在不破坏设计构思的前提下，从战略上考虑降低维修成本，是维护了业主的利益。

业主决定的滞后带来不利

如果设计不做出决定，后面的各种设备的检讨就不能开始。如果留下的时间太少，就会出现没有充分检讨而投入施工的局面。建筑工程牵涉到大量的人力、物力，所以不能随意变更。它以怎样的形式出现是根据情况而变化，但是，尽早做出决定关系着工程的质量，这是无疑的。不要灰心地觉得：“业主不做出决定，没办法”，应该催促他们早期决定。作为手段，在总计划表中写上各个施工类别的，要求业主决定的事提前准备→决定→制作→施工等项目，采取不断追踪的形式。

合理的施工难以进展的原因

建筑施工中有许多浪费现象。如果趁着现场上有大型起重机的时候，尽快做出计划，将管道和笨重物件等设备机器安装到位就可避免浪费。但是，工程在费用紧张的情况下，在选择施工单位方面将出现花费过多时间的倾向。在设备施工方面形成多重转包结构，被选定的施工单位又再选择他的分包单位，很费时间。这种恶性循环使施工计划延误，只考虑压缩成本，实际的施工单位决定的时候，一切都已经迟了，这种事例很多。

预算和合同

通过投标决定了工程造价最低的承包单位时，一般就按照标书签下合同；但是，预算书中如果有极高的单价或极低的单价时，应当进行交涉调整。因为在以后的变更中预算书的单价将作为基础，如果极高单价的施工量大大增加，而不得不采用那个单价，损失就大了。

41 现场负责人应有的姿态

有许多现场负责人一到某些地方，就完全变成了管理者。然而，因此丧失了作为专业技术人员尺度的这种倾向很不好。所谓管理，应该要在各个工程中应用技术尺度去进行判断。

自己作施工计划

不是用他人提供的施工计划，而是将自己认真地制订的计划投入实施。这么一来，会有各种各样的障碍出现，而将它们一个一个地解决，是非常有价值的工作。在不断地重复这些工作当中，就培育出了优秀的现场管理者。至于回避责任，把责任推到别人身上的人，得不到前面所说的那种解决问题的能力。

施工后的反省

用冷静的眼光把建成的建筑物重新审视一下吧。它真是一流的吗？以这种眼光来看的话，在建成之后必须反省的问题应该是非常多。因此能够反省的人比起过去将有很大的进步。原因是下次的工作能够借鉴前面的反省经验。最近，没有时间进行这种反省，只是忙着完成任务，同样的问题依然地重复着的倾向很严重。专业技术人员所需的“追求真理、自己钻研”的思想，正是从反省而来。

尝试挑战新的施工方法

对于从未做过的事，一定会遭到公司内部的反对。如果认输，问题就得不到改善。一个一个地解决问题，在实践那些计划之中可以找到作为技术工作者的快乐。

工期延迟

建筑工期一旦拖延，现场的施工计划就会出现大幅度的变更和混乱。尤其是在工程结尾阶段的工期延迟将成为致命的问题。对于特殊的石材、窗框等等，要再三确认制作状况。还有，在外装修方面，对于没有施工完毕不能拆除脚手架的部分也要注意。招牌之类的安装决定经常在很晚才提出，必须尽早提醒业主。

关联公司的破产

某个钢筋加工的公司破产了。事情发生在我方向建材公司预定了钢筋，刚把它搬到了那个加工公司要求加工的时候。在器材堆放场地，尽管能够特别指定这些钢筋是本工地的材料，但是由于工厂被封，已成为许多同业单位共同分配的财物，结果不但空耗了许多时日，材料却几乎没有拿回，只好再次定货了。在这样的情况下，如果一直期待着能够拿回，就有可能延误工期，所以，在有的时候就要求做出决断。

不要把一切都交给外包商，要有自己的衡量尺度

临时结构计算、挡土墙计算、结露计算、风压计算等等，你是否认为自己做不来而放弃了呢？采用一般的Excel之类的计算软件，那些自动计算程序就能简单地完成。如果利用这些作为工具，拥有能够对应各种条件的自己的技术性的眼光作为“衡量尺度”，就可以很好地掌管现场，还可以培育新人。

[4] 临建工程

42 防护支架·临时围墙

防护支架的施工只有在没有行人的深夜才能进行，所以需要花费许多时间。施工开始时因为人员太少，为各种手续忙的团团转，难以顾及支架的施工计划。不过，正是这种时候才更需要仔细地推敲战略方针，抬眼望去就觉得工作做得很漂亮。

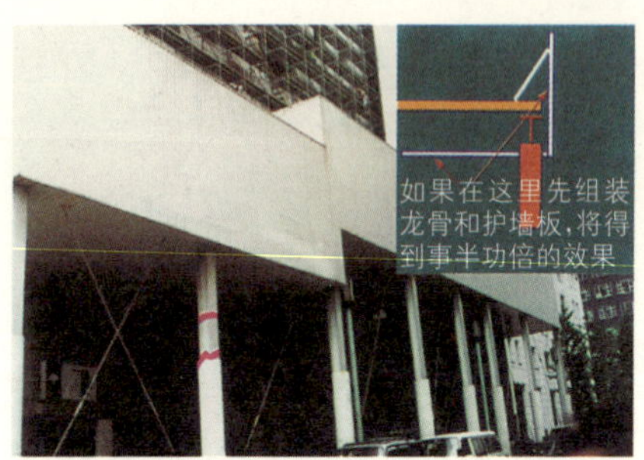

1 因为施工地点位于地铁的出入口附近，一天的施工时间只有4小时。防护支架不仅是安装，就是拆除也很费时间。在采用预制装配化工法的其它施工工地，这种工作只要一半的时间就完成了。

2 这是利用高空作业车正在给临时办公室的天桥钢构架涂油漆的情景。如果在安装之前先涂上油漆就节省了时间。

3 下面人行道的人流量太大，防护支架的柱子没有安装的余地，所以由主体钢构架分担。

4 最后拆除防护用的网格板之处。从外墙伸出的临时钢构架通过转动或滑动拉进建筑物内部，再用电梯搬出。

5 镀锌钢板上面喷涂了油漆，但是油漆开始脱落。如果临时围墙的设置时间较长的话，建议使用烤漆的临时围墙钢板。

6 占有道路的临时围墙将给人行横道、信号机、防火用水、电灯、电话的检查井带来影响。必须对每个问题进行协商。

43 临时办公室方案的失败

在动工的起点，如何决定临时办公室的方案，将对成本产生很大的影响。如果认为“这是预算很少的工程”，因此把临时办公室的面积计划的很小，就可能因为不足而产生办公室的移动或扩建问题，进而导致成本的浪费了。施工人员的休息室里什么设备也没有的状况现在已经不允许了。必须做到夏有冷气，冬有暖气。这些设备一旦安装到现场建筑物里面，每次移动的时候就都要重做了。

1 总建筑面积20000m²，工期2年的工程，办公室兼施工人员休息室建成6×5间的三层建筑物，但是马上就因面积不足而重复扩建。如果一开始就建成10×5间的三层建筑的话，其结果能够便宜30%。

2 建筑物里的施工人员休息室，环境总是变得很糟糕。由于吸烟的人很多，烟雾使空气浑浊。有必要从一开始就计划安装换气设备。

3 这是桌子、衣物柜、冷暖空调、换气设备齐全的施工人员休息室。尽可能要配备这样的设备。另外，如果能为乘电车上下班的施工人员准备淋浴室就更好了。

4 休息室里一旦人数增多，空饭盒、空饮料罐的垃圾量就会增多。回收式的饭盒、空罐的废品回收等，从一开始就要计划。

停车场

在城市的施工场所，很难保证停车场。可是也有的施工队尽管乘坐头班车也赶不上早晨例会的时间，所以有必要保证一定程度的停车场位置。另外，签合同时有必要明确写上有无停车场的情况。如果马路停车增多，就会被警察和道路管理员追究管理责任。

办公室的租用

不要绝对认为现场办公室一定是建在工地上，首先在外部找找看，有没有对现场管理不会造成影响的场所。房子的搭建、拆除，材料的长期租用费，冷暖空调、照明用具、卫生器具、洗涤台、内部装修加工的拆卸处理费等等，有必要将这些总的费用和在外部租用的费用作一番比较。

44 在人流量很大的场所进行外部施工

为了防止高空坠物对行人造成伤害，一般都在外部架设防护用的脚手架，但是处于只有深夜的短暂时间可以使用的环境中，要组装钢结构的脚手架很困难。于是，决定在紧贴建筑物外部，挂上防护网，进行无脚手架作业。

1 历来的防护网尽管扎上绳子也抗不住强风，就像上面的照片那样，防护网松动、断裂了。

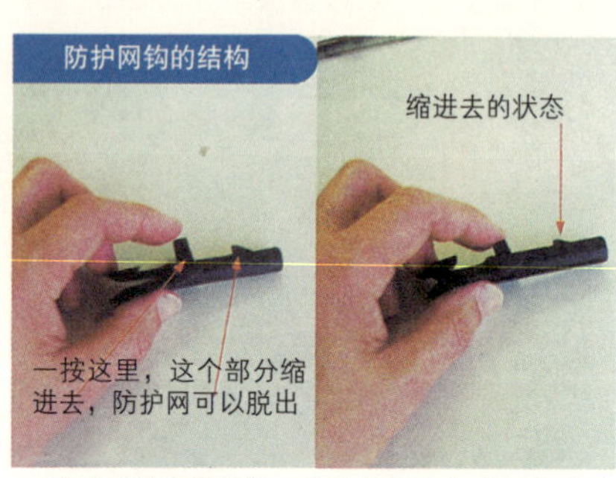

2 于是开发出能够将2片防护网串起来固定的防护网钩(已申请专利)。

3 这是用防护网钩穿过2片防护网的洞眼，将其固定在钢丝上以后张挂上去的样子。可以看到2片防护网的重叠部分起了有效的固定作用。

4 在临时钢构架下面装配移动式滑车，进行外墙安装。

5 在防护网和安装好的外墙之间安上吊篮，正在进行外墙嵌缝填充作业。

6 超高层大楼的场合，周围虽然有空地，但是与道路如此接近的情况下进行的施工，对于外部的考虑尤其重要。

45 外墙工程中使用的上下移动式脚手架

如果要搭建外部整片的施工性能良好的装配式脚手架，就必须适当地采用斜撑式脚手架。不过，因为配合施工和采用斜撑式脚手架的时间点的把握有困难，所以设计了如图 1 那样的移动式脚手架，又由于移动式脚手架太重，所以改善为图 3 所示的形状。其结果是，与装配式整片的脚手架相比，工程管理以及施工检查变得容易了。

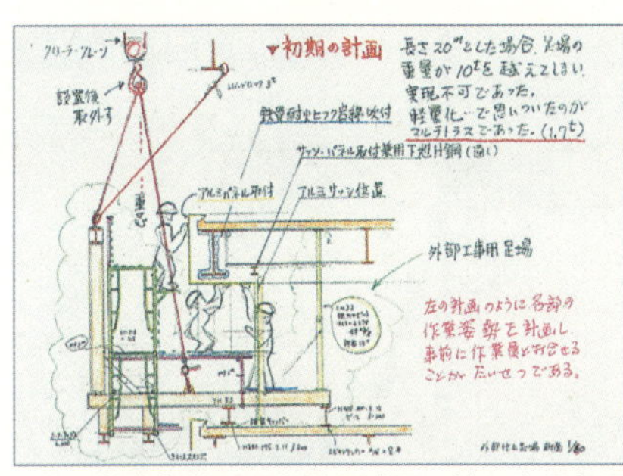

1 施工性良好的脚手架的设计图。施工变得容易了，可是长度 20m 就有 10t，太重了。

2 如果搭建右图似的整片式的脚手架将影响施工性能，所以用左边照片那样的桁架式的梁代替 H 型钢来使用。

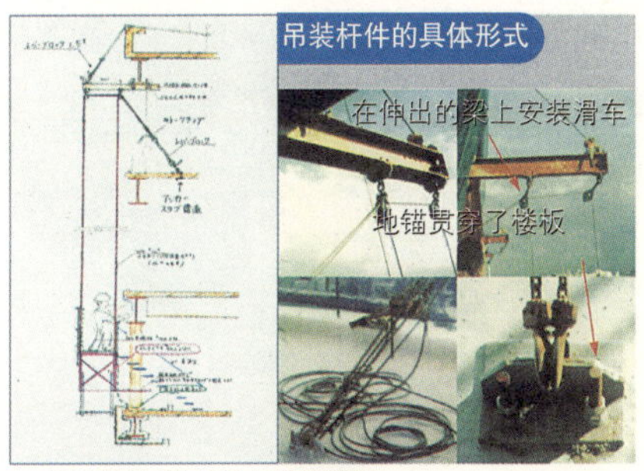

3 设计图和钢丝的吊装情景。

4 正在组装。图 1 中的脚手架有 10t 重，在这里由于使用了桁架，重量只有 1.7t。

5 从内部开始的栈桥。因为用 4 根钢丝吊着，不会像使用吊篮那样摆动，施工性能极好。

6 挪动位置只要 30min 左右就能完成。因为顺序向上移动，使工程管理变得容易了。另外从外部可以看见完工情形，检查也很容易了。

46 取消货物装卸平台（1）

根据“是否准确掌握时间，顺利地搬运材料”的情况，现场的工程也随之产生变化。以往的做法是采用搬运材料的电梯或是采用图1那样的货物装卸平台进行搬运。但是，只要像下面那样找点窍门，没有货物装卸平台也能搬运材料。

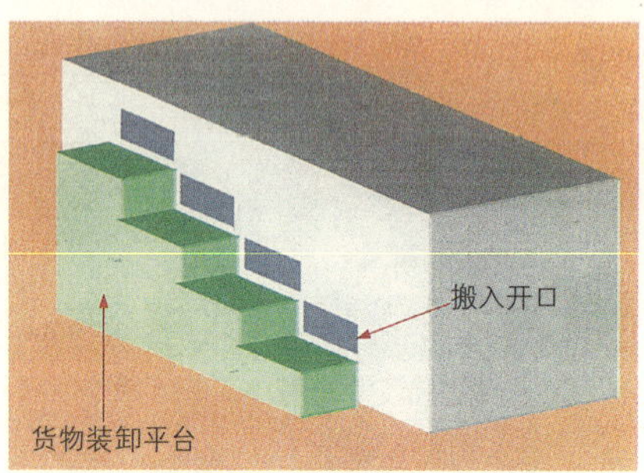

1 以往的做法都是按上图那样，在外部构筑货物装卸平台进行搬运。

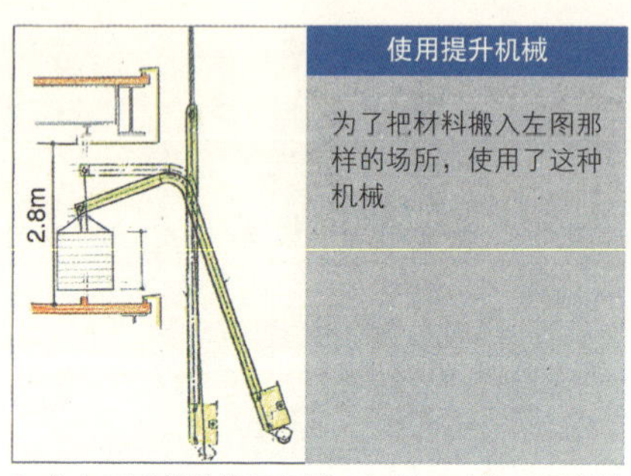

2 有上图那样的搬运机械。但是，对搬入场所的高度有要求。

3 像上面的照片那样把货物举起。

4 这是装货台面和操作平台兼用的台子。正在把货物放在装货台面上。

5 用吊车把货物吊到所需的楼层。

6 在吊车还是吊着的状态下，将其固定在那一层的地面上，把货物取下。

47 取消货物装卸平台 (2) 高空吊运机械的开发

为了取消货物装卸平台，画出了图 1 所示的空中吊运车梁的制作图，并制作投入使用。阳台内侧的 PC 板安装时也使用过。

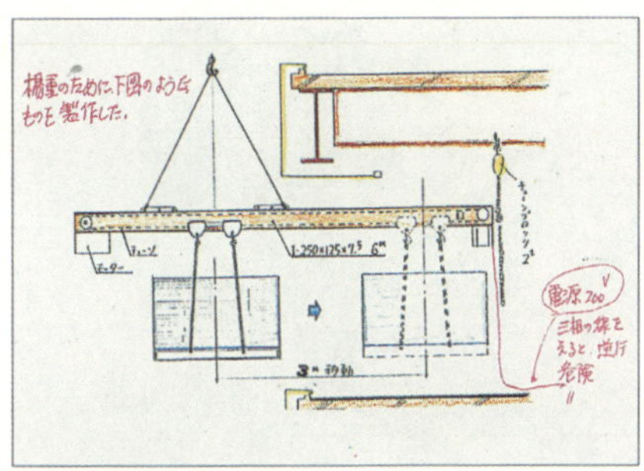

1 制作图。

2 在下面把货物挂上吊钩正离开地面的时候。

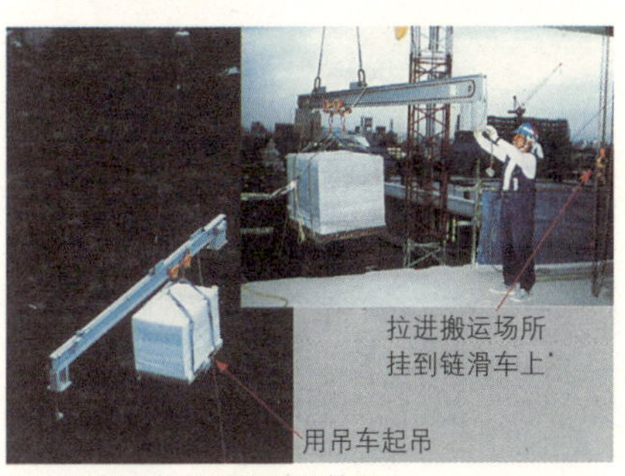

3 正在把货物拉进搬运的楼层。

4 在梁的前端挂上链滑车。

5 接上电源使空中吊运车移动。

6 放松链滑车，把货物放下。

48 地下施工的效率化

进行地下施工时，重型机械的使用对于提高施工效率至关重要。可是，要配置起重机等重型机械，需要设置很大的操作平台。以下是为了不要构筑操作平台而将履带式起重机主体放到地下，设置在混凝土垫层上，在必要的场所一边移动一边进行资材搬运的例子。

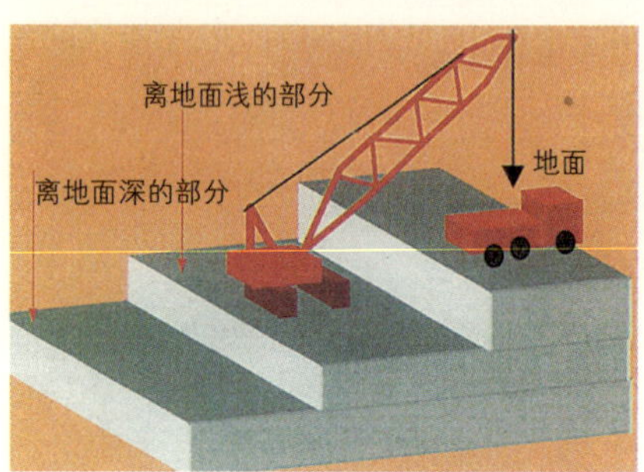

1 在地面设置起重机，因为地面部分是作为货物装卸平台使用，所以即使狭窄也能操作。

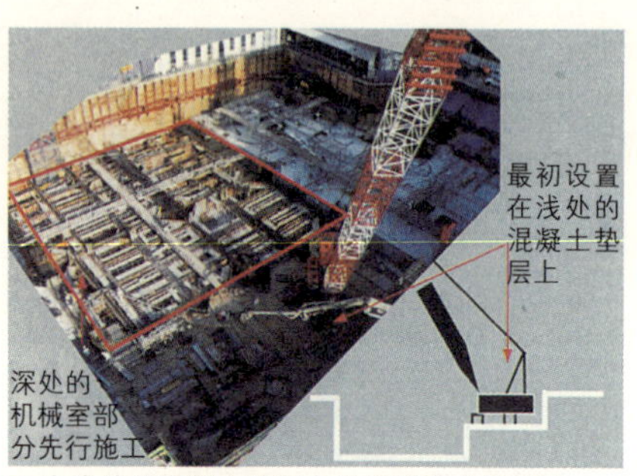

2 在浅处的混凝土垫层上设置履带式起重机，一边移动一边进行深处(机械室)的施工。由地面的卡车直接把东西拉走。

3 浇灌机械室部分的地板混凝土，在主梁之间放上 H 型钢构筑平台，把起重机移到上面。

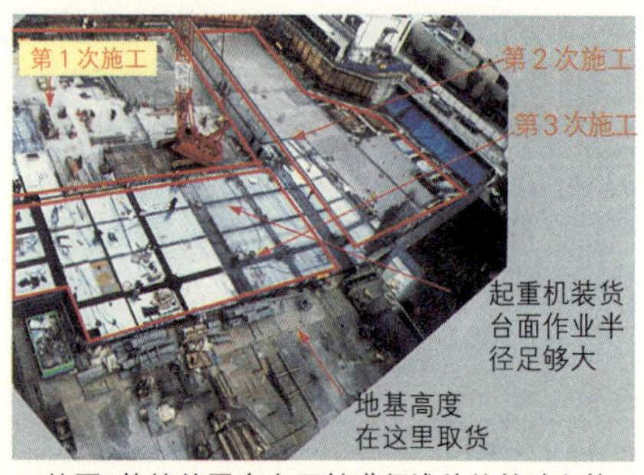

4 从图3构筑的平台上开始进行浅处的基础主体工程施工。

5 在这个阶段，履带式起重机的任务已经完成，由塔式起重机完成下面的工作。

6 从现在开始，履带式起重机在地面上作为钢结构安装的辅助机械使用。要求与司机做好继续沟通的工作，顺利地推进工程。

49 在屋顶设置移动式的起重机

如果能够采用移动式起重机进行钢结构安装的施工，就可以不使用大型塔式起重机，而改为在屋顶上设置小型起重机。只要把小型起重机装配成移动式，就可以不使用大功率的起重机而达到目的。这里将介绍利用 10 t 支撑杆液压起重机的例子和利用吊篮导轨的例子。

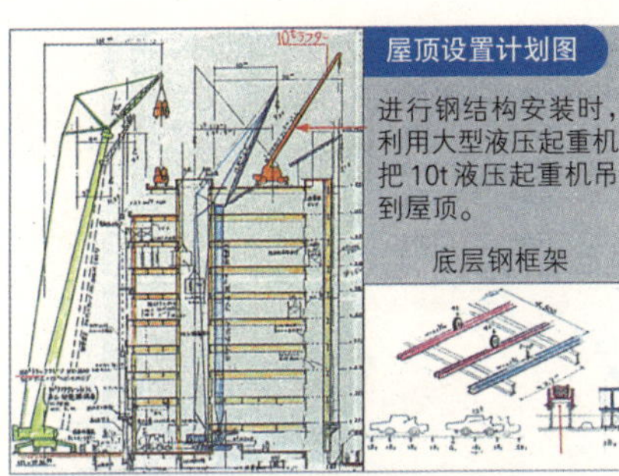

1 钢结构框架是用移动式起重机由里向外安装。钢结构施工中要把 10t 液压起重机吊到屋顶。

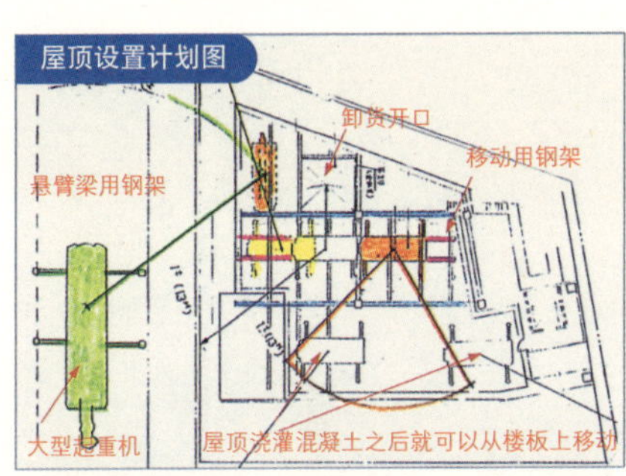

2 最后从地面上用大型起重机把 10t 液压起重机放到设置的地点。再把这个设备的紧急备用发电机设置在那个地点。

3 在钢结构施工中屋顶上也使用起重机。因为起重机不使用电力，所以低压配电就可以解决。

4 在屋顶上设置 10t 支撑杆液压起重机。如果把轮胎部分的钢圈卸掉，把悬臂梁放下，就可以自由地经钢筋加固的屋顶楼板上移动了。

5 这是利用屋顶的吊篮导轨让起重机移动的例子。因为能够沿外围移动，所以在外墙作业中效果很好。

工程能否顺利进展，受到起重设备的计划好坏所左右。必须对钢结构、外墙的装修材料、屋顶的机器等重量和位置进行确认，选择那些能够高效率地起重、安装的起重机械。不仅限于塔式起重机，还希望能够努力从各种各样的机械中进行选择。特别是建造高层大厦的时候，地下部分的钢结构很重，如果根据地下的钢结构重量选择了塔式起重机的时候，建到上面就成了功率过剩的设备了。也可以考虑改变地下钢结构的定位点，或者只有地下钢结构采用履带式起重机安装的方法。

50 塔式起重机的选择

图2是在地下用H型钢架在基础梁的上面建成移动式平台，让履带式起重机在上面移动，在沉重的钢结构柱子附近进行安装的情景。这样一来就可以减少峰值，不设置功率过剩的塔式起重机就解决问题了。另外从另一个角度来看，像图3那样，如果通过预先组装钢结构、预先组装设备等方式提高效率，拼成一个整体后能够顺利安装，那么敢于采用大型塔式起重机也很好。

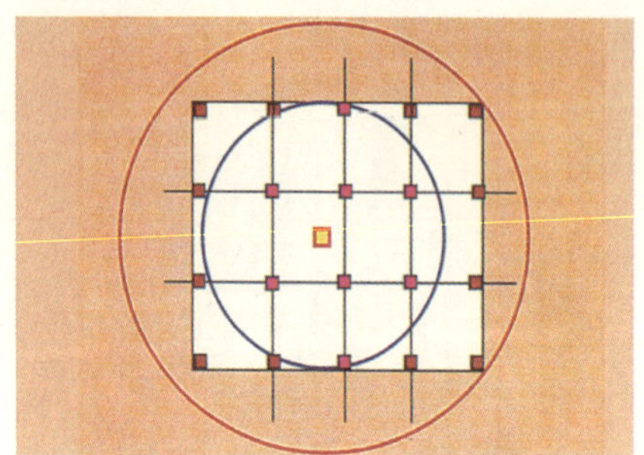

1 对于能够安装地面钢结构柱子，但已经是吃力的起重机来说，地下的钢结构柱子就太重了。因此，蓝色圆圈外面的柱子就无法安装了。

2 在地下设置移动式平台，用履带式起重机完成图1的蓝色圆圈外面的钢结构柱子的安装。挡土墙也因为这个计划而采用地锚施工法。

3 这是使用战略上能量巨大的起重机，在地面上预先将钢结构和屋面之类的部件组装起来的情景。可以省去在地面上搭建脚手架等临建工程。

4 把现场组装的部件安装上去的状态。这里采用了400tm的塔式起重机。在40m半径的场所，可以吊起10t的能力够大了。

5 在这里进行地面预先组装。使用临时的H型钢，用千斤顶找平，焊接上定位块来提高精确度。

6 就像上面的照片一样，管道和空调机可以预先组装。梁的结合部焊接的火花容易飞溅，所以必须注意配置。

51 塔式起重机解体计划的失败案例

在塔式起重机的设置计划方面，与组装计划相比，解体计划更容易出现粗心大意的现象。但是，设置计划应该是从解体计划开始的。图1的例子是由于塔式起重机解体之前的计划不周，形成了非常危险的状态。

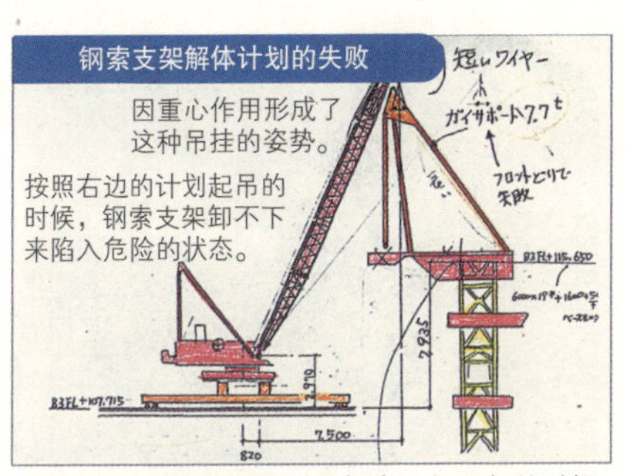

1 用60t的起重机把7.7t的钢索支架吊起的时候，就像上面那样达不到起吊高度，陷入了被卡着不能动弹的境地。

2 将回转框架的高度降低，就能确保起吊高度而平安无事了。如果光有纸上谈兵的设想，就会出现这样的失败。

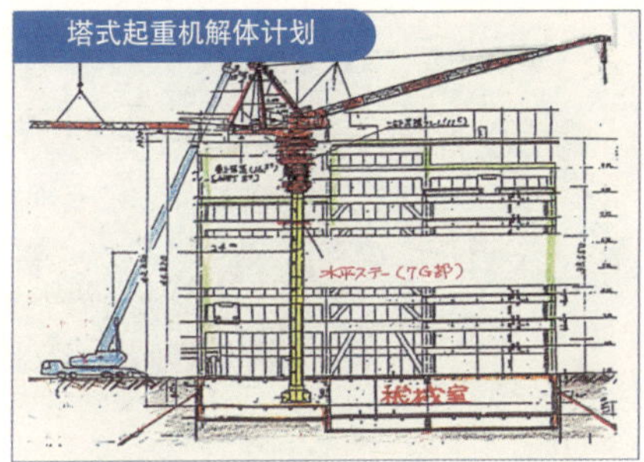

3 制定塔式起重机的计划时，一定要在解体计划决定之后再制定组装计划。

5 如图1所示，塔式起重机的解体问题是高度。如果能够整体下降就没有问题，可是起重臂成为障碍。如果只把起重臂卸去的话又会破坏平衡，所以就只有升降框架方面可以下降了。基座设计必须要考虑到解体问题。

4 建设高层大厦的时候，为了解体塔式起重机，依次使用小型起重机来拆卸，但是，最后一个起重机使用过的基层钢架要搬出去十分困难。如果把那些基层钢架留在上面照片中那样的钢架上，就可以节省不必要耗费的劳力。另外在将来的修复工程中也可以使用，所以也深受业主欢迎。

52 建筑物内部开口部分专用的起重机和平台的制作

这个程序是把取货楼层的平台变成可移动式，在开口部的角落地方安上钢板地面，在移动了的扶手内侧取货。起重机采用转动式，在货物升降时使用开口部的中间部分，而取货时转到角落，把货物卸在前面提到的平台上。通过这样能够提高材料搬运的效率。

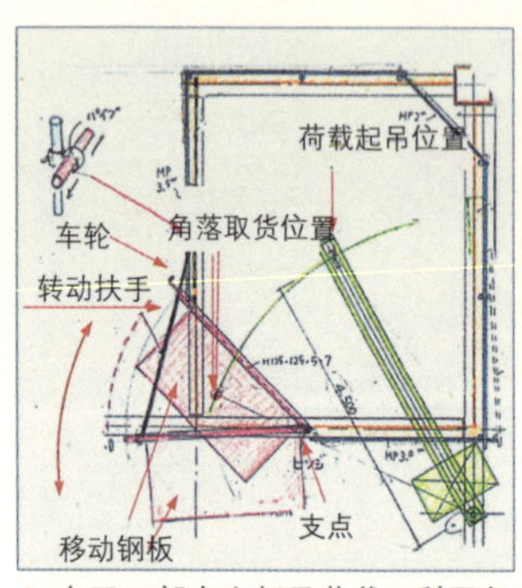

1 在开口部中央起吊荷载，利用角落取货。

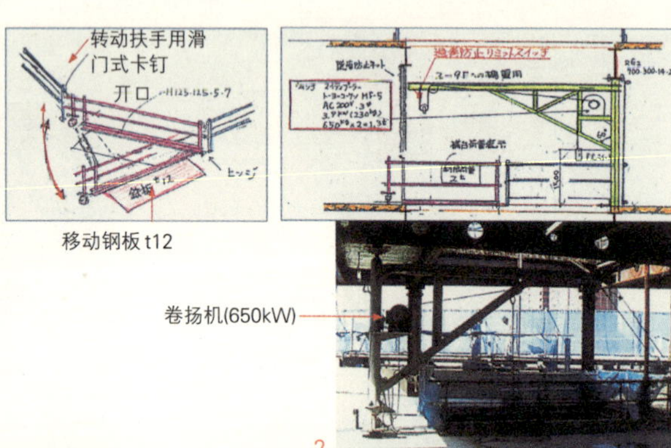

2

3 内部开口处的起重取货平台。

4 平台打开时的状况。取货平台和钢板。

5 平台能够卸货的状况。

6 卸货中的状况。在开口部的角落正在卸货。绝大部分的材料都从这个开口搬入。

53 将大型重物顶起移动的工具

将又大又重的设备机器以什么时候，什么路线，如何顺利地高效率地能够搬进来，完全取决于制定临建工程计划的人。依据最初的设想要制定出那样严密的计划，就应该知道必须选择怎样的工具来使用。这里将介绍在极限的高度范围内移动重物的工具。

1 在机器底座加上滑轮水平地移动着。

2 把滑轮加大了。在这里加上把手牵引。

3 上部能够转动。

4 下部的滑轮。

5 采用液压千斤顶把重物顶到必要的高度。

6 把它拉上安装用的架台之后，用滚杠移动到规定位置。

54 搬运板材的推车

内装修的板材使用数量非常多。为了顺利地搬运大量的板材，制造了像下面一样的小车，提高了效率。图6是为了解决在电梯间装卸时花费时间劳力的问题而开发的，把板材立着搬运的推车。

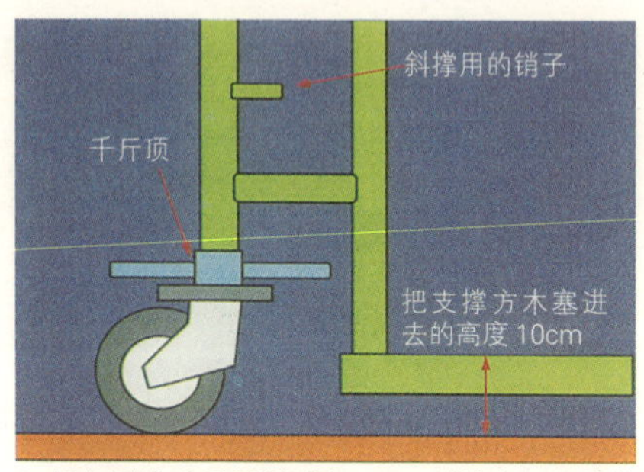

1 把上图的千斤顶调到比 10cm 稍微高一点的状态，装上板材搬运。

2 装上板材前的状况。

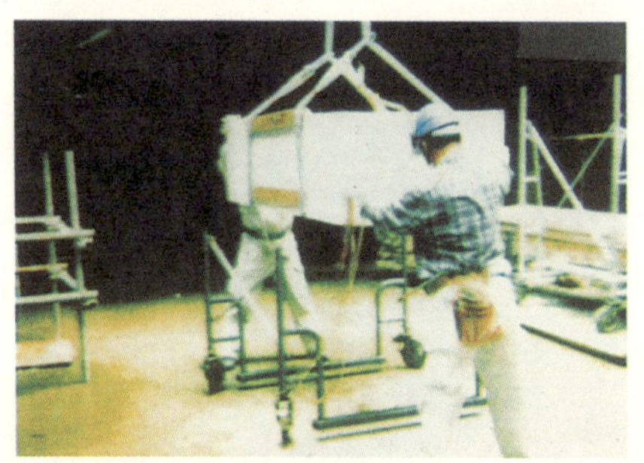

3 正在装板材。

4 以这种状态移动。

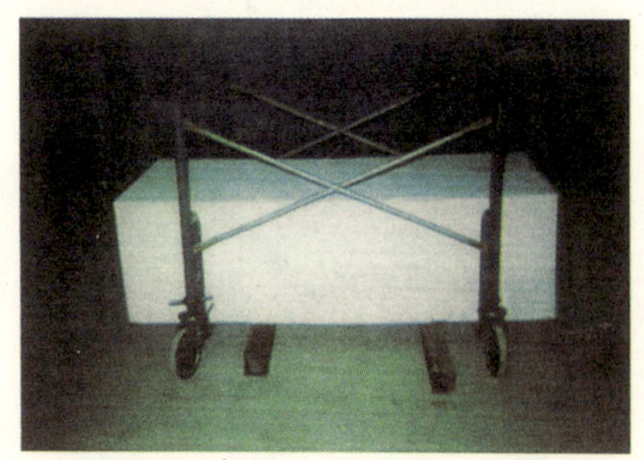

5 只要把支撑方木垫在下面放松千斤顶，就可以把推车拿开。

6 上面的推车是为了减少板材装卸的时间而开发的工具，可以在电梯里使用。

55 高度 28.5m 的檐口顶棚的脚手架方案

在 12.8m × 16m 的跨度，高度 28.5m 的某个部分，如果用装配式脚手架搭建作业平台，就需要大量的临时搭建材料，下部的施工也无法进行。于是提出下面的方案并实施了。

1 设置了塔式起重机的部分成为檐口顶棚。起重机拆卸后搭建脚手架。

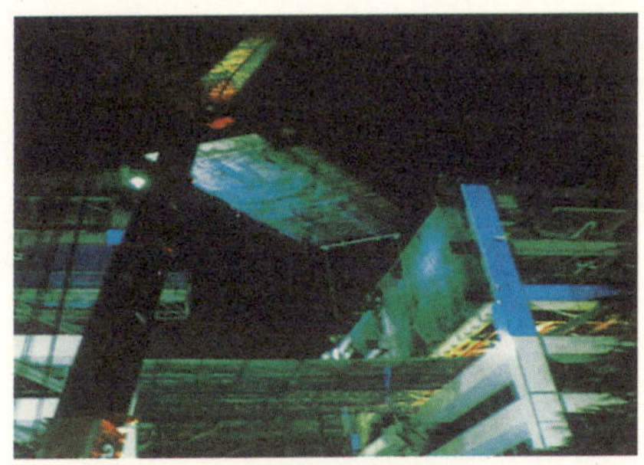

2 把临时平台分成3块，在钢结构施工前组装好。骨架使用了高 60cm 的钢管桁架。

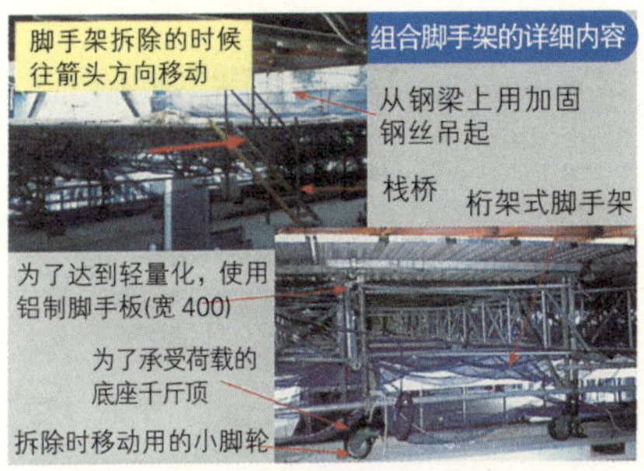

3 拆除的时候要向前面移动，所以装上了小脚轮。另外，为了减少挠度，把中央架在钢梁上。

4 在脚手架上进行钢结构装修施工。

5 檐口背面的板也贴完了，把脚手板拆除之后的状况。只留下桁架的骨架。

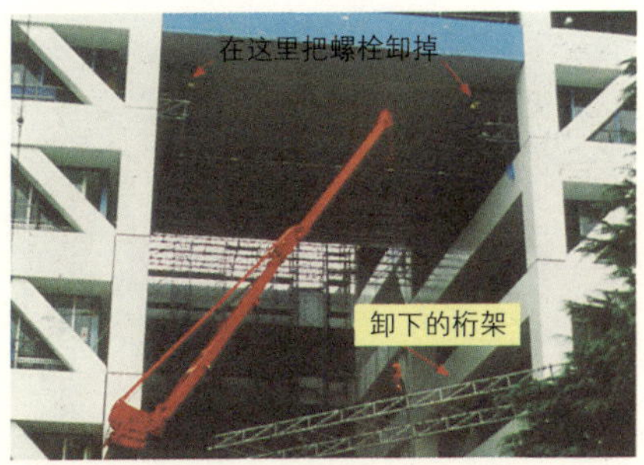

6 板的檐口背面和钢管桁架之间紧挨着，所以在两头配备卷扬机，将桁架放到起重机能够起吊的高度，交给起重机吊运。

56 临时脚手架 (1)

从外部或内部的脚手架上坠落的事故总是不能减少。这种事故一旦发生，几乎都是导致重伤或者死亡。但是，不要口头上说着安全第一，却只把责任推给现场负责人。如果没有更加认真地追究原因、思考对策、加强教育力度的话，事故不会减少。另外，也有某些公司在雇佣工人的时候，没有经过正规的培训，只管将他们送进现场，认为劳动灾害是现场的常事而不在乎。希望要很好地创造培育人才的土壤。

1 本人已经习惯不使用安全带，所以没有感觉到危险。充分的安全设备和花费足够的时间进行安全教育是必要的。

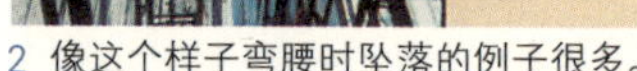

2 像这个样子弯腰时坠落的例子很多。

3 如果脚手板的宽度不够，代替扶手的支撑杆和脚手板之间的间隔就变得太大，增大了坠落的危险。

4 在装配式脚手架的横断面处安装了升降式扶梯，可是上面有平台，如果登上去就会在那里撞到头。必须很好地观察周围之后再搭建脚手架。

5 在这样的楼梯上踩滑了脚，也有笔直地坠落的例子。

6 像这样没有楼梯平台的临时楼梯很危险。

57 临时脚手架 (2)

临时脚手架最重要的问题是：使用那个脚手架的施工人员，如何能够便利、安全地作业？如果工种不同，就可能出现不同高度的需求。在施工之前，组装人员和使用它的施工人员通过认真的协商，就可以组装出既便利又合理的脚手架。

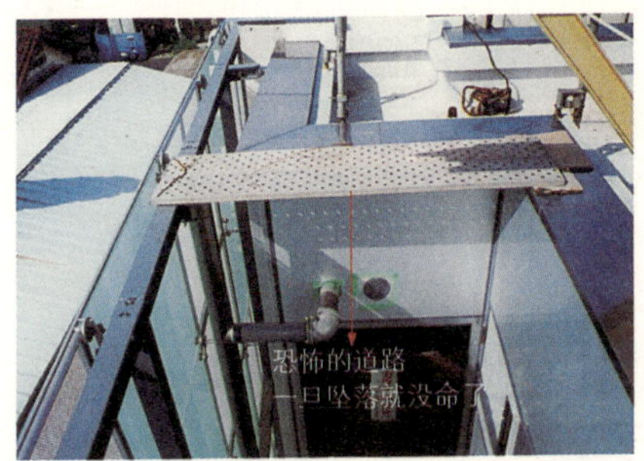

1 这里已经成为习惯的通道，所以现场负责人也在通行，但是，正由于习惯了，危险的意识也正在消失。

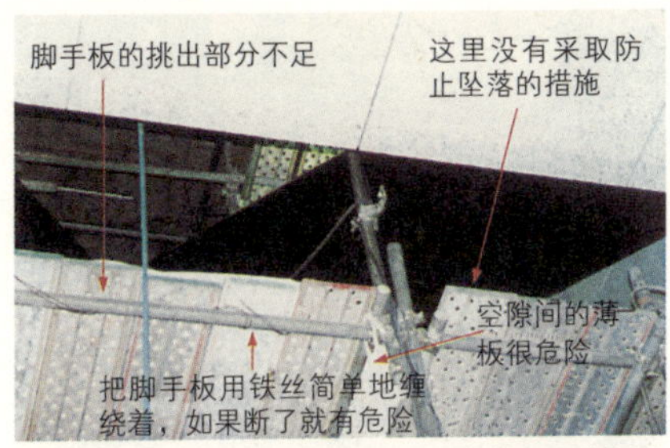

2 脚手板的长度只有4m，因此，稍微不足的部分形成端部的缺口。如果是进场时匆匆制定的临时工程计划，就会出现这种现象。希望能够在头脑冷静的时候，一口气把全部的临时工程计划制定完好。

3 在整个大厅里全面地搭建了满堂红脚手架。不能够把脚手架分成两部分吗？不能够制作1/3的脚手架来移动使用吗？或者说，采用把顶棚装修材料滑动的方法？

像图3那样大空间的临建工程的施工安排是建筑技术人员施展才华之处。将构思稍作变化，在钢结构施工的时间点，把移动导轨装入顶棚，建成移动式悬挂脚手架的方式也不错。如果打算实施新的方案，因为“没有前例”的一句话，就遭到反对的事也很平常。但是不应该灰心，要做好强度等计算，制定出明确的步骤，也参考施工人员的意见，作一番挑战看看。即使因此有些失败，也一定在下一次发挥作用。如果说“没有时间，按老办法做吧”，就不可能有建筑技术的进步。

4 稍有危险的地方想要修正，但在没有人手的时候，可以像上面那样罩上100×100的方格网。至少可以用这个方法来防止坠落事故。

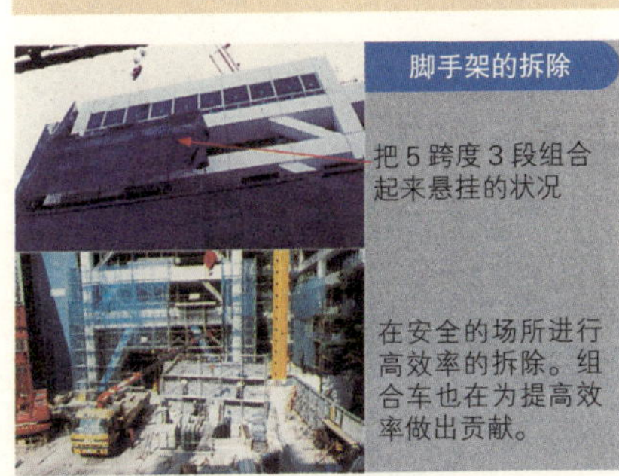

5 以某种大小的组合方式来拆除装配式脚手架，因此提高了效率，坠落的危险性也能大幅度减少。

58 楼梯脚手架的失败与对策 (1)

图 1 是完全没有考虑下部通行情况就搭建了楼梯脚手架的现象。对于楼梯脚手架的要求是：施工方便、下部通行方便。脚手架拆除的时候，长的材料容易划伤做好的墙壁，所以要尽量避免使用。支撑和扶手如果做得牢固，像图 6 那样的脚手架，用材虽少也很方便。

1 这个楼梯脚手架堵塞了作为主要通道的楼梯，造成这里无法通行的状况。即使没有这么严重，但只要有楼梯脚手架存在，就会影响通行。

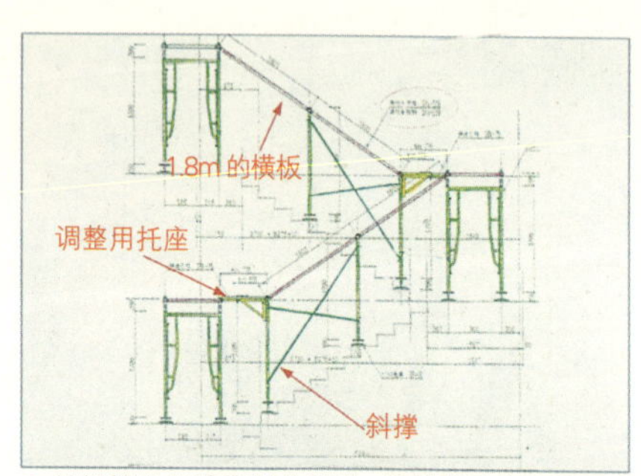

2 根据楼梯的坡度制作斜撑，将楼梯平台的装配式脚手架顺长边方向搭建，这样就能保证宽敞的通路。

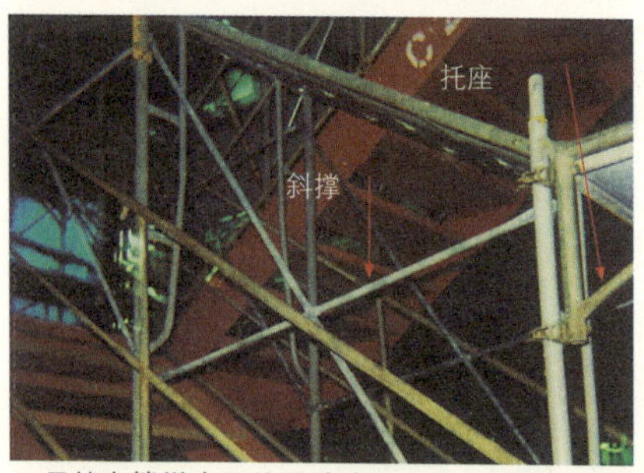

3 虽然有楼梯专用的滑动式脚手架，但是，上面的照片是使用斜撑和托座搭建而成的，便于通行的楼梯脚手架。

4 这个楼梯平台是利用水平角撑来替代水平斜撑。

5 从上面拍的照片
由此可以看到：与一般的楼梯脚手架相比，施工方便，通行也方便了。

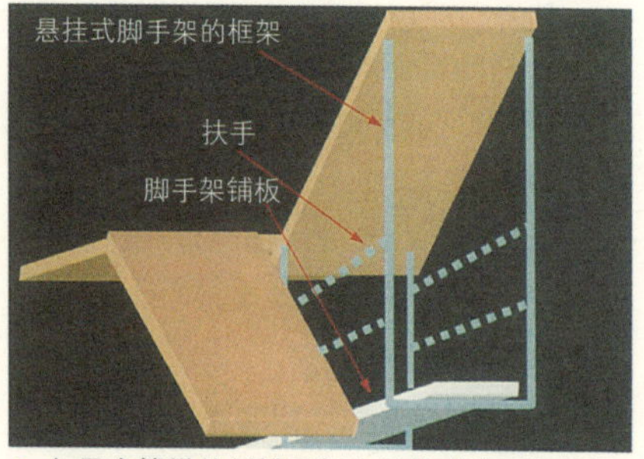

6 如果在楼梯的刻槽里插上悬挂式脚手架的锚，像上图似的挂着，能够使临建工程的用料减少到最少限度。

59 楼梯脚手架的失败与对策 (2)

楼梯的最上面部分容易形成图1或图2那样不稳定的脚手架。尤其是竖井部分的脚手架危险性很大。如果事先做好像图4那样的计划，就可以搭建出更加安全、作业性能良好的脚手架。另外，如果从设计阶段进行考虑，就可以采用图6那样合理的施工方案。

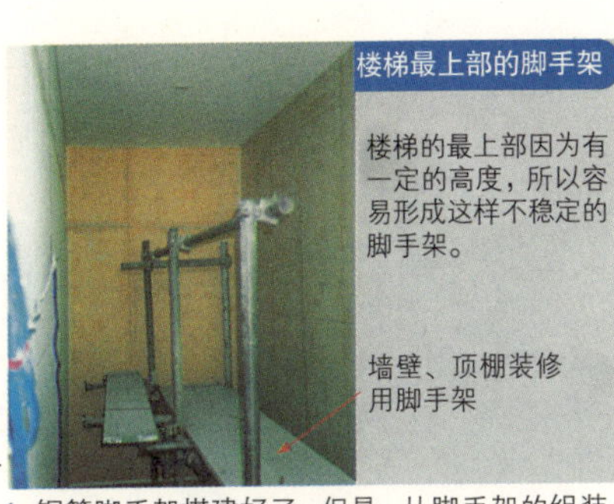

1 钢管脚手架搭建好了，但是，从脚手架的组装、装修工程、脚手架的拆除，到最后的平安完工，它都处于不稳定状态。

2 这也是钢管脚手架，脚手架上铺板的宽度很窄，一旦发生坠落事故将无法逃避责任。

3 在没有楼梯的左边部分，必须有竖向贯通层用的装修脚手架。

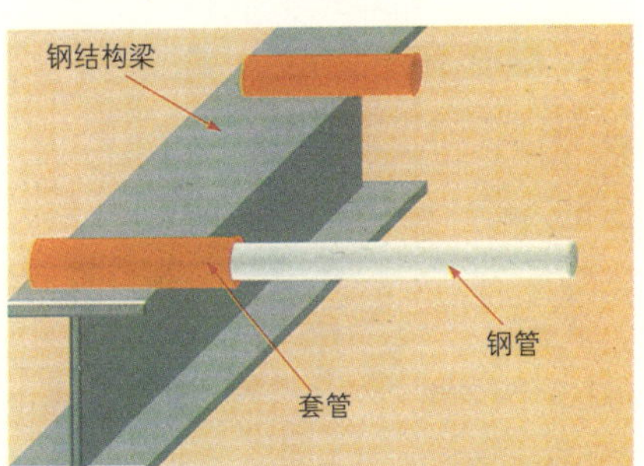

4 在钢结构梁的上面焊接套管，把脚手架用的粗钢管插入，在上面铺设脚手板，就可以大幅度节省临建工程材料。

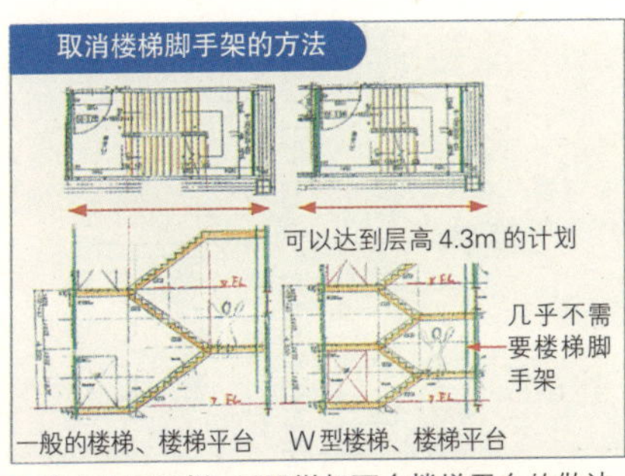

5 像右上图那样，采用增加两个楼梯平台的做法，就几乎不需要临时脚手架，楼梯间的面积也可以减少。在设计的时候就应当有这样的计划。

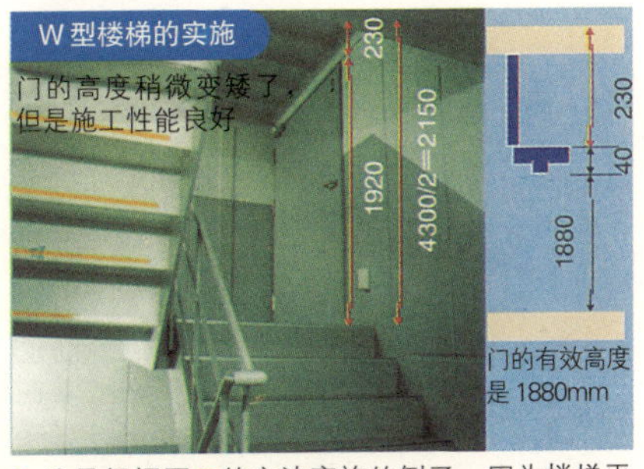

6 这是根据图5的方法实施的例子。因为楼梯平台多，如果有突发的事件时，可以防止牵一发而动全身的效应，提高安全性。

60 电梯机械室下面的脚手架

楼梯的脚手架以及电梯机械室的下面，经常搭建成如图1、图2所示的复杂而危险的脚手架。因为是狭窄的场所，又是很高的地方，所以有坠落的危险。如果没有电梯机械室，就没有这样的场所了。最近，随着没有机械室的电梯开发出来，施工也就方便多了。

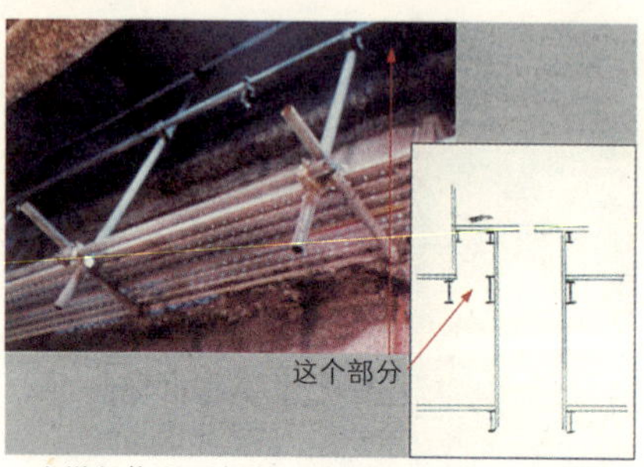

1 电梯竖井的区域封闭和钢结构的耐火保护层，都在这个狭窄的地方施工；并且，脚手架拆除之后，还必须再次进行钢结构夹板部分的耐火保护层的修补。

2 这是在电梯机械室旁的楼梯间搭建的脚手架。

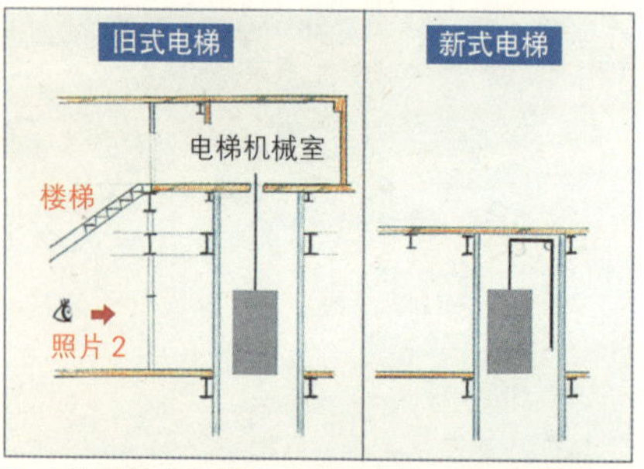

3 右边是没有机械室式样的电梯。因为没有像左图似的提升，也没有机械室，所以显得整齐。

无法确保对电梯机械室的联络

作为饮食杂居大楼，将顶层的一个楼层对外出租

通行楼梯

1.8m 以上

70cm 以上

屋外

15(20)cm 以上

23cm 以下

为了保证电梯机械室在紧急情况时出入没有障碍，不能经由起居室穿行。

当初虽然已经理解了，在进行出租设计中又忘掉了，检查中被指出。

4 因为没有机械室，可以不受上面那些问题的影响。机械室内的换气、空调设备也不需要了。

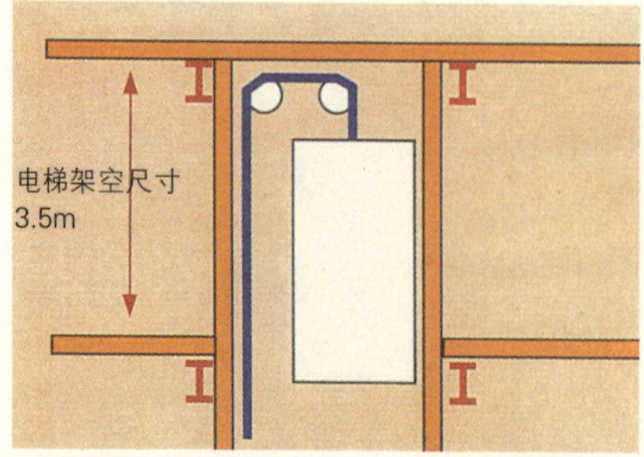

5 不要机械室的电梯。载重15人、1000kg、速度105m/min、竖井内尺寸2.3m × 2.15m。紧急使用的电梯尚未制造。

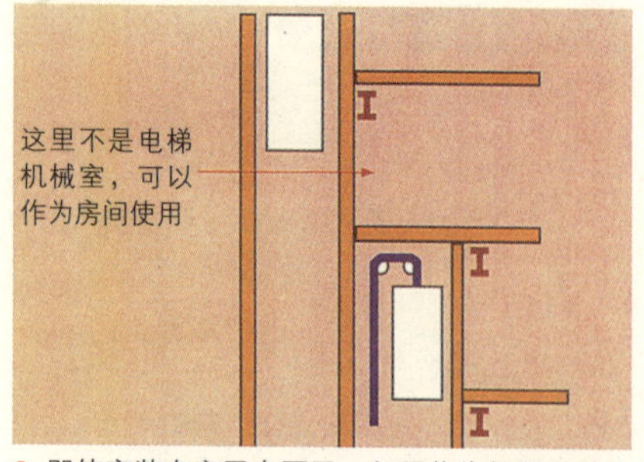

6 即使安装在高层大厦里，如果作为低层电梯使用，就像上图一样，可以把上部有效地利用。

61 电梯竖井内部的脚手架

图1是电梯竖井内部搭着脚手架的状况，从这种的脚手架上面发生的坠落事故很多。因为空隙处理的施工很困难，眼睛又难以观察周到。于是制作了图3那样的竖井，即使不用脚手架也能施工。

1 如果在竖井内搭脚手架，就需要许多材料，事故的危险性也就增多。

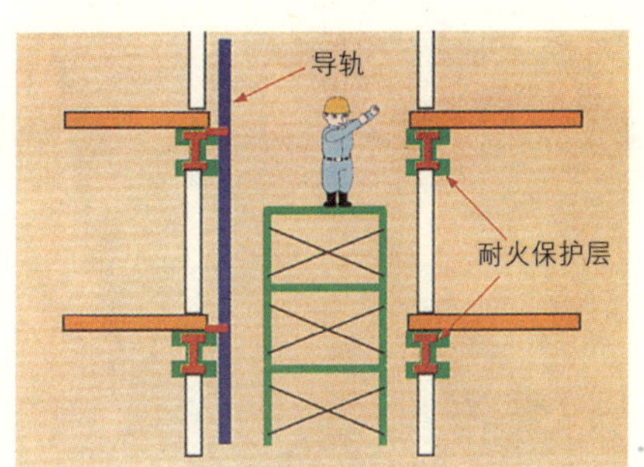

2 按照以往的做法，为了喷涂钢结构的耐火保护层以及平板混凝土的区域处理等作业，必须要有脚手架。

3 把ALC(蒸压轻质混凝土)像外墙似的砌在竖井壁上，把钢骨垂直穿过作为导轨的支撑。把防止坠落的安全网安装在ALC的重叠部分。

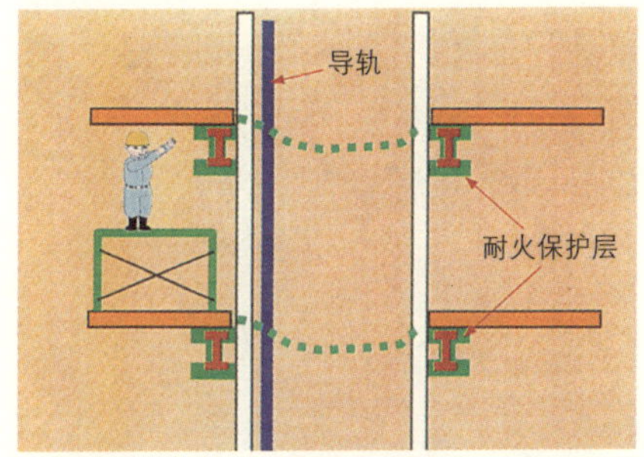

4 把ALC墙作为外墙砌在电梯竖井上，从竖井外侧的脚手架上可以安全地进行耐火保护层施工。电梯导轨的安装施工采用吊篮操作。

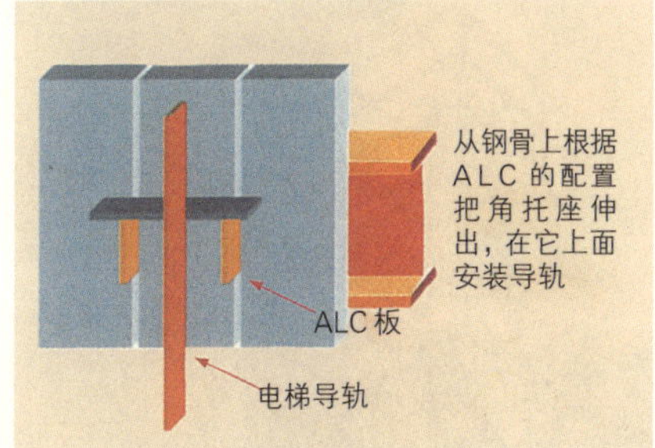

5 因为没有了图3那样的垂直钢骨，所以像上图那样把角托座伸出，也能安装导轨。

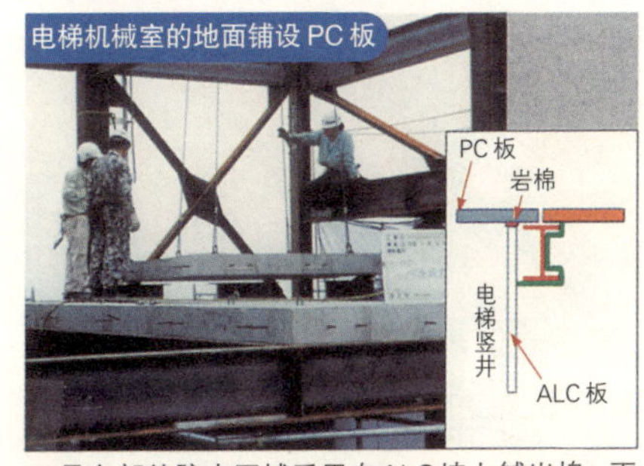

6 最上部的防火区域采用在ALC墙上铺岩棉，再放上PC板组成。把波纹钢板反向使用也同样可以施工。

62 张挂水平安全网时的注意事项

坠落事故容易发生在柱子的周围、主梁周边的波纹钢板端部等地方。如果水平网的张挂计划不周，就会因为一时的需要而暂时把应该挂网场所的网拆除掉，此时就容易发生事故。针对临时设备的情况，必须进行充分的检讨和确认。

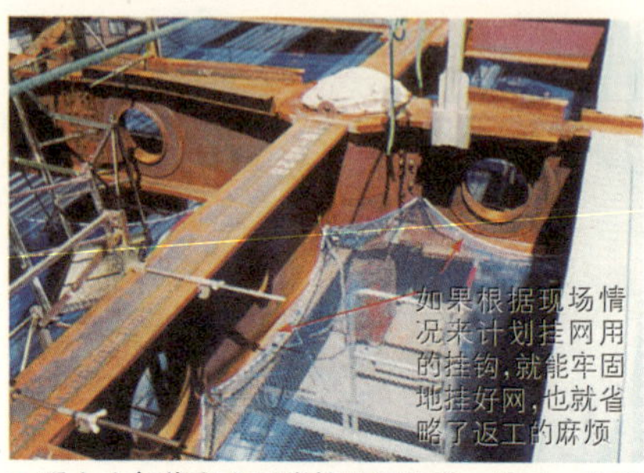

1 看上去好像安全网张挂的很漂亮，但是，在操作台上进行作业时，操作台周围的网已经脱落了。不能挽救从波纹钢板端部上的坠落。

2 这是从下面看上去的情况。如果根据操作台的大小来决定水平挂钩的位置，就可以起到很好的防护作用。柱子的升降部位的开口大小也可以在最小限度内。

3 水平网张挂的很漂亮，但是，挂网的时候拉得太紧，施工性能不好。考虑到坠落时候的情况，最好放松一点。

4 如果把水平网的挂钩安装之事忘记了，就会造成很大麻烦。在调配钢结构的时候就必须充分考虑到。

5 在下雪时进行钢结构施工的情况下，如果使用图3那种细网格的水平网，就会导致积雪过重而形成危险状态。如果使用 100 × 100 的方格网就容易把雪抖落掉。

6 这是街上钢结构施工现场的照片。不用说水平网、垂直网，就连安全设备也几乎看不到。

63 钢结构操作台的注意事项

像图1、2那样，平常不在意地描画的计划图，一旦实际施工，有时就会出现危险的状态。如果把计划图完全交给没有现场经验的人去做的话，就会重复失败。

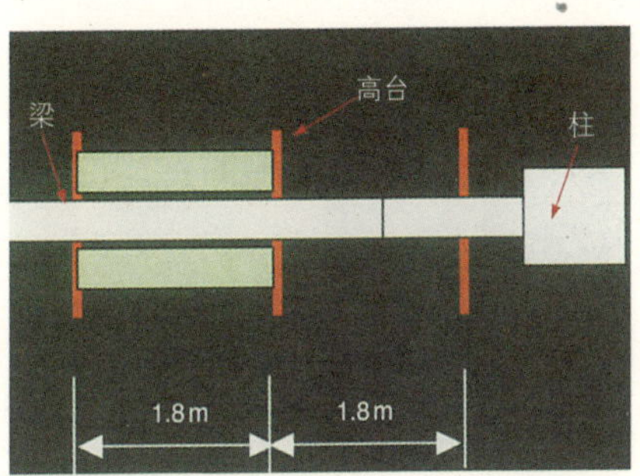

1 钢结构高台划线定位的时候，像上图那样，计划把梁侧和柱子托座侧的间隔以1.8m划线定位，架设1.8m的横板。

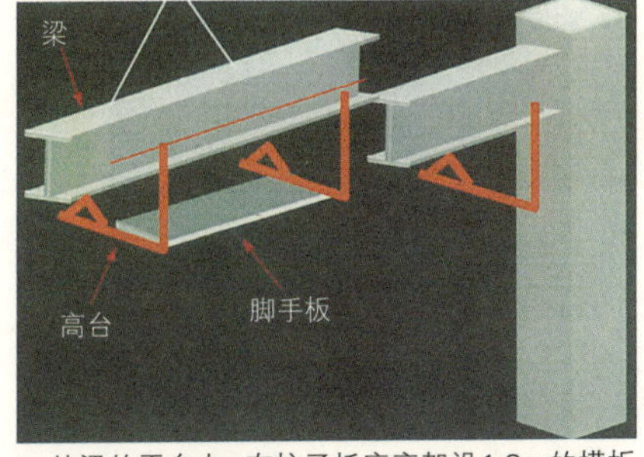

2 从梁的平台上，在柱子托座旁架设1.8m的横板的作业非常危险。如果是3m左右的脚手板就容易架设。

3 柱子平台和纠正变形的钢丝互相干扰，钢丝的拉力可能使平台脱开。

4 把高台顺利地组合起来的例子。

5 体育馆的屋顶装修用大桁架式的脚手架。把大桁架式的脚手架像高台似的预先组装，并成功实施的例子。

6 设置大桁架。主梁安装后，马上挂上水平网，安装次梁，整理脚手架。

64 钢结构上安装的临时部件

关于钢结构的临时部件，如果没有很好地考虑它的临时设置的必要时期，就会像图1那样导致失败。在钢结构上安装临时部件是为了能够顺利地推进今后的作业。

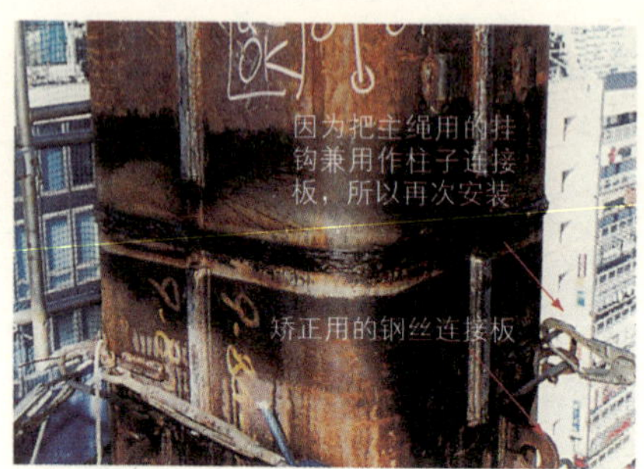

1 安装柱子时使用的临时构件在焊接阶段被切断。如果用临时构件兼作挂主绳用的挂钩使用，就像上面的照片一样，要再次重新安装。

2 如果把柱子模板的钢结构接合部分用模板施工，就容易扩张而难以紧固。于是就像上面的照片一样，在那个部分加上肋板就解决了问题。

3 作为开口部的防护措施，把扶手换成双层的，并在内部铺上网格。把钢管焊接在钢结构上作为扶手的支柱。

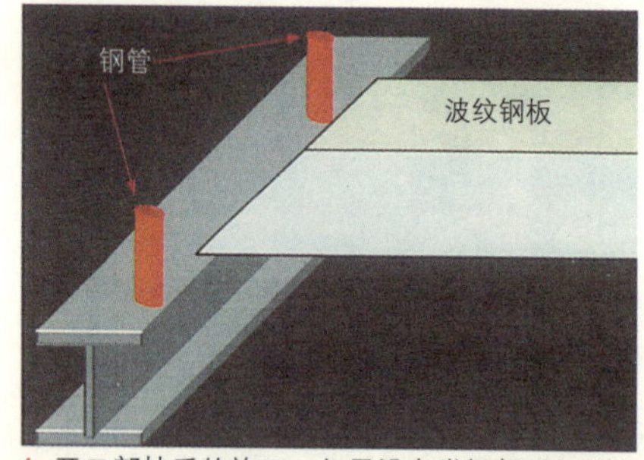

4 开口部扶手的施工，如果没有掌握好时机就容易出事故。如果在决定屋面施工的时候也包括了钢管安装，就能够及时地施工。

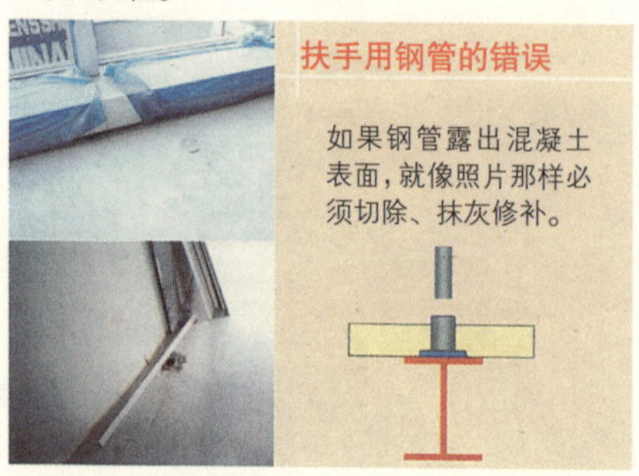

5 在防止坠落方面有效的钢管，如果从混凝土表面露出，也会带来很大的麻烦。

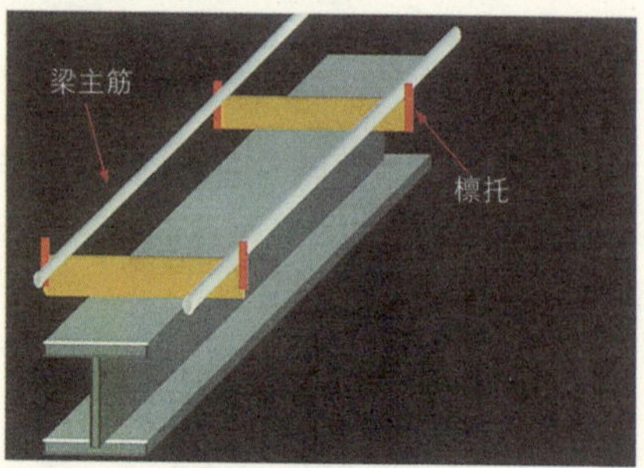

6 SRC(劲性钢筋混凝土)的钢结构梁的上面摆放钢筋的地方，一定要在端部位置上安装防止钢筋滚动的檩托。

65 顶棚工程专用脚手架的开发

在现场设计、制作稳定并且施工性能良好的脚手架，已投入使用。一个组合架大小是3.8m × 1.8m，容易移动，费用也低廉。

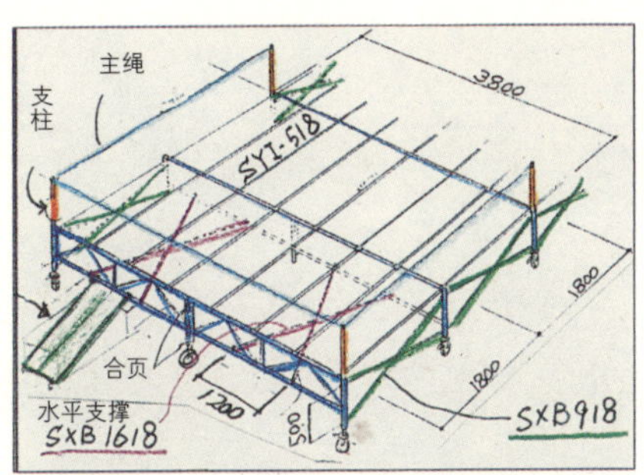

1 装配示意图。根据原有支撑、横板的利用而设计。把横板架在中段的管子上就便于升降。

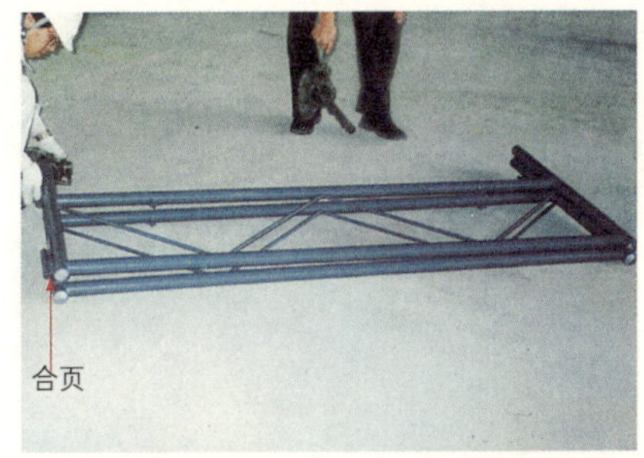

2 如果折叠起来是1.9m长，可以用电梯搬运。把小脚轮安装在3个地方后立起，稍微张开就能直立。

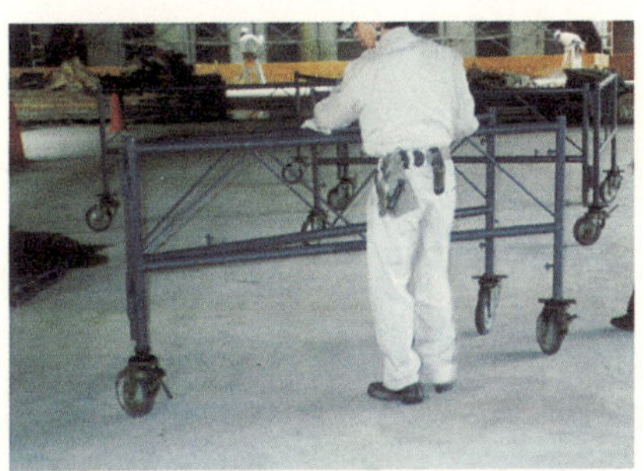

3 安上脚轮后稍微打开就像屏风似的可以直立，所以组装很容易。

4 正在把固定用的支撑加上去。为了补强各个面，把水平、垂直的支撑装配上。

5 操作台上面是一个平面，非常稳定。另外，还设计有可以插扶手的地方。

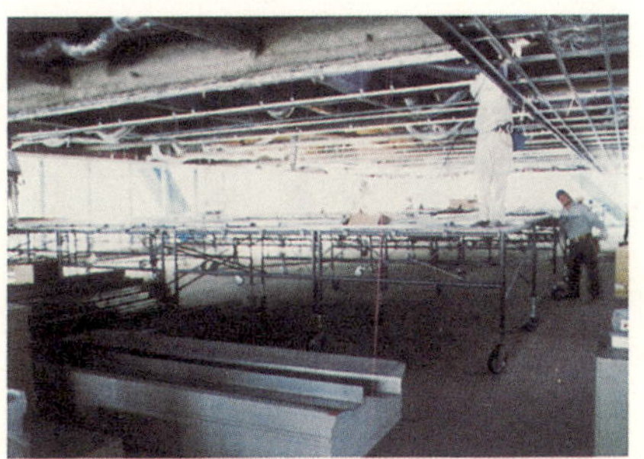

6 正在进行顶棚作业。移动也很简单，提高了效率。

66 地下工程的换气设备的失败案例

在地下工程中采用逆作法施工以及地下改建工程中，气割、焊接或者是切削和重型机械的排放气体等，再加上湿气，形成了恶劣的环境。但是，事先有预测并且制定了对应方案的工地上，这种状况就很少。因为当问题出现以后才开始考虑解决方案的话，是很难改善施工环境的。换气的要点是战略性的实行地下全方位的空气流通。只要判断建筑物和自然风的流动，计划从顶端把风引入，从另一端排出就行了。

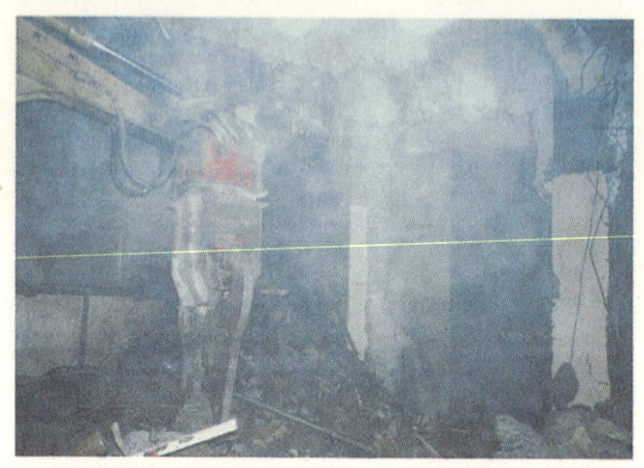

1 机械排出的气体加上湿气、切削的灰尘，形成了令人窒息的环境。

2 正在拆除地下的锅炉、变电设备等。

3 正在用破碎机拆毁机械室的墩台加高的混凝土，但是没有采取换气措施。

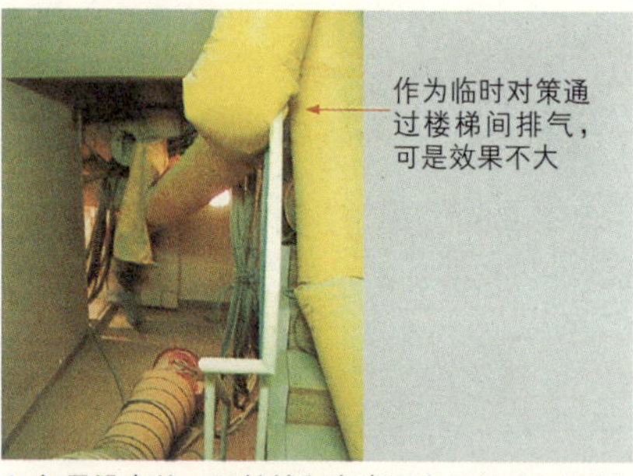

4 如果没有从一开始就制定出周密的给排气计划，就可能造成无谓的浪费。这是很容易忘记的问题，希望要事先考虑。

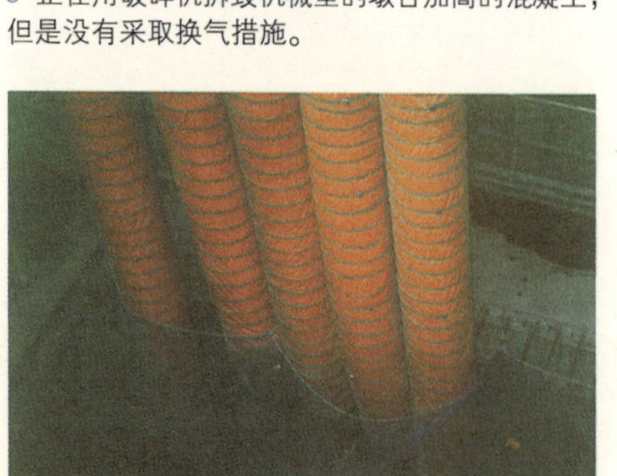

5 如果没有设置大的开口作为搬出入兼用，并且像上面的照片那样，安装上给排气设备的话，就不能从根本上解决问题。

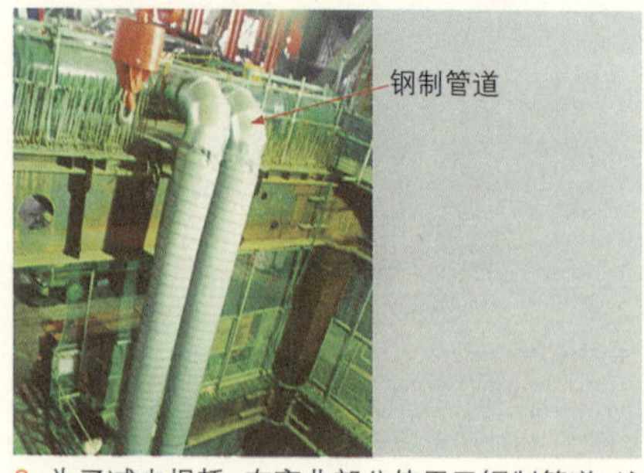

6 为了减少损耗，在弯曲部分使用了钢制管道。这是合格的临时工程计划。

67 临时用电方案设计的失败案例

临时用电的计划要根据整个施工如何进展而变化。塔式起重机、电梯的早期施工使用，焊接机、照明、水泵、办公室、休息室的空调等等，需要用电的地方非常多。采用高压配电的话，要预留密封配电盘设备的检查空间，就要占用很大的地方，所以需要妥善的计划。在占地面积不充裕的场所也有采用低压配电，不足部分用发电机补充的例子。

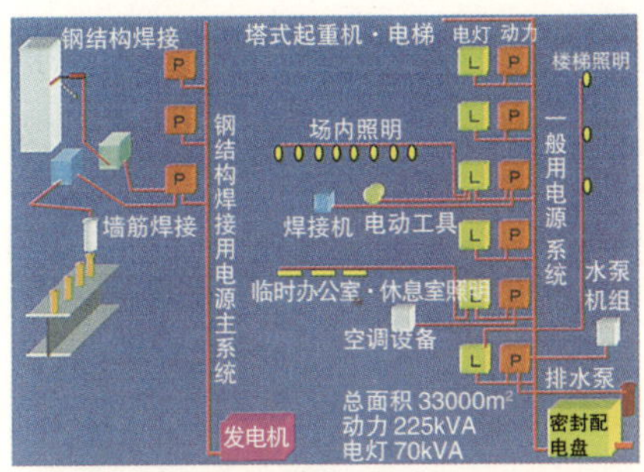

1 墙筋焊接和钢结构焊接的电源采用另外系统的发电机来保证高峰期用电。场内照明根据施工的季节和不同时间不同房间等情况进行安排以求最有效的利用。

2 这是发电机正在使用的状况。由于排出的废气很多，所以要考虑对周围的影响。另外也不要忘记接地情况。从事这个工作必须具有专业资格，所以要事先确认。

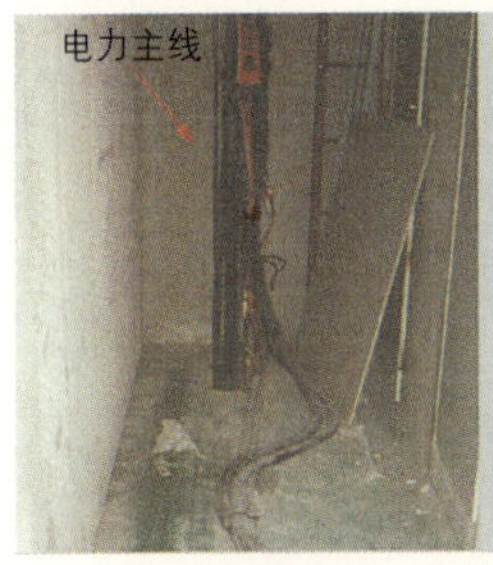

为了把临时电力主线从设备井筒中间穿过，使设备配管施工推迟了。

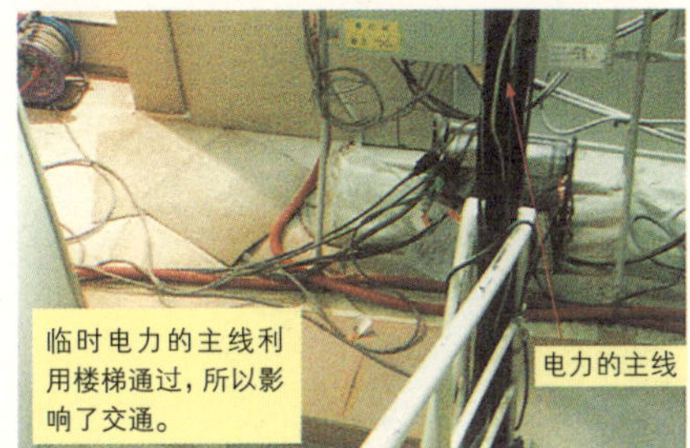

3・4 在正式的电源导入之前，完全使用临时电源，所以临时电力主线的线路布置对于本施工所产生的影响必须在最小范围内。当线路通过里面井筒等位置时，通向那里的门有可能无法安装。相反，从一开始就考虑到管道和机器配置方面可能出现的影响，有计划的将线路从房屋中央通过，采用填平孔眼和加工修整等方法就能够很好地解决这一问题。

5 通往电梯机械室的临时电力供给状况。因为门无法关闭，所以用锁链加上荷包锁来锁上。

6 白天里照明灯还亮着。这是因为前一天下班时把主开关切断，但把早上的开关给合上所造成的现象。从外面看就能推测现场的管理水平。

[5] 挡土墙・土方工程

68 SMW 挡土墙

由于稳定性好，费用也降低了，所以在挡土墙施工中，SMW(水泥拌合土连续墙)的施工正在增加。但是在准备方面需要非常周密的安排，下面列举其注意事项。

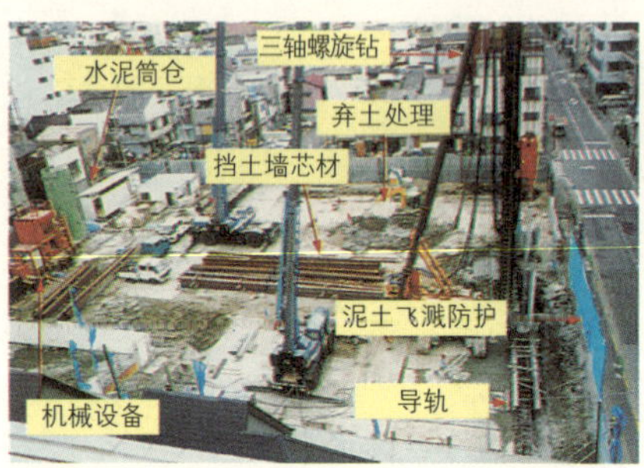

1 施工状况。现场的机械设备以及钢材堆放场所、起重机、三轴螺旋钻、弃土堆放场地等等，要占去相当大的空间。地基坚硬的场合，还需要先行挖掘用的单轴螺旋钻。

2 施工中大量用水，因此必须采取对应措施。事先提出下水道费用的减免申请比较有利。

3 因为有大量污泥产生，所以要在四周挖沟，防止污泥流往道路和周边地区。另外，也不能将污泥直接用翻斗车运出，所以还需要让它干固的场地。

4 挡土墙芯材的长度如果太长就无法搬运，所以采用两根连接。螺杆如果太长，连接时也很费时。

5 碰到卵石层的地基，容易出现螺旋钻弯曲，影响挡土墙的精确度。与框架之间应该留多少的余量才合适，必须经过充分的研究。

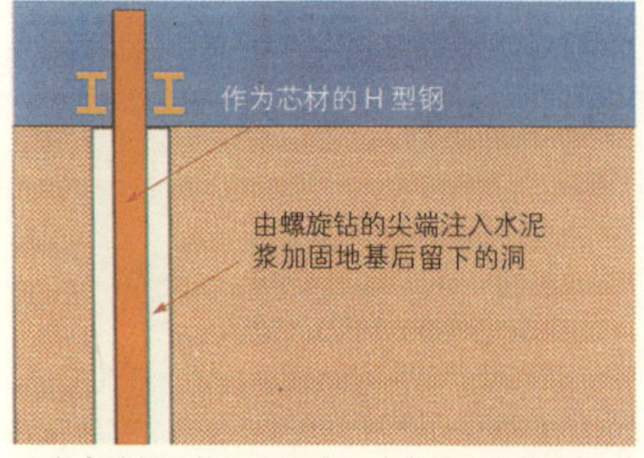

6 考虑地基的状况和深度，决定地下外墙和 H 型钢的间隙，管理好螺旋钻和 H 型钢的精确度以推进施工。如果 H 型钢偏入框架就会出现问题。

69 SMW 挡土墙施工中的失败案例

SMW挡土墙隔水性能好而且稳定，但是计划和管理如有疏忽就会产生大事故。图1是因为没有事先计划好凸角部分的加固，所以出现了危险状况，几乎造成崩塌的事例。图3是SMW挡土墙崩塌的事例。希望通过这些事例来学习完善的计划和正确的施工。

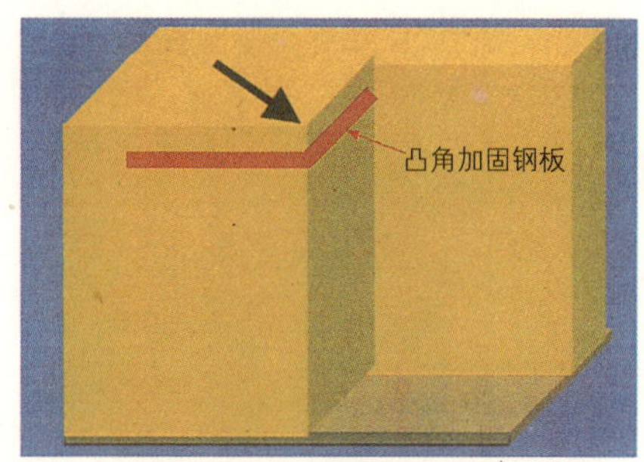

1·2 如图1所示，进行了凸角的挡土墙施工，如图2所示，凸角部分受到很大的作用力，SMW挡土墙出现裂缝形成了危险状态，后来采用图2的加固钢板焊接在H型钢的上面，防止了崩塌。

3 采用单轴机械进行了施工，但是，不知是水泥量不足还是搅拌不良，土壤没有得到充分的改良。

4 这是图3的上面部分。万一下面有人就会造成巨大的灾害。另外，如果地基是砂质土，有可能向前涌出造成周围被流砂掩埋的事故。SMW(水泥拌合土连续墙)的机械管理、机械的安排、上部的止水都很重要。

5 就像上面的照片一样，芯材上残留着的薄薄的改良土常常脱落下来。考虑到在下面进行施工的问题，要将它先行除去。

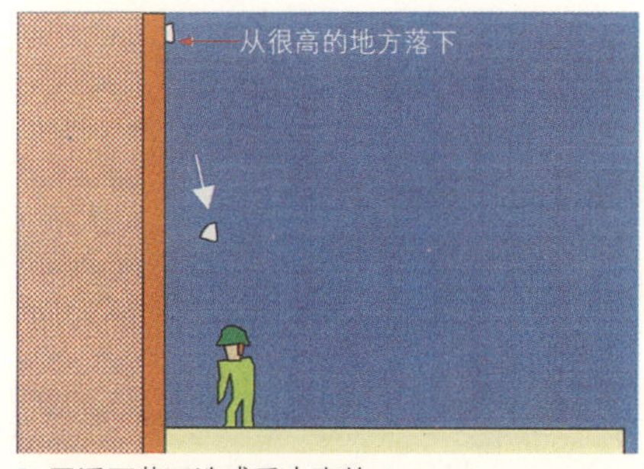

6 因浮石落下造成重大事故。

70 SMW 挡土墙芯材高度的失败案例

图 1 中，由于施工的 SMW 挡土墙的 H 型钢太高，所以在外结构施工的时候要将它切除。切下来的钢材如果像图 2 那样用手工搬运，然后装到卡车上处理掉，就要耗费相当大的经费。图 5 是建筑物周围的排水遇到挡土墙的一个例子。预先制定图 6 那样缜密的计划可以减少人工的浪费。

1 全部的H型钢都要切断。左侧是已开挖的部分。

2 切下来的钢材用独轮车搬运。装卸处理也需要费用。

3 这是钻进时的状况。在这个时候就看出了芯材(H 型钢)的顶端太高。

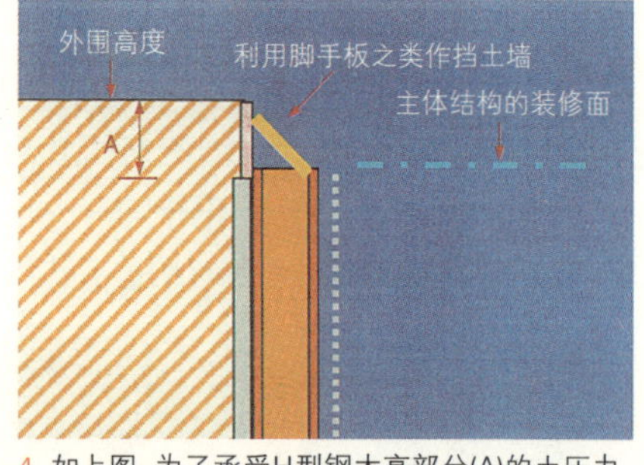

4 如上图，为了承受H型钢太高部分(A)的土压力，这种方法也适用。

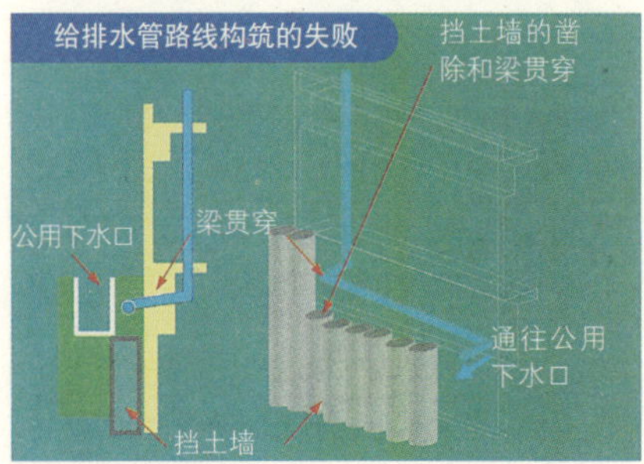

5 筑挡土墙的时候如果没有把给排水管的计划一起考虑，就会像上图似的，以后在恶劣的施工环境中不得不破坏挡土墙。

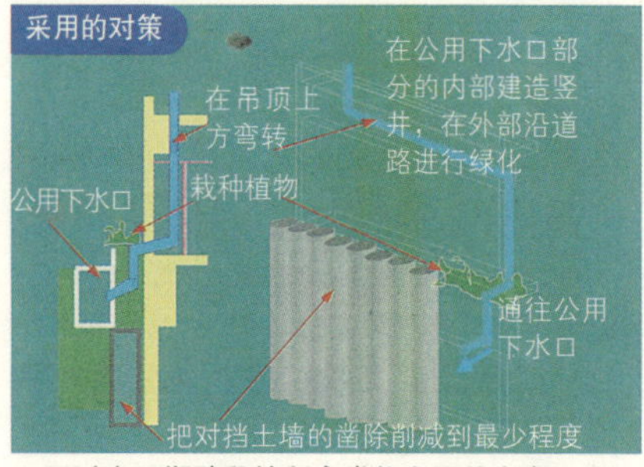

6 通过在早期阶段就制定类似上图的方案，可以减少人工的浪费。

71 主桩加横挡板的挡土墙

图1和图2是一边拆除现有的地下外墙一边进行路侧的挡土墙施工的照片。像图2那样的状况是非常危险的。道路中很少有天然的地基，在进行电力、电话、下水道的施工中，多次被挖掘、填埋，形成了不稳定的状态。一旦这里下雨，软弱的部分将形成水流通道，加快了突然的崩塌。

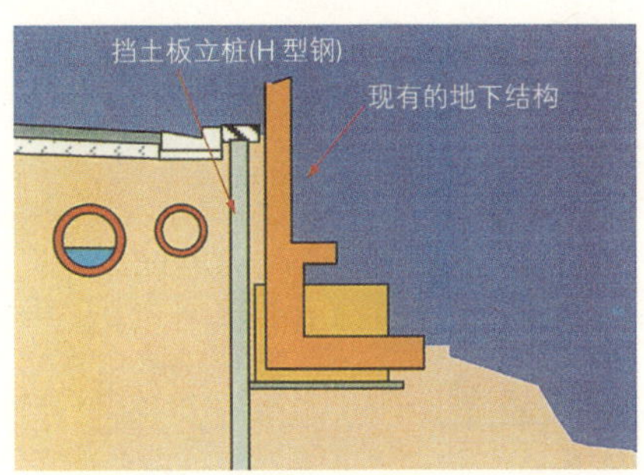

1 在现有地下外墙和境界之间打下挡土板立桩。一边慢慢拆除地下结构，一边插入横挡板。

2 路侧是用山砂填埋的情况下，由于解体时的振动，存在着山砂崩塌导致道路沉陷的危险。如果路侧出现裂缝、雨水流入，就特别容易崩塌。

3 为了固定挡土板立桩和防止雨水侵入，在上部浇灌连接环梁的混凝土。

4 关东砂质粉土土层地基的挖方有一定的稳定性，易于施工。但是，必须认真检查水流经过钢板桩的情况。

5 临时办公室的楼梯部分成为障碍，所以不得不改变挡土板立桩的位置来避开它。临时工程的计划不周密就会出现这样的情况。

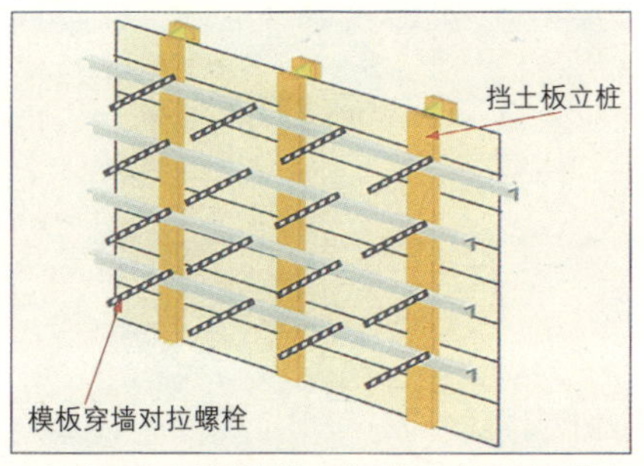

6 把挡土墙代替模板使用的时候，如果挡土板立桩的间距加大，穿墙对拉螺栓的距离就太大，必须焊接角钢，在角钢上面固定穿墙对拉螺栓。

72 看似简单的挡土墙施工中的危险性

因为轻视挡土墙的施工难度而发生的事故在不断地重复着。为了防止这类事故，现场的管理者必须在教育方面加强力度。

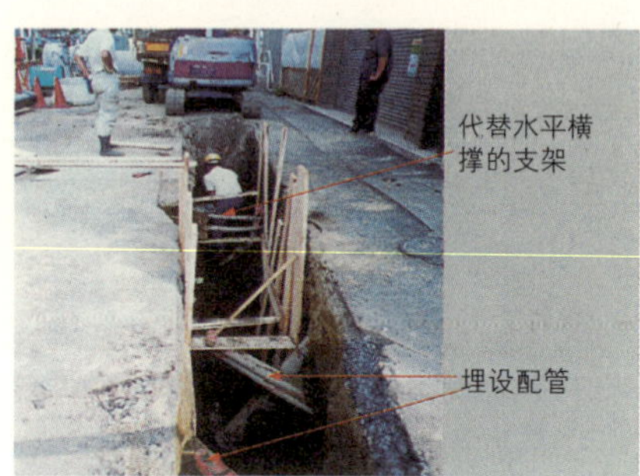

1 在这样的施工中，因土砂崩塌而导致的事故很多。由于埋设配管较多，挡土墙的施工十分困难。

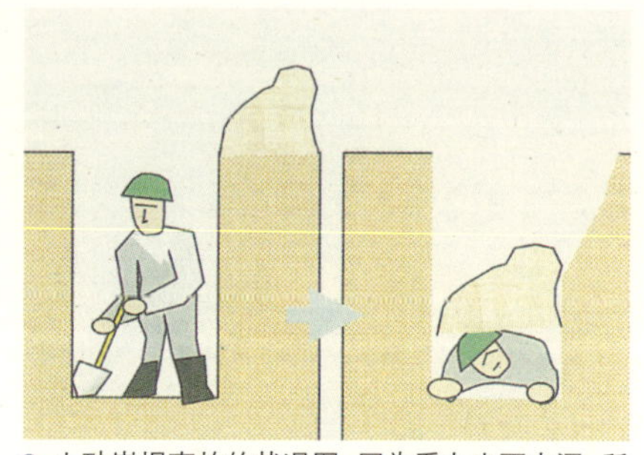

2 土砂崩塌事故的状况图。因为看上去不太深，所以容易大意，可是，崩塌的时候由于土砂的冲击而摔倒了，所以整个人被沉重的土砂压住。

3 正在没有挡土墙的砂质土地块进行挖方。如果有水流出，这下面真是什么时候塌方都有可能。在场人员对于自己所处的随时可能因什么振动而崩塌的可怕状况毫无觉察。

4 在电力的引入部分，往往出现这样的施工状况。

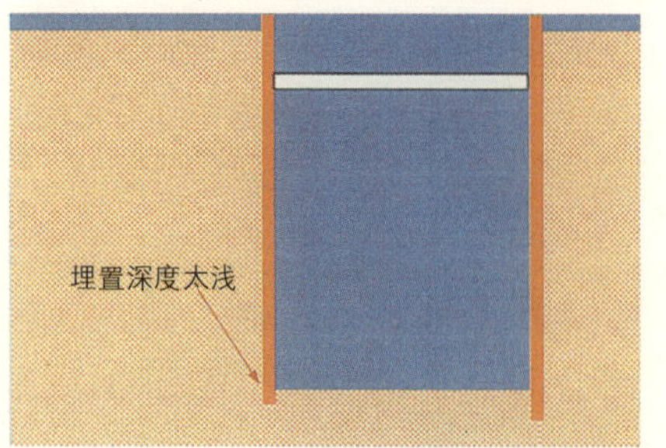

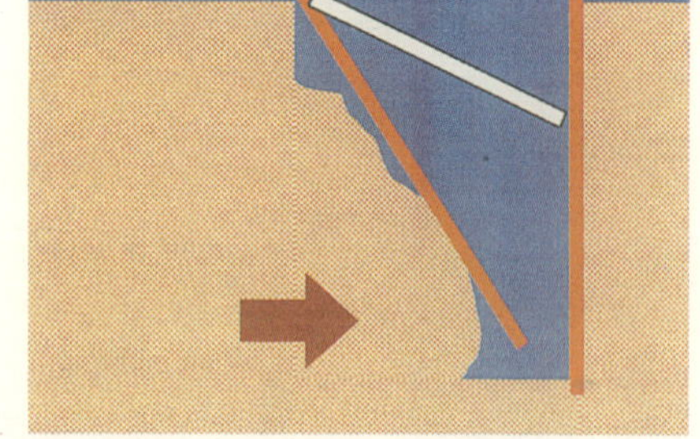

5·6 挖沟用钢板桩的埋置深度不足的情况很多。如果像图5那样施工的话，因为被动土压力太小，土压力最大的挖基坑底部的土质松动，会产生图6那样崩塌的危险。即使在某个时间段处于稳定状态，也会因振动或下雨使地基松动导致突然的“山崩”。粗心大意绝不可取。

73 水平支撑施工法

挡土墙建成后，必须保证它不倒塌。那就必须采用在挡土墙上外加横撑。图1是它的基本形状，中央可以看到竖向立桩。如果形成图3那样多层的水平支撑，管理就很困难，它的组装、解体也必须进行充分的计划。

1 单层水平的挡土墙上外加水平支撑。水平支撑的高度根据土压力和框架的接续位置来决定。

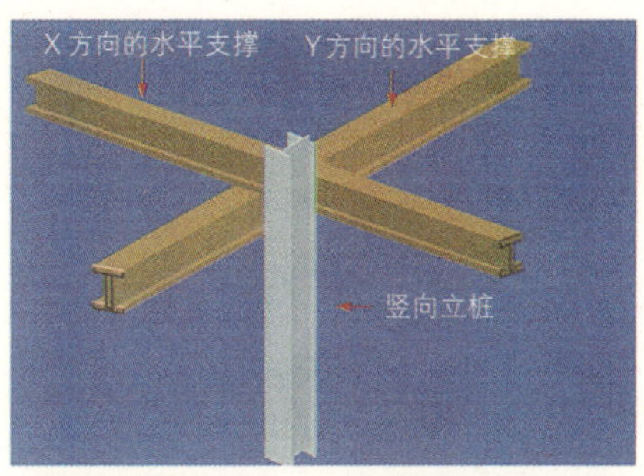

2 竖向立桩是为了防止水平支撑的压曲以及固定水平支撑的目的而设。它配置在不影响框架结构体的位置上。

3 四层水平支撑的挡土墙上外加支撑。因为挡土墙之间有一定距离，所以形成连结形的水平支撑。为了方便挖方施工，尽可能地调节各层水平支撑的位置。

4 把竖向立桩兼作平台的支柱。

5 搬运水平支撑的材料时，如果不是像照片中那样斜着起吊，就很难搬动。与其他构件相撞有危险，要十分小心地引导。

6 这是代替水平支撑，在横撑上用PC钢筋加大拉力的施工法。可以使用在不太长的层面上。

74 挡土墙的土层锚杆施工法

地下的挡土墙施工法当中，施工性较好的是土层锚杆施工法。但是，在多数的情况下，不允许在建筑用地周围打锚杆。如果建筑物具有公用性，有可能获得许可。图1所示工程为了获得近邻和地方政府以及国家的许可，花费了4个月时间，但是因施工性能良好，地下工程按照计划顺利完工了。

1 周围的地基良好，侧压系数0.25。土中锚固按照：第1段@4.05m(50t/根)，第2段@ 4.05m(111t/根)，第3段@3.6m(114t/根)，锚固长度最大10m，完成了施工。

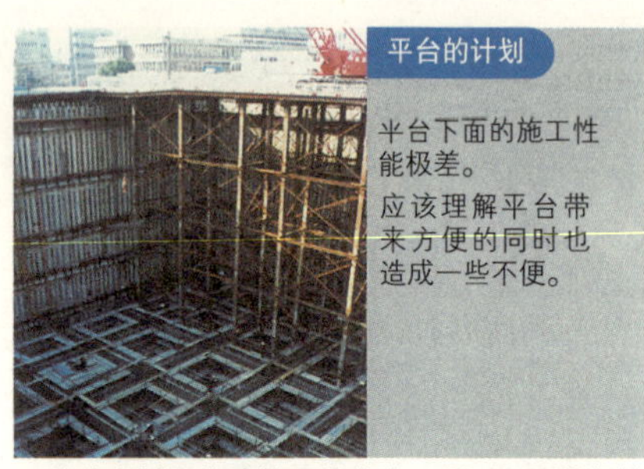

2 这个事例因为建筑用地宽广，所以土层锚杆施工完全都在场地内实施。

3 路侧部分利用现有的地下框架作栅栏，其他部分因为在场地以内，所以采用土层锚杆法完成了施工。

4 土层锚杆施工的机械和PC钢绞线。

5 正在进行土层锚杆施工。在壁上挖槽沟让挖孔的水流掉。

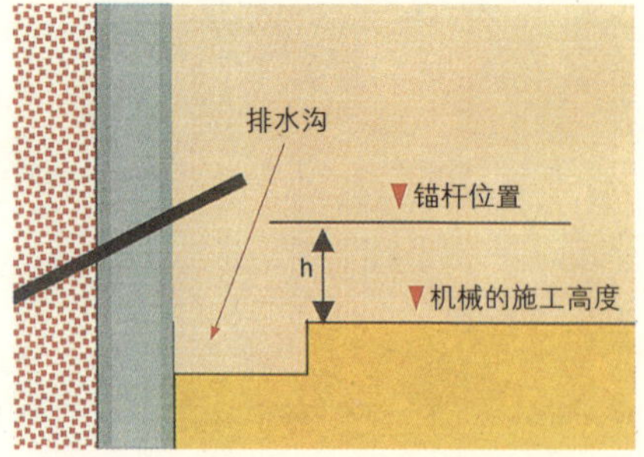

6 根据土层锚杆的角度，上图的h高度也不同，所以要预先进行很好的沟通，不使挖掘返工。

75 土层锚杆工程中的失败案例

与SMW(水泥拌合土施工法)挡土墙同样的止水墙，实施土层锚杆施工法的时候，特别需要注意水的问题。在图1和图2中，为了堵住水费了很大力量。另外，在施工当中，对于外部设施注意到避免采用土层锚杆法，可是对于建筑用地内的设备，有的时候却像图3那样出现了失败，所以要求十分注意。

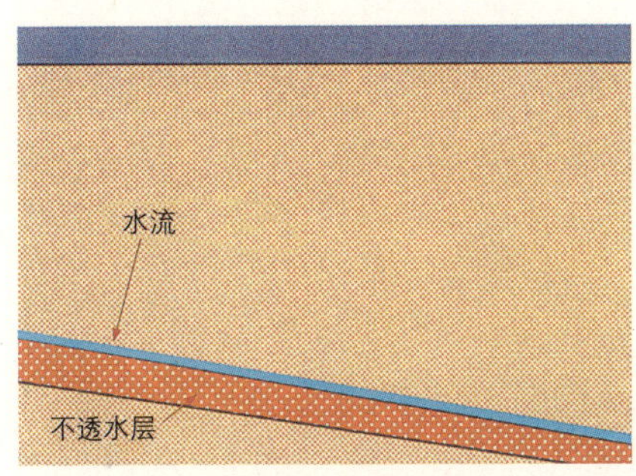

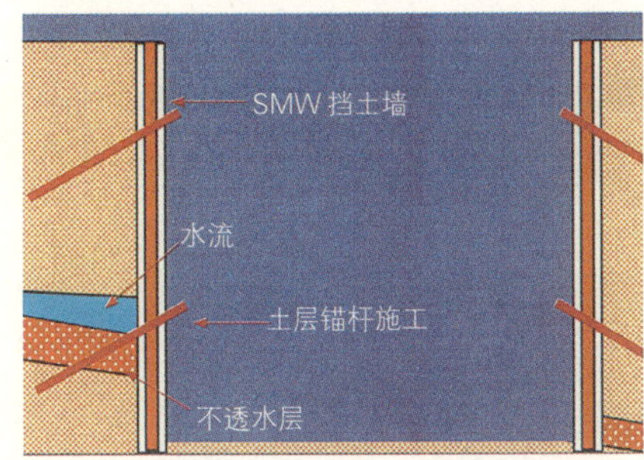

1·2 在图1所示的地形处进行了SMW挡土墙施工，地下水的通道如图2那样被阻，使得那个部分的水位上升了。因为往那里打锚杆，所以从那个孔里喷出水来。另外，把锚杆拆除之后也必须再次堵水，耗费了预算以外的费用和工期。

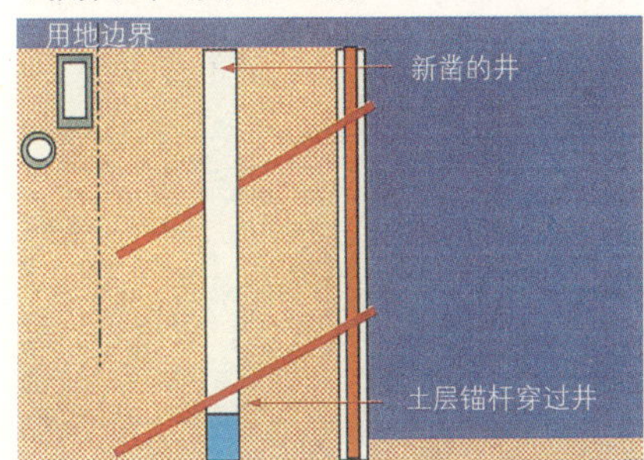

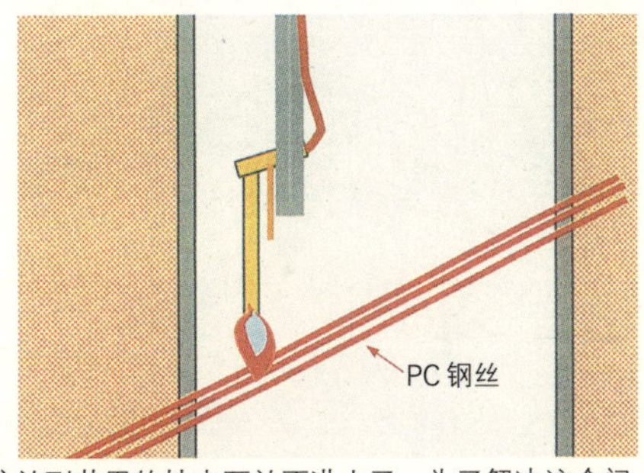

3·4 打下去的锚杆把先行挖掘的井的套管穿通，应该放到井里的抽水泵放不进去了。为了解决这个问题，把煤气燃烧器绑在钢管一头，用起重机吊着放下井去，一边调整高度一边把预制钢绞线一点一点切断。

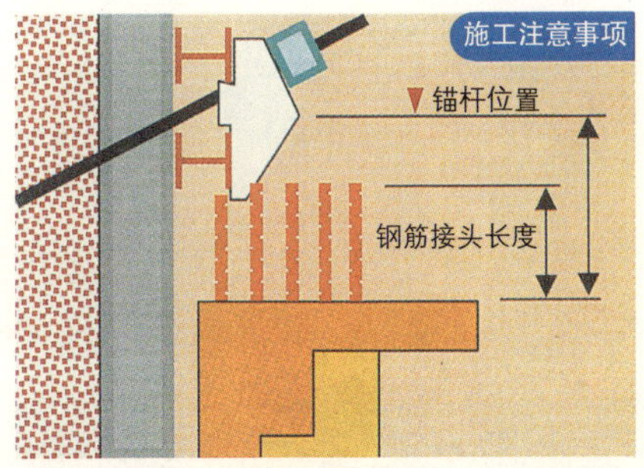

5 在土层锚杆工程中需要注意的是：如上图所示，要根据柱和墙的钢筋接头长度和压接位置所需高度来决定锚杆位置。

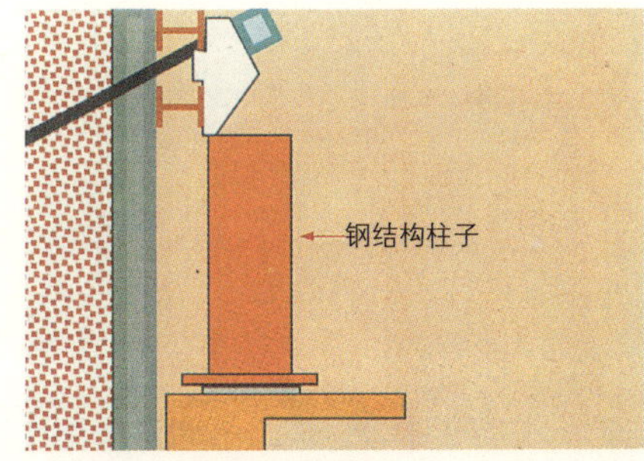

6 在地下外围部分如果有钢结构，遇到与挡土墙相碰的地方，也有不采用钢结构的例子，所以要事先进行研究。

76 逆作施工法和筑岛开挖施工法

这是将正在地下二层处施工的板式基础的建筑物分成二个工区，一方采用逆作施工法，另一方采用筑岛开挖施工法进行施工的例子。逆作施工法是在闭塞的空间进行作业，所以周密的计划十分重要。

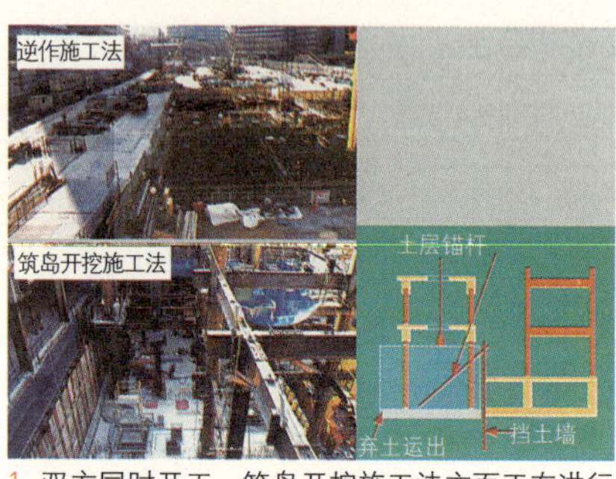

1 双方同时开工，筑岛开挖施工法方面正在进行挖方，以及地下钢结构正在施工中。逆作施工法方面如图所示，挖方还未结束。

2 用土中锚固分隔的里侧正在逆作施工。右边的平台下面挖成台阶，进行土层锚杆的施工。

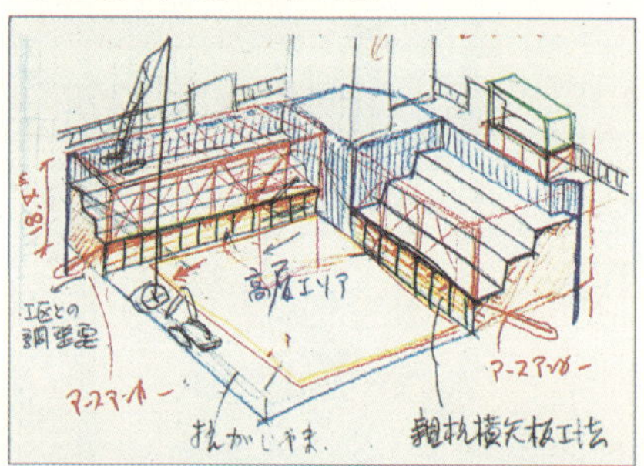

3 筑岛开挖施工法的形象图。高层部分的地下框架完成后，从那里架设水平支撑，因为从台阶部分的挖掘到框架施工的逐步推进，所以能够合理地施工。

4 在闭塞的空间，效率良好的弃土搬出和材料搬入的计划以及换气设备的配置非常重要。

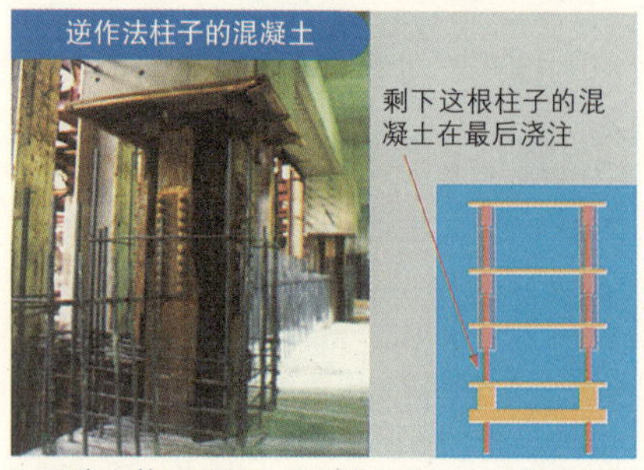

5 因为主体工程从上至下进行施工，柱间连接部分必须如实注入混凝土，成本较高。

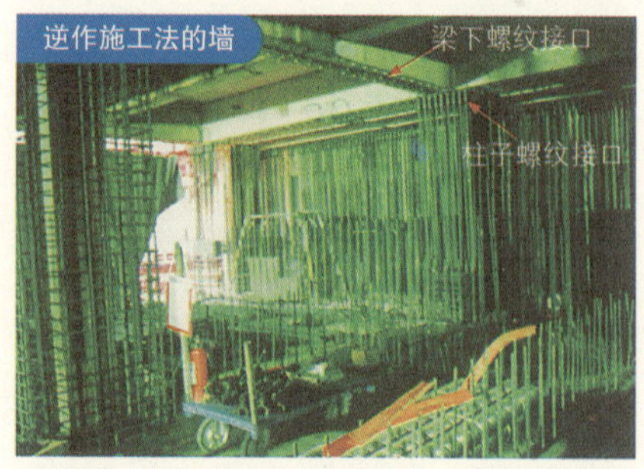

6 地下外墙也像照片中一样建造。外墙和内部抗震墙全部采用螺纹接口或是插筋。把柱筋和墙筋从搬入口运进来很费工夫。

77 利用现有的地下室外墙作为挡土墙

有人认为：今后在都市地方，留下紧靠边界线的现有的地下外墙进行施工的现象将会增加。这里最需要注意的问题，是在解体的地下部分构筑承载超过130t的重型机械的平台。这个计划如果有错，就可能使重型机械倾倒，造成巨大灾害。

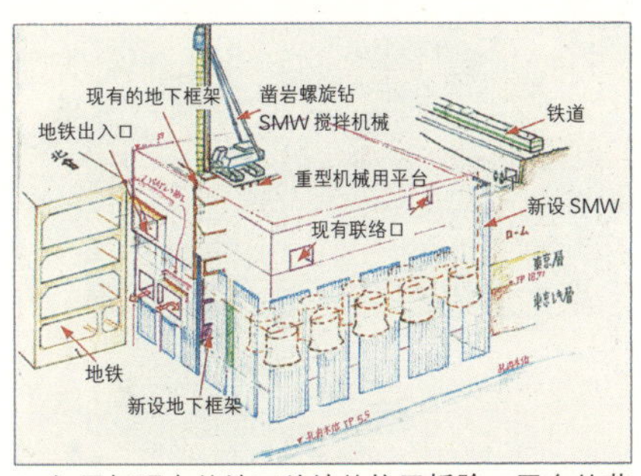

1 如果把现有的地下外墙的柱子拆除，平台的荷载就会受影响，所以只留下柱子，在挡土支撑完成之后，再把柱子拆除了。

3 从铺设的平台上进行SMW挡土墙施工。在给临时平台打平台桩的时候，为了卸下内部的临时铺板，要先安装扶手。

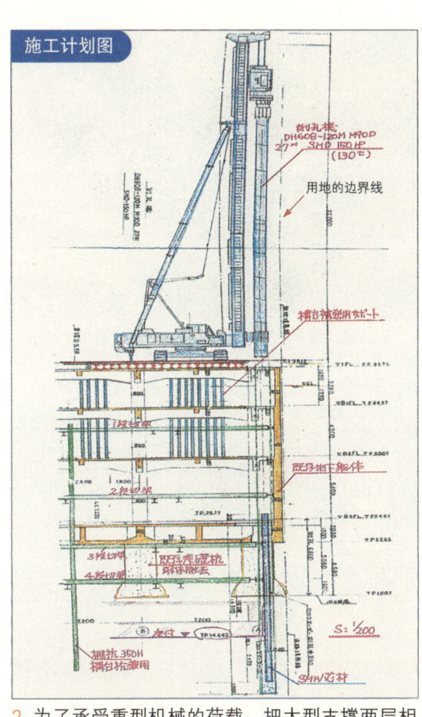

2 为了承受重型机械的荷载，把大型支撑两层相叠，用以加固平板。

4 平台的加固状况。现有的地下柱因为依靠的梁被拆除，所以承载力减弱了。于是用钢结构的辅助柱子加固现有柱。

5 因为在SMW(水泥拌合土连续墙)的施工部分，连续地使用凿岩螺旋钻，所以很费时间。

78 挡土墙施工中的失败案例(1)

图1和图2是因挡土墙崩塌引起道路及邻近的用地塌陷的事例，图3和图4是对土地的状况估计不足导致了失败。另外，像图5那样用振动锤拔起板桩的时候，要意识到地基松动的问题。

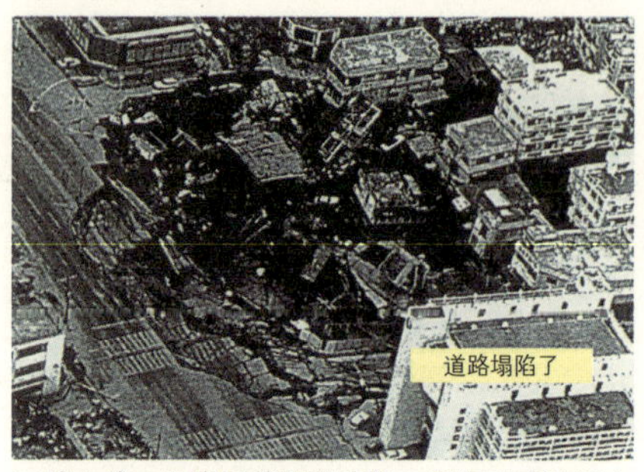

1 挡土墙一旦崩塌就阻挡不住。要每天确认挡土墙周围的裂缝、变位、土压力的异常情况，不让前兆从眼皮下逃过。

2 地基因振动和周围进水而崩塌。像上面的照片中那样，没有水平支撑的部分，很容易失去平衡。

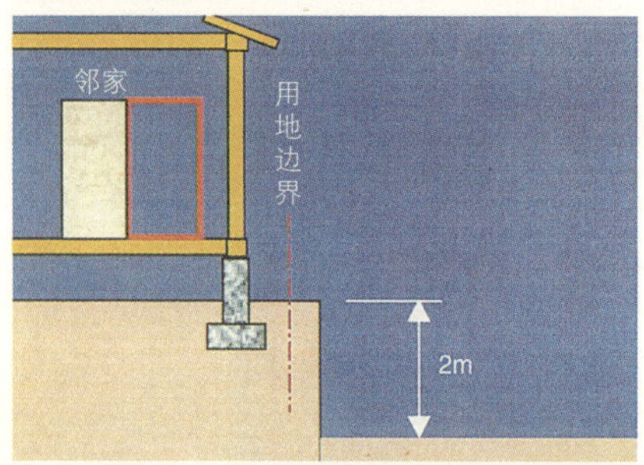

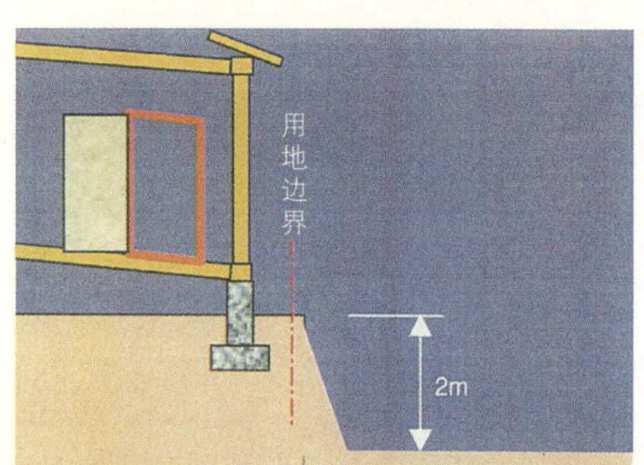

3·4 在图3中，基础深度是2m，因为比较浅，所以不构筑挡土墙直接挖方。于是如图4所示，邻家的条形基础下降，内部的门无法开关了。为了把建筑物提升恢复到水平状态，费尽了九牛二虎之力，刚刚开工就失去了信用并造成了巨大损失。

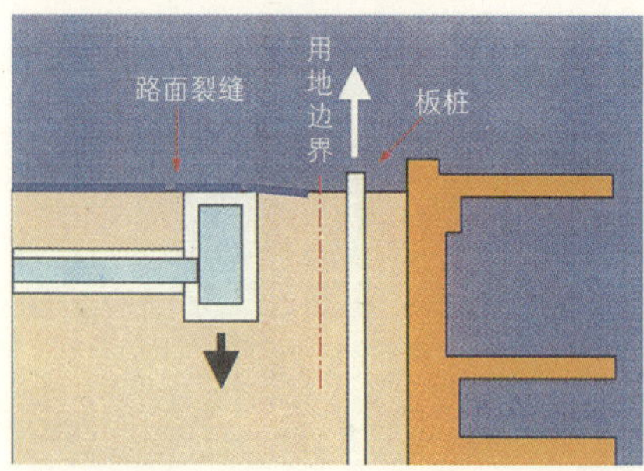

5 地下框架完成后拔除板桩的时候，因振动锤的振动使周围的地基松动，邻地的沥青路面出现裂缝，集水井下陷。

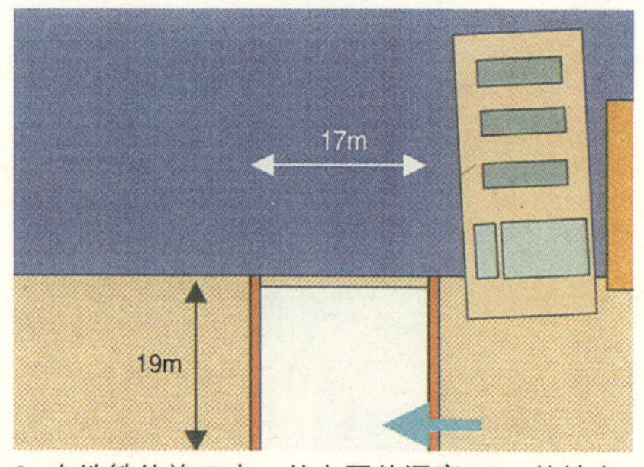

6 在地铁的施工中，从上图的深度19m的地方，约50m^{3}的地下水喷出，令4层的大楼倾斜了。

79 挡土墙施工中的失败案例 (2)

有了水平支撑就会影响施工操作，所以当挖掘深度比较浅的时候也采用图 1 那样的自立施工法。使用板桩的场合，因为直接承受水压，所以必须更加谨慎地进行日常管理。像图 5 或图 6 那样，地下埋置物经过多年后出现穿越路线不明的情况很多。电线、通信线等重要的线路在施工前就应该提议移动位置。

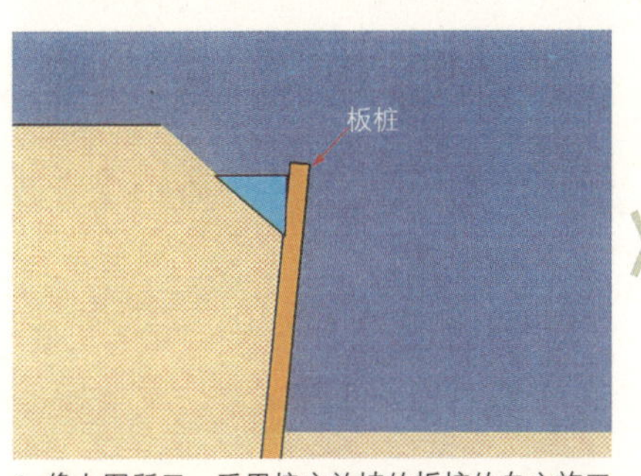

1 像上图所示，采用挖方放坡的板桩的自立施工法，建造地下1层的挡土墙，但是板桩的上部由于大雨而开始倾斜。

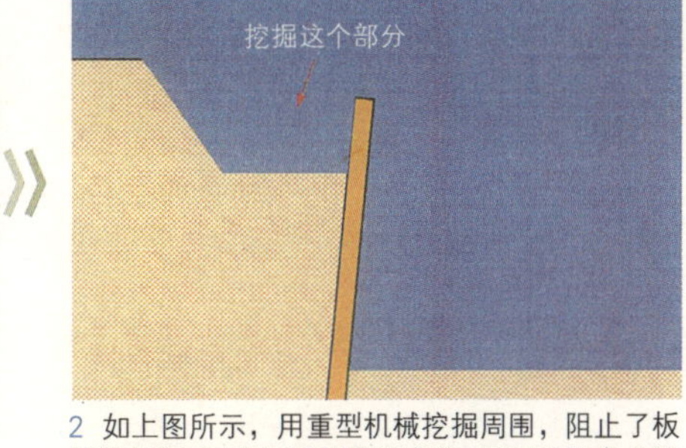

2 如上图所示，用重型机械挖掘周围，阻止了板桩的倾斜。因为板桩就是隔水墙，所以采用自立施工法的场合，容易受到雨水的影响。

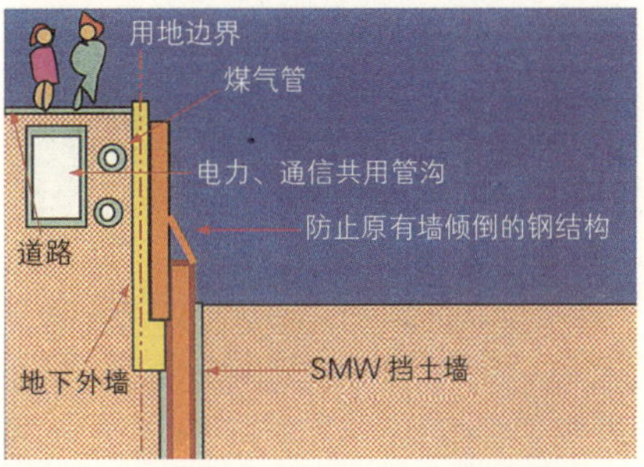

3·4 原有的地下外墙超出了用地边界。和道路管理部门商谈之后，得到的指示要求将越界部分拆除，可是如图 4 所示，里面有煤气管、共用沟等设施，不能筑挡土墙。双方交涉的结果，决定今后在路侧挖掘，出现问题的时候，超出的部分以土地所有者负责拆除的方式取得了和解。在漫长的岁月里，边界线可能发生变动，所以在动工之前最好通过第三者做个调查。

螺旋钻把场内埋置的电线切断了

5 如果埋置的电线和通信线被切断将造成重大事故。当怀疑有不明的线路时，应该进行试挖掘。

挡土墙桩差一点将煤气管戳破

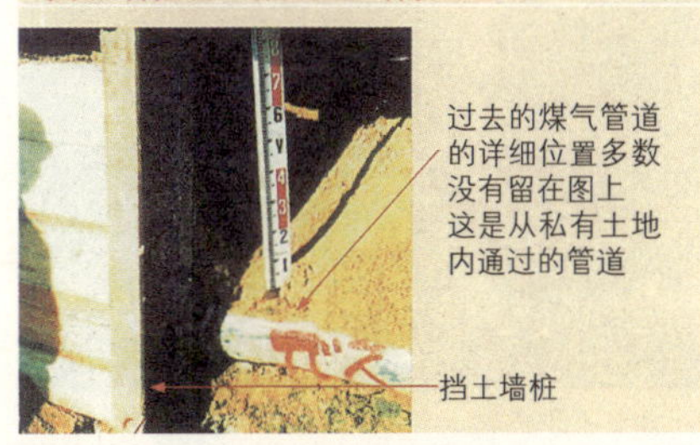

6 只差一点就要酿成重大事故的紧要关头。在有危险可能性的场所必须进行会同确认。

80 软弱地基的挖掘

水位高的软弱地基的挖掘，费用之高超乎想象。必须根据钻探的数据弄清它是怎样的工程，算出所需费用，制定工程的准备计划。

1·2 这是N值为2的黏土混合淤泥砂质地基。这样的地基必须在完全排水之后运出弃土。另外，如果在大雨的日子里挖方，就会变成淤泥状态，不能恢复原状，所以要非常注意。

3 使用地基改良剂把弃土凝固成块。

4 吸收水分使淤泥凝固的地基改良剂。根据土的性质改变用量。

5 洒上了改良剂。

6 为了改良地基，如果使用柱式喷射施工法，就要使用照片中的特殊车辆来搬运弃土。

81 其他地基的施工

即使是大型建设公司，地质的施工数据(土质、水位、计算上的侧压系数是否适当等等)也不可能具备有可以马上使用的形式。地下工程的成功与否影响着整个工程的进展。为了后人的需要，要尽可能详细的留下包括照片在内的数据。我认为：不要总是使用兰金(1820～1872年，英国土木工程学家、物理学家——译者注)(土压)公式之类的古典的计算方式，自己推导出具有那个地域特色的挡土墙计算公式也不错。

1 武藏野的关东砂质粉土层地基。地基的形状稳定，土方工程的施工非常容易。侧压系数0.2，完全没问题。

2 N值50以上的东京卵石层。新宿在T.P.16m处出现这个地层。这里的水是淤积水，用集水坑排水的方式可以充分解决。

3 上面的照片是六本木地区的东京卵石层挖至基槽底部的地基，坚硬且有稳定性。

4 上面的照片是新宿地区的东京卵石层挖至基槽底部的地基。从照片上也可以看出施工情况非常好。

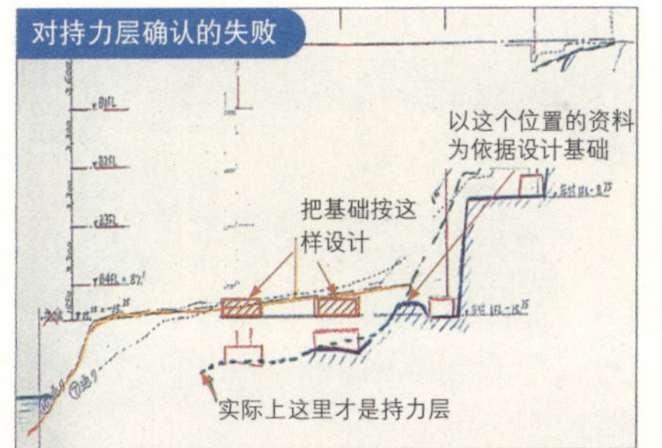

5·6 图5是根据钻探数据假设持力层并设计，但是，因为河川附近的持力层比较深，所以作了设计变更的事例。河川附近必须进行详细的钻探调查。

82 圆形挡土墙

图1中，不用水平支撑之类的挡土墙支撑，正在进行大面积的施工。如图2所示，采用圆筒形状将土压转变为墙内的轴向力。考虑挡土墙的场合，可以说是施工性能良好又合理的形状。

1 白色部分是结构墙体。它的后面有兼作挡土墙的地下连续墙。图1为正在按部就班地挖方时的状况。

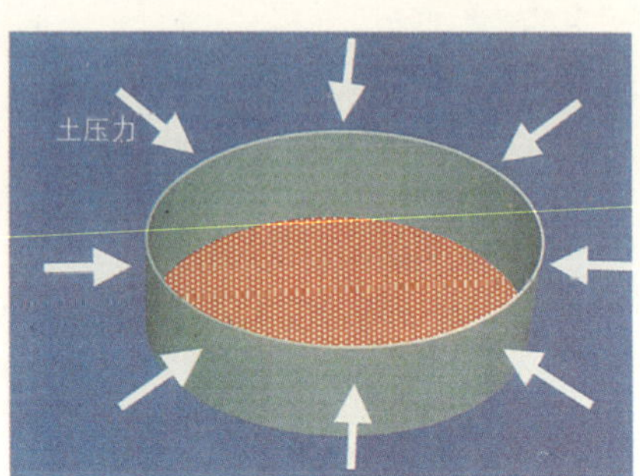

2 先筑好地下连续墙，然后从上部开始按顺序建造结构墙。

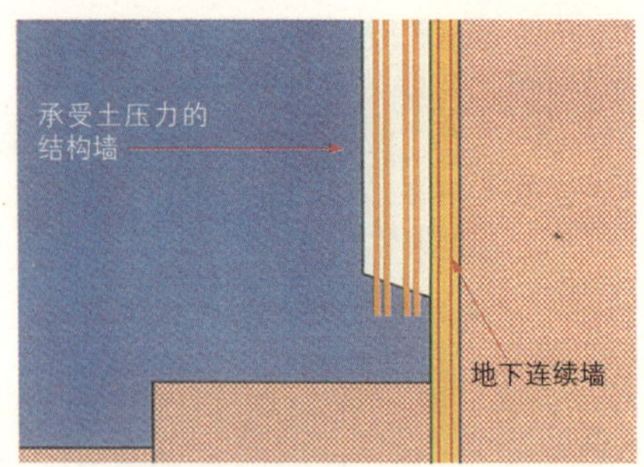

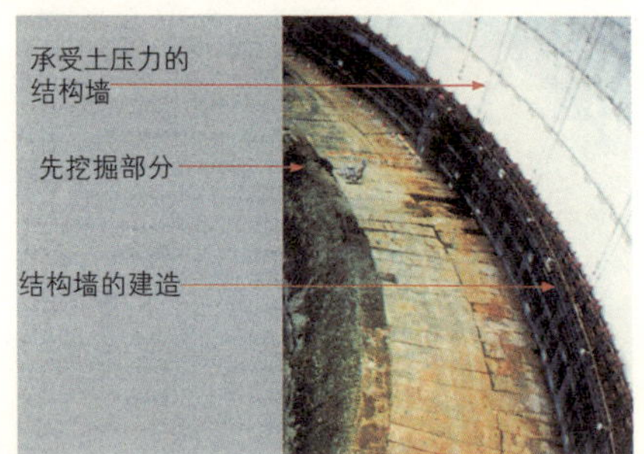

3·4 因为光有地下连续墙不能完全承受土压力，所以一边挖掘一边用逆作施工法建造上图那样的结构墙。为了迅速运出弃土，其间的中央部分采取挖方放坡的方式进行挖掘。

5·6 图5是结构墙的下部的钢模板拆下后的模样。使用螺纹钢筋和套筒作为粗钢筋的连接。另外，钢筋采用预先组装，用图6那样的机械进行安装。

83 水的价格

为了进行施工，有的时候水是必需的，有的时候又成为障碍。当水成为障碍的时候，如果使用下水道排水，就要像图3一样支付下水道的费用。不过，如果像图4那样，不通过下水道而将这些废水使用在工程中的话，就可免交下水道的费用。图1因为忘记提出免交申请，所以自来水公司送来了一个月超过100万日元的账单。应该事先制定计划，设法将废水很好地利用在施工中。

内容	使用量 / 使用年月 日～月/年		上水道 (3659 m³)	下水道 (3659 m³)
使用期间			11月 2日 ～	12月 1日
使用期间水费	12	7	1,544,160円	1,171,279円
已支付金额				
本月水费	12	7	1,544,160	1,171,279
共计	12	7	1,544,160	1,171,279

使用量根据计量

水道料金表（1か月分）

（平成6年6月1日から適用）

用途	口径	呼び番号コード	[illegible]	1～10㎥	11～20㎥	21～30㎥	31～100㎥	101～200㎥	201～1,000㎥	1,001㎥～
一般用	13mm	1	920円	0円	1㎥につき 130円	1㎥につき 175円	1㎥につき 215円	1㎥につき 300円	1㎥につき 375円	1㎥につき 415円
	20mm	2	1,230							
	25mm	3	1,520							
	30mm	4	3,420	1㎥につき 215円				1㎥につき 300円	1㎥につき 375円	1㎥につき 415円
	40mm	5	6,850							
	50mm	6	20,700	1㎥につき 375円						1㎥につき 415円
	75mm	7	45,600							
	100mm	8	94,500	1㎥につき 415円						
	150mm	9	159,000							
	200mm	&	342,000							
	250mm	A	468,000							
	300mm 以上	B	798,000							
[illegible]		－	(2) [illegible]	0円	1㎥につき 110円					
[illegible]		－	540	0円	1㎥につき 110円					

1·2 图1是大型施工现场的账单内容，1个月里花了270万日元的上下水道费用。只要通过事先申请，下水道的费用就能免了。另外图2是都内某个区的上水道帐单。使用量越多单价越高，所以应当积极节水。

下水道水费帐单(1个月量)

(平成6年6月1日起适用)

污水类别	排出量	金额	
一般污水	0 ～ 10㎥		536円
	11 ～ 20	1㎥につき	112
	21 ～ 50	〃	151
	51 ～ 100	〃	179
	101 ～ 200	〃	208
	201 ～ 500	〃	252
	501 ～ 1,000	〃	291
	1,001㎥～	〃	331
洗澡房污水	0 ～ 10㎥		268
	11㎥～	1㎥につき	27
公用污水	0 ～ 10㎥		322
	11㎥～	1㎥につき	32

(帐单金额不含消费税)

3·4 图3是某个地区的下水道账单。这也是根据使用量越多单价越高的方式计算费用。像图4那样施工中使用的场合，因为不使用下水道，就应该事先联系申请免费。

5 如果有现成的井，可以申请作为施工所用，以便削减经费。

6 深井排水施工中。右边的照片是抽水的状况。由于提前施工，在解体工程和挡土墙、打桩工程中能够把井水有效地利用以削减经费。

84 翻斗车行驶用的斜坡钢板的选择错误等

图1是弃土搬运时翻斗车行驶的斜坡，铺在那个斜坡上的钢板的选择不正确而重新换过了。使用了图2那样的钢板时，粘在钢板上的泥沙不能除去使翻斗车打滑了。

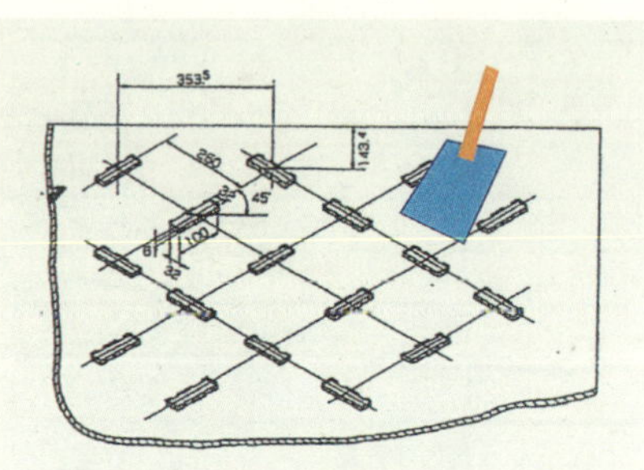

1·2 粘在车胎上的泥沙如果不能除去，车子就会打滑。由于铁锹不能使用，所以用了竹扫帚，可是效率太低，弃土搬运的速度极其缓慢。结果，把钢板翻过面来，采用了焊接钢筋的老办法。

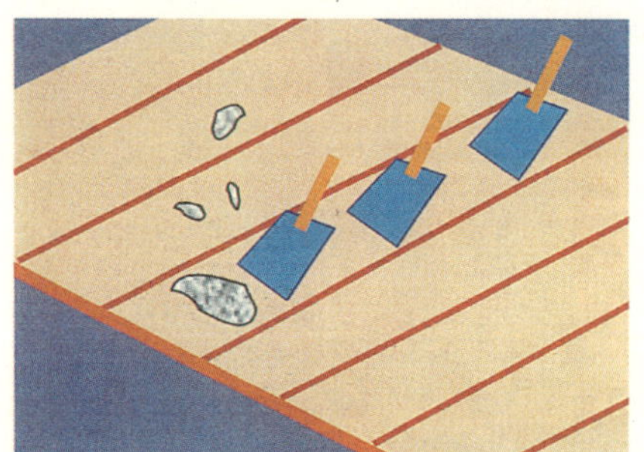

3 必须像上图似的不断地把泥沙铲除掉。

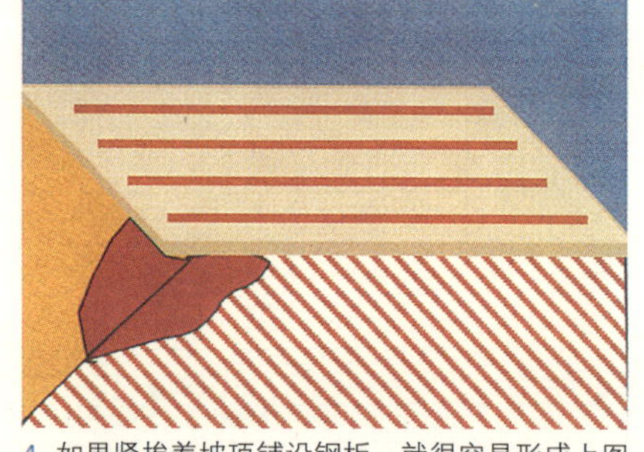

4 如果紧挨着坡顶铺设钢板，就很容易形成上图似的状况。尤其在下雨之后更要注意。

5 由于翻斗车的行驶频繁，钢板的焊接部分和钢筋的焊接容易脱落。为了不占用维修时间，从一开始就要牢牢地焊接好。

6 就像上面的照片一样，钢板如果没有固定好，就会因车子的冲击使钢板移动。发生过钢板碰到行人的脚，造成了重大事故的例子。

85 工程车辆的管理

清扫道路的时候，必须注意不要引起和施工现场的近邻之间的矛盾。土方工程的时候如果邻里关系恶化，就会对今后的现场管理带来影响。另外，对于一切与工程有关的人员必须彻底要求遵守规章制度。

1 工地内的混合着泥土的排水在道路上流淌着。在管理不到位的施工现场，人们习以为常地做着这一类事情。

2 这是考虑到周围环境而准备了设备的事例。道路如果污染了就会漫延到很大范围，所以必须设法不让脏东西出门。

3 轮胎的自动洗净设备。洗净水也是循环式的，效率很高。受到批评后再来解决反而更费钱，应该从一开始就要计划。

4 排水时如果下水管道被堵住，就要被罚高额的赔偿金。使用上面的照片中那样的凹槽，滤掉泥土后再排出。

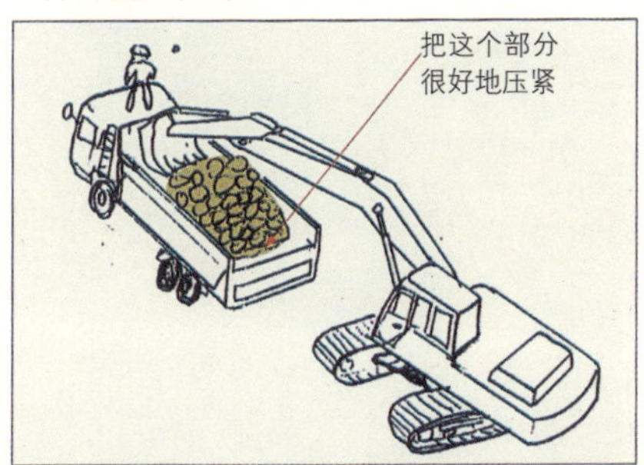

5 在转弯的时候，翻斗车里堆积的泥土可能洒落。如果把上图的部分很好地压紧，这种现象就减少了。

要点

一天当中能够搬运的弃土量要根据通行道路的宽窄、交通量、近邻的环境来决定。工期短的工程，在弃土搬运方面往往过分勉强，但是，如果因此引起近邻和警察的不满，就会给今后的施工带来影响。对于业主的无理要求，应该正确地说明原因，尽快地取得理解。如果因为想得到工作就不管什么都承诺的话，将会受到社会的谴责。

[6] 桩基工程

86 预制混凝土桩打桩的失败案例

预制混凝土桩如果高出地面许多而打不下，拆除它就要产生许多浪费。另外，如果要勉强把它打下去，有可能像图3那样出现桩断裂现象。如图4，作为连接桩有着弯曲强度的要求，如果高出地面许多，就可能需要加固桩。还必须考虑到像图5和图6那样，因横向力对周边产生的影响而慎重地施工。

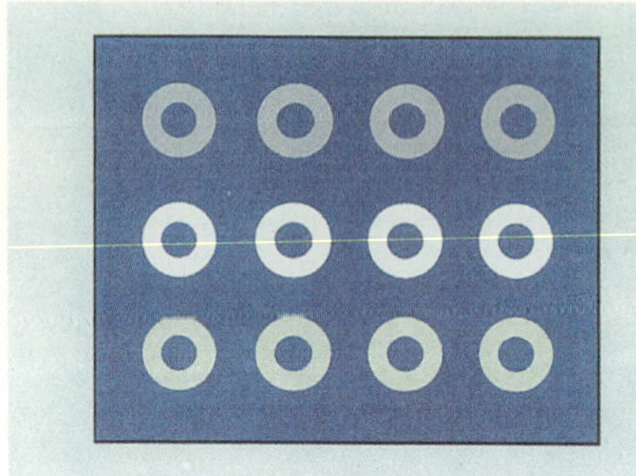

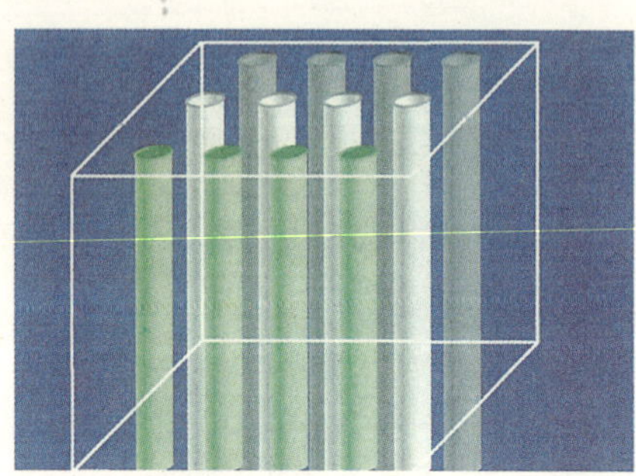

1・2 使用预制混凝土桩在砂土地基里采取锤击施工法，像上图似的打群桩，最后打下去的桩由于地基的挤密而高出地面打不下去了。

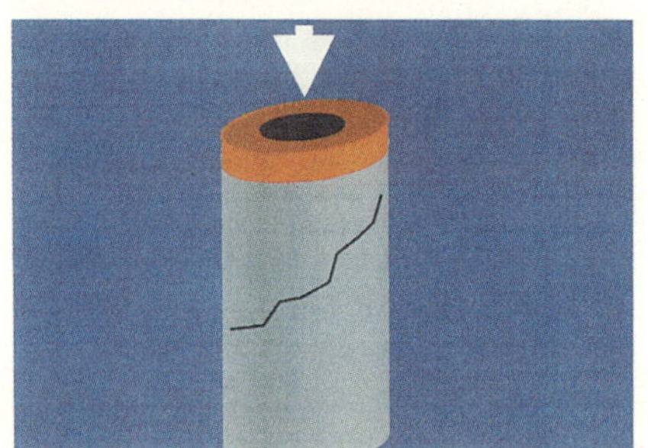

3 高出地面而打不下去的桩因为勉强地击打，桩体如上图所示产生裂缝，岌岌可危，几乎酿成大事故。反弹测定时，测定人员将进入下面，所以一定要注意安全。

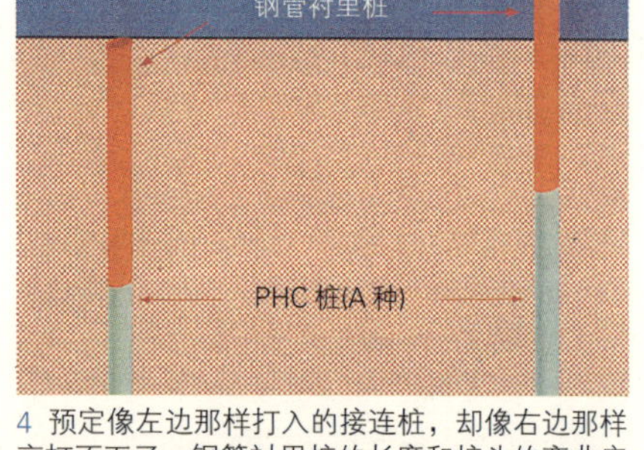

4 预定像左边那样打入的接连桩，却像右边那样高打不下了，钢管衬里桩的长度和桩头的弯曲应力不足，需要加固桩。

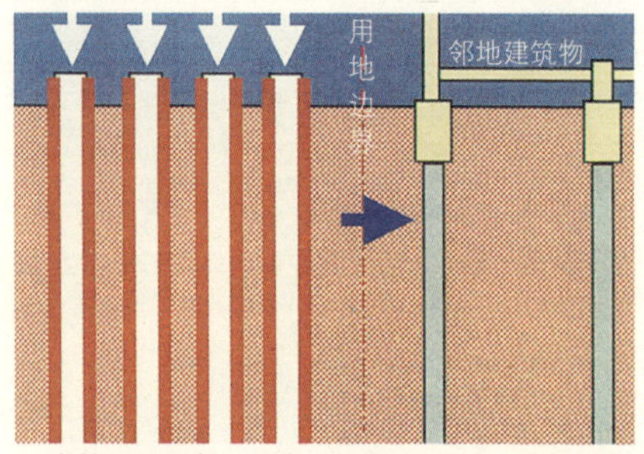

5 在软弱的黏性土地基里采取锤击施工法打预制混凝土桩的时候，因打入桩使土中体积增加，产生水平推力，致使邻家的建筑物产生了4cm 的侧向位移。

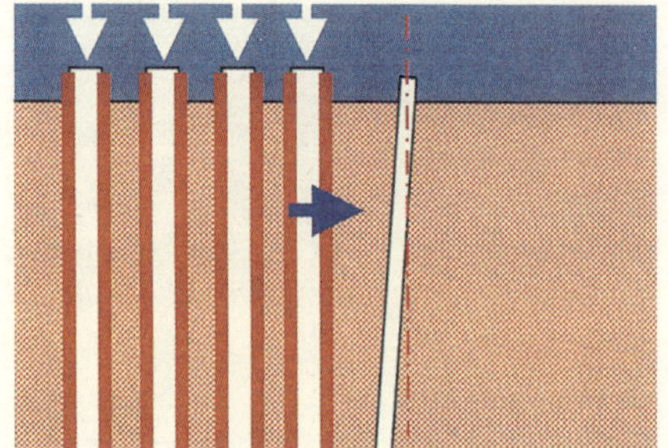

6 因为原先就将挡土墙紧挨边界施工了，所以，由于打桩的横向力作用，挡土墙越界了，导致了损害赔偿。

87 大口径钻孔灌注桩工程

大口径钻孔灌注桩是常用的现浇混凝土桩施工法。但是，在有承压地下水的砂层，钻孔过程中桩孔壁面有坍塌的可能性，所以必须调查附近的施工实际状况。还要确认防止桩孔壁面坍塌的稳定液的管理情况以及沉渣的处理、持力层地基的土质等问题。

1 大口径钻孔灌注桩的施工状况。

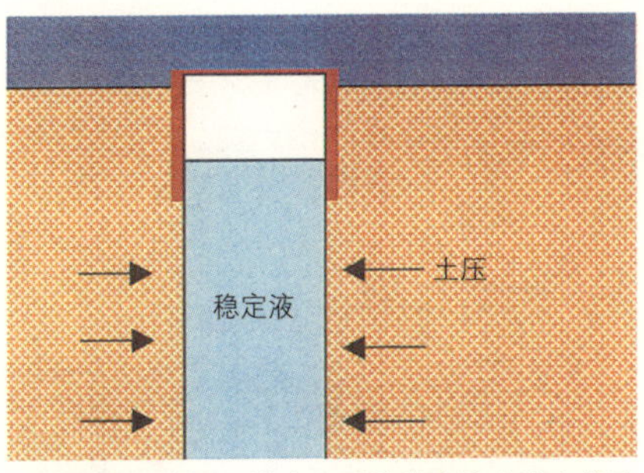

2 采用加入膨润土增大比重的稳定液来防止桩孔壁面的坍塌。如果比重下降，墙面有坍塌的危险。

3 稳定液的水槽。比重的管理要严格执行。

4 插入桩孔的钢筋。要慢慢插入，不要把桩孔壁面碰塌。

5 地下58m处的持力层地基的卵石。从钻孔斗中采取、确认。

88 为决定基础设计做的试算

下表是实际进行过的，关于持力层地基 1F L–11m 的计划用地中，采用筏式基础和打桩哪一种更节省费用的研究。将施工性和经费都作考虑之后，决定在这种场合采用深基础桩的施工法。

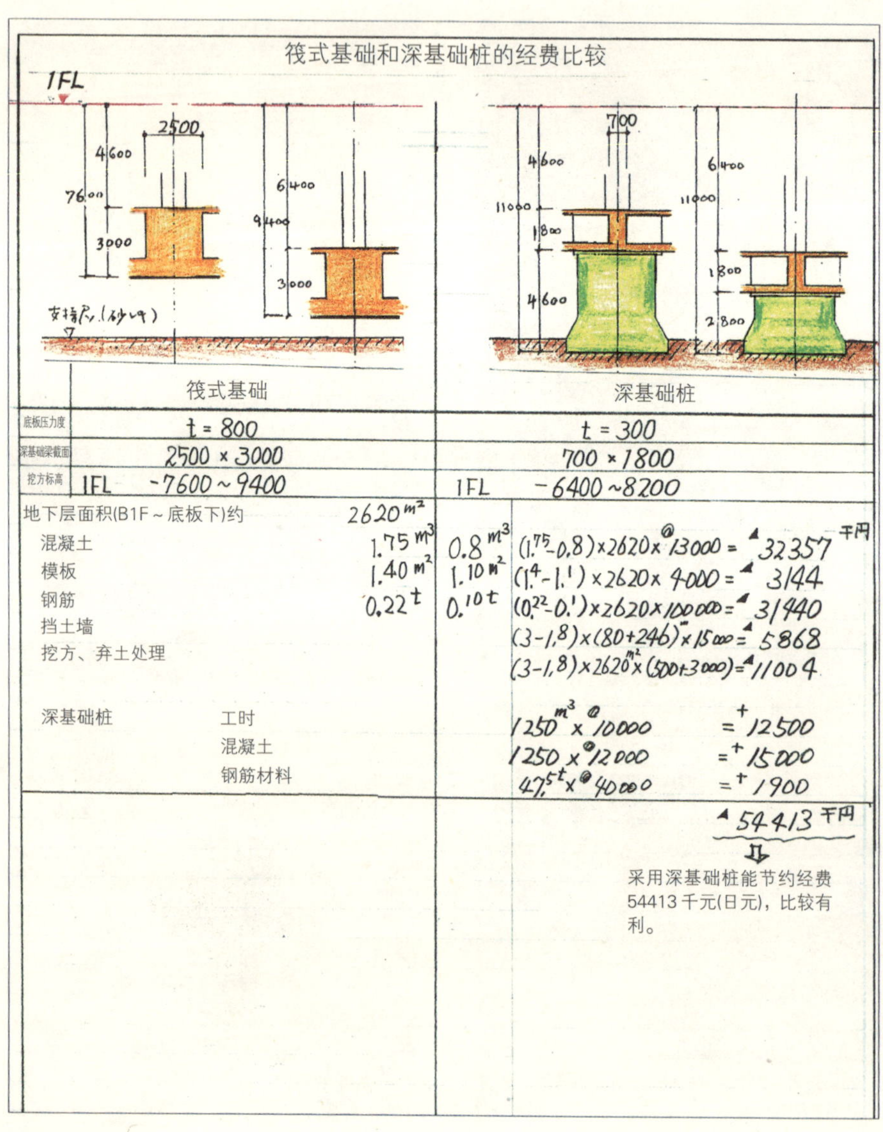

	筏式基础	深基础桩
底板压力度	t = 800	t = 300
深基础梁截面	2500 × 3000	700 × 1800
挖方标高	1FL -7600～9400	1FL -6400～8200

项目	筏式基础	深基础桩	计算
地下层面积(B1F～底板下)约	2620 m^2		
混凝土	1.75 m^3	0.8 m^3	(1.75-0.8)×2620×@13000 = ▲32357 千円
模板	1.40 m^2	1.10 m^2	(1.4-1.1)×2620×4000 = ▲3144
钢筋	0.22 t	0.10 t	(0.22-0.1)×2620×100000 = ▲31440
挡土墙			(3-1.8)×(80+246)×15000 = ▲5868
挖方、弃土处理			(3-1.8)×2620 m^2×(500+3000) = ▲11004
深基础桩 工时			1250 m^3×@10000 = +12500
混凝土			1250×@12000 = +15000
钢筋材料			47.5 t×@40000 = +1900
			▲54413 千円

采用深基础桩能节约经费54413千元(日元)，比较有利。

89 机械式深基础工程

如图3，因为从挖掘、混凝土垫层完工的场所，顺序推进深基础桩施工，所以，对比地面桩的施工，能以较短的工期完成施工任务。

1 深基础挖掘机械。挡土墙采用钢框结合挖掘。以圆形加固杆件代替支撑使用。

2 施工地面整平后浇灌混凝土垫层，把桩位线画在混凝土垫层上之后进行施工，可以确保精确度。又配合弃土运出的时期施工，所以施工性非常好。

3 弃土用土方工程的翻斗车一起运出，很合理。另外，能够确认持力层地基的状态，信赖度高。

90 桩基工程中的地下障碍物

如果没有弄清地下障碍物的情况而贸然动工打桩，就会像下图所示，造成工期大幅度失控状态。必须确实地进行试钻探。

1 这是大口径钻机的施工状况。但是，在施工当中一旦出现障碍物，就要改变计划，不得不为了除去障碍物而额外挖方。

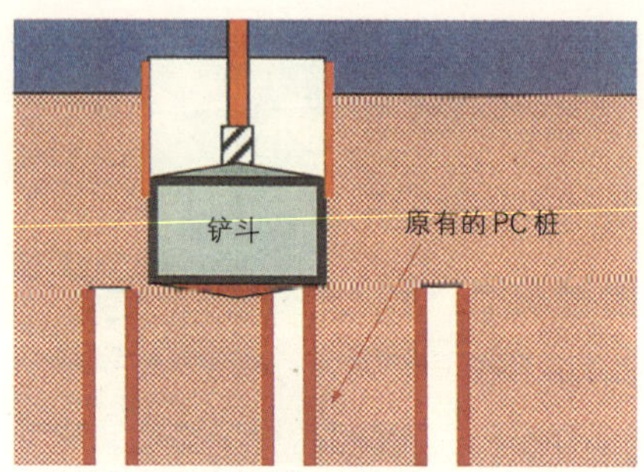

2 认为没有地下障碍物而进行施工，如上图所示，碰到了原有的PC桩，没法施工了。

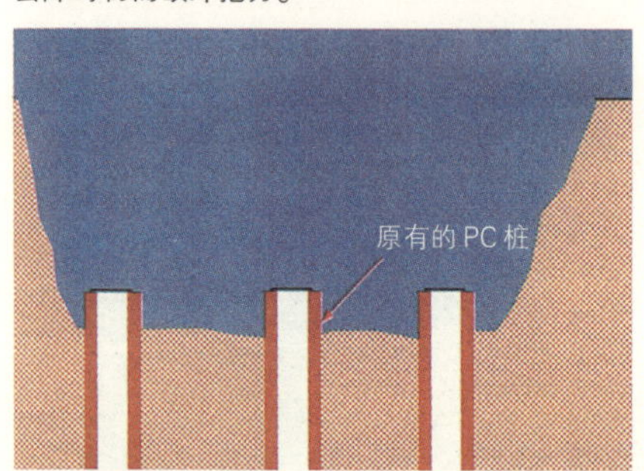

3 如上图所示，不进行大面积挖掘，PC桩就拔不起来。调配拔除PC桩的机械到拔起来的这段时间里，大口径钻机的施工停止，造成了重大损失。

4 拔起的PC桩占据着地方。拔过的地方为了能够进行大口径钻机的施工，还必须填埋加固。

5 把拔起的废桩进行碎断的作业

要点

即使有已有建筑物的配置图，也可能还有更早以前的建筑物的桩(如松木桩等)残留着。像打桩工程这样大规模的计划，出现一个混乱就会对整个工程造成致命的影响。正因为是隐蔽的地下部分，就一定要小心再小心地谨慎确认、采取对策。

[7] 解体・修复工程

91 解体·修复工程的准备工作

解体工程开始前，要确认被拆建筑物的电气、煤气、供水系统、电话的切断状况，清点内部应当保存的物件。还有，那个建筑物的设计图、施工图等资料对于今后的工程至关重要，必须冷静仔细地重新看过。像图1那样，如果有防止电波干扰用的室外天线，就先采取对应。另外，埋置物调查、向近邻作说明、振动噪音的特定建设施工报告、解体中的防火体制以及发现石棉时要提交的建设工程计划报告等等，这些有关的事情都要及时进行。

1 如果是修复工程，通风井的位置也改变。这时候要拆除防止电波干扰用的室外天线，附近邻居的电视因此将不能看。避雷针的配线也同样要小心。和建筑物周围的邻居以及当地政府是否有协定，都需要确认。尤其被卖掉的建筑物，可能出现资料丢失，无人了解过去情况等问题。

PCB(多氯联苯)的检查

1.电气室的变压器
2.荧光灯的稳压器内的电容器里面
1957～1972年之间使用过。

PCB是诱发癌症的物质，被发现时，由业主负责保管。
一定要确认，并保存好文件。

有毒物质的确认

二噁英(dioxin 一种剧毒致突变物质)等有害物质的存在与否的确认也很重要。
在某个垃圾焚化炉的解体工程中，由于用煤气喷灯把沾附着二噁英(dioxin)的煤气混合机切断了，导致施工人员吸进气化的二噁英。
戴着防尘口罩，但是没有使用防止二噁英专用的口罩。
因为采用煤气切割而导致污染物质气化的问题必须要充分注意。

石棉的清除

作为制冷剂管道的弯头部分的保温材料使用

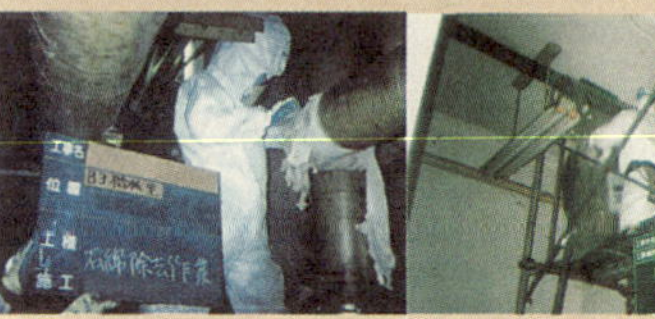

施工人员进入密封的房间进行处理的施工法　　用塑料薄膜覆盖局部进行处理的施工法

2 如果在解体中途发现石棉就会使工期延误。一定要事先进行调查，发现石棉后就到政府有关部门办理手续，在石棉清除之后开始解体的施工。

氟里昂气体、废油的处理

3 空调机械的制冷剂里使用了氟里昂气体。如果不作处理，就泄漏到空气里去了。解体之前要作适当处理。

土质调查

4 弃土处理的时候，要确认是否含有有害物质。在电子零件或化学药品工厂旧址进行施工时，特别要注意。

92 解体工程中的注意事项

如图1所示，为了拆除附在外墙上的招牌之类，而影响解体工程的工期延误的情况很多。图3是需要多次进行的施工中，不注意的时候很容易发生的案例。图4，没有埋设通讯电缆记录的地方，出现了通讯电缆被切断的情况。图5是开工的时候迟迟拿不出计划，弄得后面非常被动的例子。

1 安装在外墙或屋顶房间上面的广告塔以及伸出路面许多的招牌之类，有时影响到外部防护脚手架的搭建，因此必须在夜间施工将它拆除。

要点

办理手续当中千万不要忘记一件事，就是解体的时候为了防止尘土飞扬，需要大量的水。水道费用分成上水道费和下水道费。因为拆除用的水是自然浸透，不使用下水道，所以必须去办理下水道的免费手续。即使使用井水，也是要支付下水道费用，所以不要忘记申请免费。

灰尘引起烟感器鸣叫

在装有烟感器的地方，拆墙板时扬起的尘土使烟感器发出警报

烟感器和防灾中心联系，盖上罩子

2 建筑物在一边使用一边进行修复的施工中，有时会出现因为尘土使烟感器发出警报，引起避难骚动的事。不要认为施工场所已经隔开而大意。

3 沥青防水的拆除、重做施工时，要事先计划好，不让雨水侵入内部。因为不注意时可能下大雨。

预留锚固点打孔时，切断了计算机配线

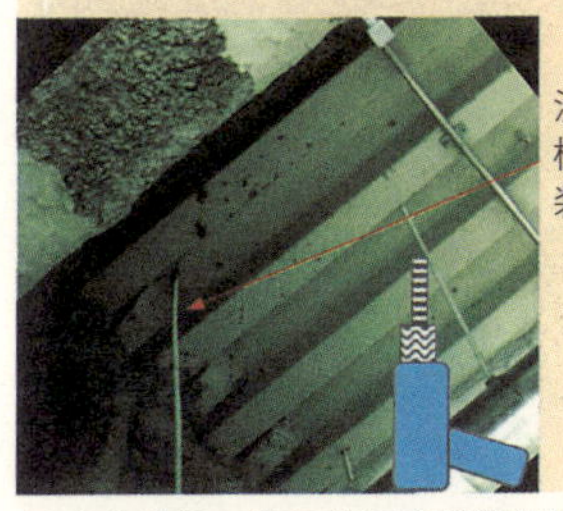

没有记录说明楼板的什么地方安装了什么东西

4 有的时候，为了给固定配管的螺栓预留锚固点，把正在使用的电气的管线打穿了。一定要时刻注意。

5 因为要使用许多空气压缩机，所以事先要计划好软管的路线。另外，空气会恶化，要安装足够的给排气设备。

93 修复工程中的注意事项

修复工程的结构补强，如果没有制定包括设备设计在内的计划，就成了徒劳无益的施工。另外，图4中采用后施工的化学锚进行了钢柱的锚固螺栓的施工，但是，已浇灌的骨架部分的柱和梁的钢筋混杂一起，要在规定的位置打孔非常困难。

抗震加固墙的管道穿通

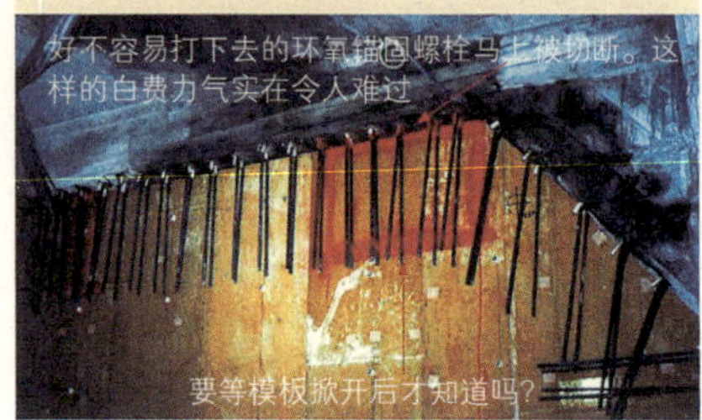

1 好不容易完成的抗震墙，却因为机械室在那里而留下许多孔。结构设计者应该要清楚有多少管道要在那里穿过，并且将它标注在设计图里。

切削留下的渣土堆满一地

2 尽管只是稍许切削，渣土就有这么多。应该做好管理，不要让楼板荷载过大。

要注意砂浆抹面的顶棚

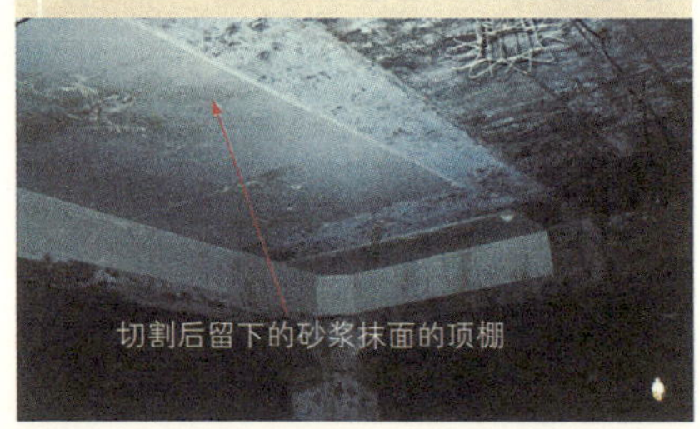

3 留下的砂浆抹面的顶棚有可能以后掉下来。在修复工程中，拆除部分和留下部分之间如果没有明确划线，完工后会产生问题。

后施工锚杆在规定的位置进不去

4 虽然在原有的结构上预留了锚固螺栓孔，但是由于钢筋的影响，螺栓在规定的位置进不去。

在切断配管中，管子倒下造成重伤

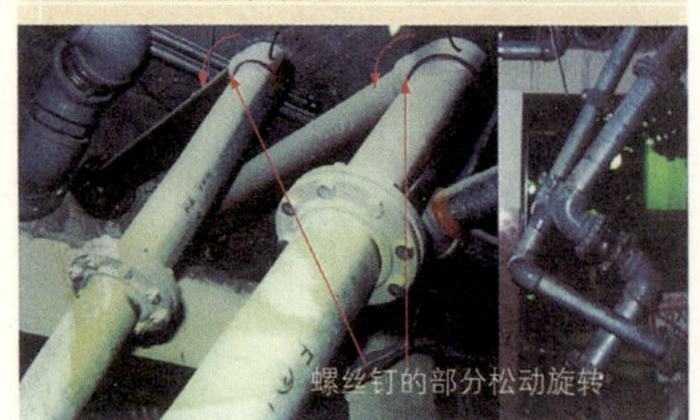

5 拆除配管时，如果没有考虑周到，就会像上面的照片一样，因弯管接头处的螺丝钉受力后突然转动，管子倒下造成人员被砸。

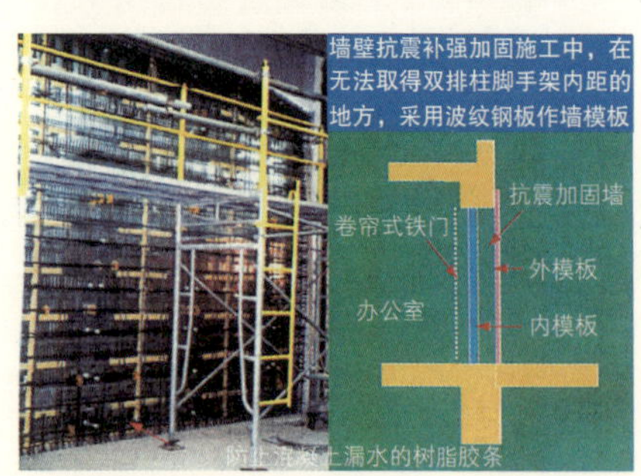

6 建筑物边使用边修复的施工中，有时不能从内侧固定模板。在这种时候，上述的方法有效。

94 解体之前应该进行的临时辅助工程 (1)

外部的招牌之类撤去之后，终于要搭建解体防护用的脚手架了。白天不能进行脚手架组装作业施工的地方，可夜间施工。可是，因为脚手架的解体必须在外墙解体之后立刻进行，所以需要彻底的坠落防护。在某个工程中发生了图1所示的灾害。作为对策，如图2所示，把坠落防护网张挂在外部，防止了事故发生。

解体用的隔音板落下

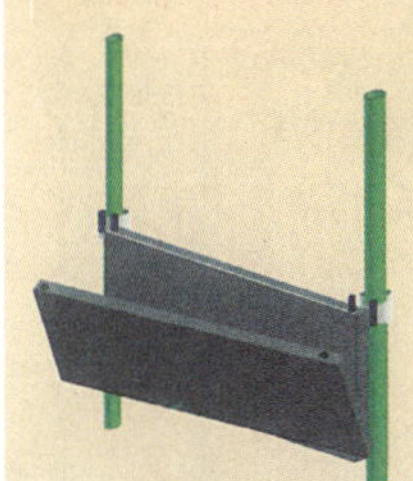

在解体中，6片隔音板脱落，一片砸到行人造成重伤。隔音板的卡钉是上下2片一起固定的，所以把板的上部卸下时，要仔细地一片一片卸下来。

1 要明确规定隔音板的组装拆卸顺序，并且，工具要系上防止落下的绳子。

2 这是脚手架解体时，为了防止万一的落下物而使用的防护网和漏斗形支架。网的上下端卷进隔音板。

3 如上面的照片所示，解体用的重型机械和解体后的渣土都压在地板上，所以需要加固地板。

计划把电梯竖井作为废弃物投入口的做法失败

认为有现成的开口，就轻易地定下了计划之后，机器的搬出、投入开口、运出渣土，在设备方面花费的时间太多，耽误了废弃物的搬出。

4 在解体工程中，把解体的材料顺利搬出是非常重要的。因为轻易的利用电梯竖井造成了失败。

5 把解体用的重型机械搬上去的时候，用支撑加固地面。这个时候同时把扔下废弃物的开口包括安全设备都准备好。

6 为了承载落到一楼的渣土类和重型机械的重量，要迅速清理地下，准备能够补强的环境。

95 解体之前应该进行的临时辅助工程 (2)

有高大烟囱的建筑物在解体时，几乎都要搭建防护用的脚手架。像图 1 那样围着钢板的情况，工期花费很长，所以需要及早动工。图 5 和图 6 的状况一般不太被人注意，但是，大风突至的时候非常危险，所以要预先做好计划。

1 拆除用钢板加固的烟囱。因为里层有混凝土，所以无法用气焊切断钢板，为了把混凝土和钢板交替拆除，要花费许多时间。

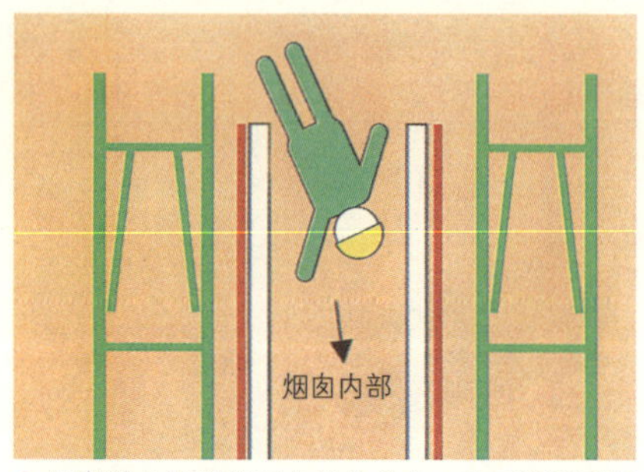

2 把混凝土渣推落下去的作业中，有可能跌到烟囱里面，所以要认真配备救生索的粗绳。

3 被拆下的土石、钢筋等拌倒受伤的事时有发生。另外，当废弃物投入口被废弃物遮盖着的场合，容易发生坠落事故。

4 墙壁解体之后杂乱的渣土石块通过平整，和防护脚手架的解体队伍之间能够更好地协作，效率也能提高。

防止临时围墙倾倒的支架无处支撑

5 把一楼的地面拆除之后，没有地方可以撑住支架。如果大风刮来，临时围墙就会倾倒，将给来往行人带来危害。

6 上面的照片中，因为只有一根钢管支撑着，所以非常危险。事先如果没有周密的计划，就会成为这个样子。

96 因墙体解体时的失败而导致的灾害或惊吓

图1中的情况是：在解体现场，打算把墙倒向内侧，正在拔的时候，钢索突然断了，因反作用力墙体向外倾斜，倒塌在路上了。图3是角落的墙解体中，因为有支撑而逃过了一次劫难的事例。

1 为了不出现这样的事态，是否周密地制定了计划？是否按照步骤来做？都要求严格地检查和遵守。

2 因为平板的挑出悬空部分太大，钢索承受不了外部的回转弯距。钢索是很容易损伤的，必须勤检查。

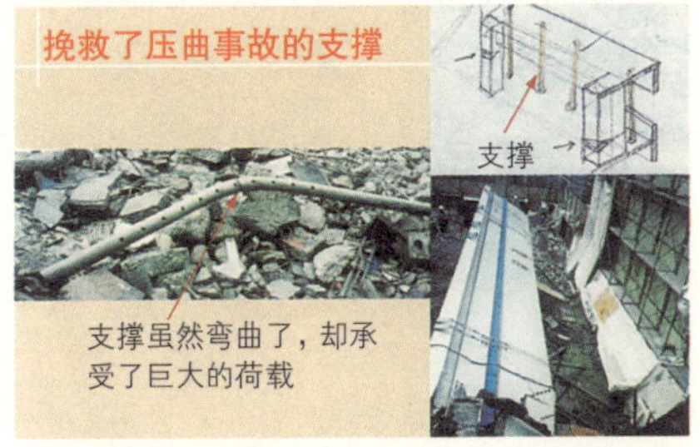

3 这是角落的墙解体中，为了不让它倒向外部，如右上图所示，调整了柱子的缺口高度，正在拉倒它的时候，墙角的柱子先折断，另一侧的柱子扭歪，几乎要倒向外侧。

4 角落一侧的柱子先折断。

5 在这个时刻，左侧的柱子歪向外侧。

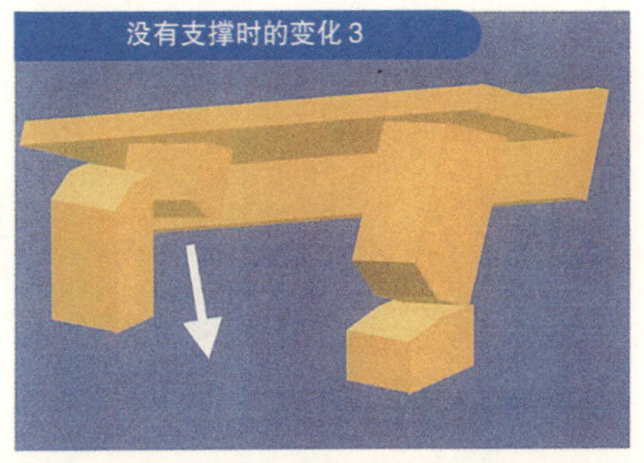

6 粗的柱子无法承受混凝土全部的荷载而扭歪，从角落一侧落下。如果没有支撑，就变成这个样子了。

97 推倒墙体的解体方法中的注意事项

也有把墙完全破碎的解体方法，可是，如果破碎的混凝土块朝脚手架落下，就会产生巨大的金属的撞击声，并且脚手架的下部也很危险。对比起来，推倒的施工法把墙倒在内侧，并且可以在低位进行破碎，所以危险较少。但是，为了把墙切分成数块便于推倒，必须在墙立着的状态下先行分块切割，这时候需要图 2 所示的防护措施。

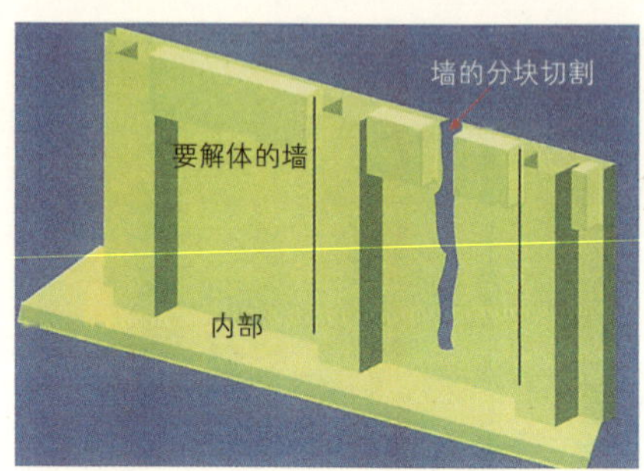

1 像上图那样，把要推倒的墙根据推倒的大小分块切割。这个时候，切割的石渣落到脚手架上，发出巨大响声，使得附近邻居和行人产生恐怖感。

2 于是就像上面的照片一样，在要切割的地方围上防护罩布，不让石渣溅到脚手架那边。防护罩布的绳索可以利用窗户等地方，拉进建筑物内部。

3 正在解体墙壁。一定不要慌张，让它慢慢地倒在前面。因为一开始倒就不可能停止，所以监视的人要盯着，哪怕有一点点异常也要立刻发出信号。

4 像这样薄的墙，要注意牵拉的部分容易裂开。

装在外墙上的落水管倾倒打破了邻家的窗玻璃

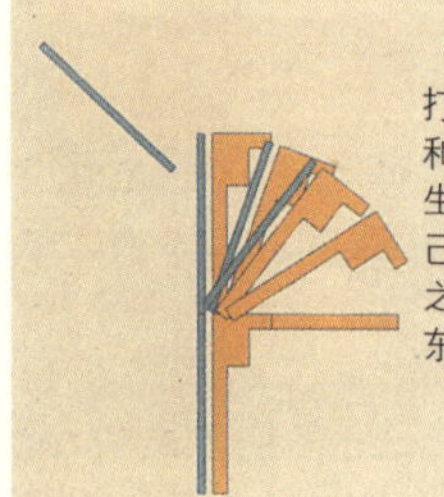

打算把氯乙烯制落水管和墙一起弄倒的时候，发生了这样的灾害。要用自己的眼睛去确认，在拆墙之前就把附在外墙上的东西拆除。

拆墙时的外墙瓷砖飞到路面上

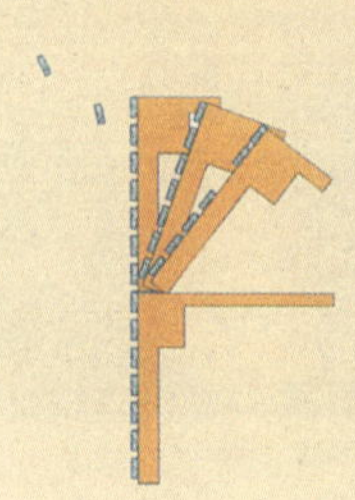

飞出去的是45 × 45的瓷砖。容易开裂的材料迸出时可能越过防护脚手架。当应力作用在混凝土墙上时，墙上的装饰材料会发生什么变化？有必要进行探讨。
后来挂上防护网继续拆除。

98 利用长臂的破碎机进行解体

对于占地周围宽阔的4～5层建筑物，多采用长臂的破碎机进行拆除。长臂的破碎机比起一般破碎机操作有难度，也要十分注意倾覆的问题。另外由于形成图1或图2的状态，洒水作业人员或指挥人员的位置很难安排，所以很希望制定出周到的施工计划。

1 正在使用长臂的破碎机解体5层的建筑物。为了克服巨大的弯矩，要求司机具有很高的熟练技术。另外，机身下面也必须完全固定好。

2 选择这种解体方法的时候，就像上面的照片那样，即使只有一个方向，也必须具备重型机械能够进入施工的空间。因为高处的拆除情况太高看不清楚，所以，担任引导监视的指挥者必须站在司机容易看到，又看得见破碎机动向的位置上，进行引导。

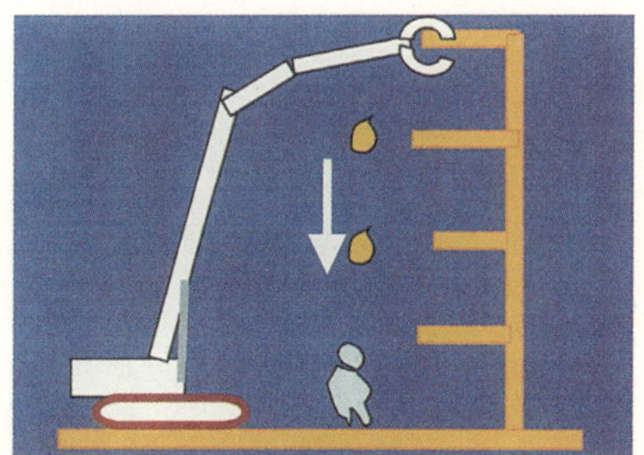

3 被破碎的废弃材料在不稳定状态下堆放在建筑物上面，有时候是一根钢筋倒挂着，一有动静就会落下。随便到下面去是最危险的。

4 上面的照片中，因为屋顶房间的高度太高，一般的破碎机够不着，所以把重型机械放到屋顶上，在现场装上长臂进行了拆除。

99 解体时的事故案例 (1)

解体工程非常危险。即使有多次经验也难免发生意想不到的问题。如图5，尽管手中有建筑物的图纸也不能肯定建筑物就和图纸完全相符。有的时候，一些问题从楼面上也看不出来，但是从楼板下面可以发现。必须预知危险，发挥直觉，有危险的地方要不怕麻烦地进行调查。

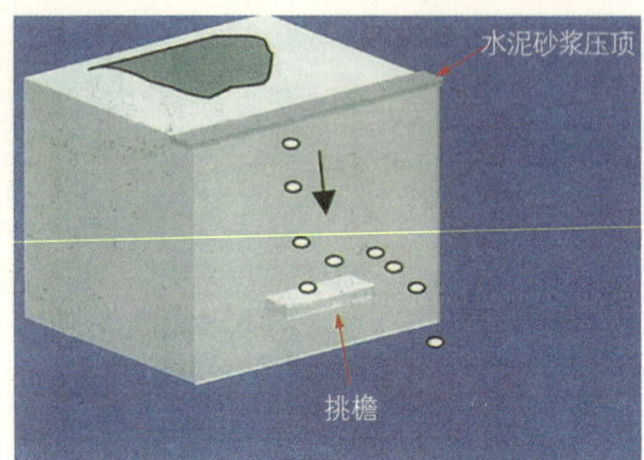

1 屋顶女儿墙的水泥砂浆压顶，因拆除时的振动而碎裂落下，碰到下面的挑檐后弹起，从隔音板底下穿过，飞出临时围墙外面，砸到行驶中的车子顶部。

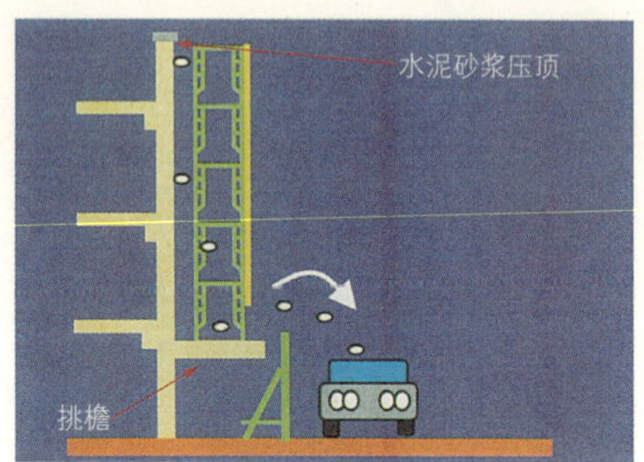

2 断面和落下的状况。有挑檐的场合，直到隔音板底部为止，都必须采取完全的防护措施。

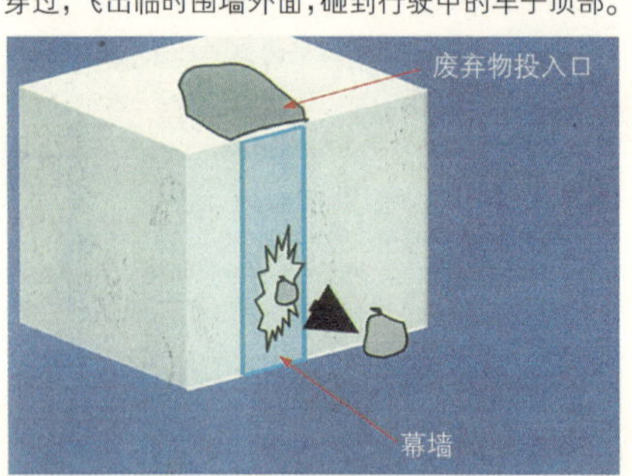

3 有幕墙竖井的场合，如果不小心把废弃物投入，就会飞到外面去。

4 烟灰和尘土很容易造成呼吸器官的疾病，所以要彻底做好换气和洒水的工作。

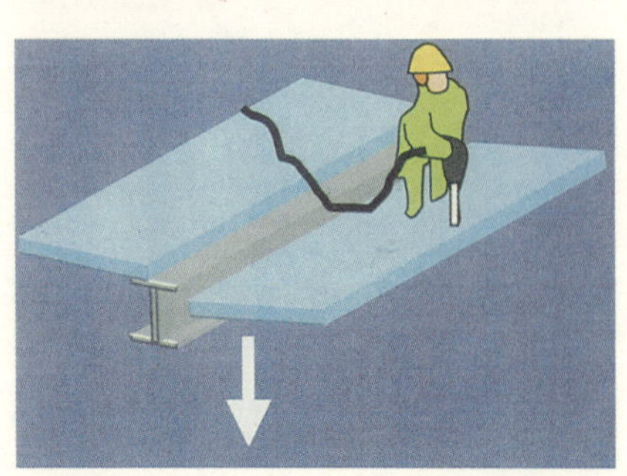

5 建筑物的修复工程中，工人正在用风钻粉碎波纹钢板上的混凝土楼板时，楼板突然落下，原来在波纹钢板中的混凝土没有用钢筋联结。

6 上面的照片是排烟风道口。拆除风道时，曾经发生过因偶然原因而落下死亡的事例。即使在离地面稍微高一点的地方攀登时，也不能粗心大意。

100 解体时的事故案例 (2)

地下的解体工程如图3所示，有许多障碍物，并且重型机械的数量也很多，所以各位司机之间的相互协助必不可少。另外，施工人员如果进入里面，被夹住的危险性就非常大。必须把时间和信号决定好，并进行周密的调整。

1 混凝土块粘附在钢筋的端头。在这种状态下，施工人员无意中进入下面，因混凝土块落下造成了重大事故。

2 因为解体的机械像这样地产生振动，像图1中那样的混凝土块及钢筋等很容易落下。

3 如同上图一样，从事地下的解体施工时，解体用的重型机械必须在挡土墙的支撑桩之间移动。另外，当如此众多的重型机械在一起工作时，因噪声太大，人的声音听不见。被支撑桩和重型机械夹住受伤的事故，就是处于这种状况下发生的。

[8] 主体结构工程

101 防止划线错误 (1)

在施工现场经常发生尺寸错误的问题。因为专门担任划线的人弄错了，不负责任的管理者在检查中又看漏了，结果就那样地施工了。以前，使用经纬仪、水准仪是现场管理人员的工作，可是最近，不会使用这些仪器的管理人员在不断增加。

1 制作模板时把机械基础的端头部分弄错了10cm，就这样毫无觉察地浇灌了混凝土。

2 柱基础的底部钢筋竟如此地偏离了。

没有确认边界线就下指示

如果自己画图，就会在这里停下铅笔来思考，但是，如果将施工图委托给专业的绘图人员去画，他就会毫不质疑地画下去。

↓

无暇确认施工图的管理者将问题漏过了。

↓

拿到图纸的主办人将它交给施工人员。

↓

拿到图纸的施工人员没有确认就去做。

这是失败的施工计划。

3 就连边界线弄错的失误也发生了。后来这个工程被拆除了。

划线时期的失败

4 在这样的状态下，只能一边搬动材料一边划出装修的墨线。如果及早作出装修图，在地面上什么也没有摆放的时候就划好墨线，能使费用大幅度下降。

扩建的建筑物的层高和原有建筑物不同

囫囵吞枣地根据原有建筑物的图纸进行设计～施工

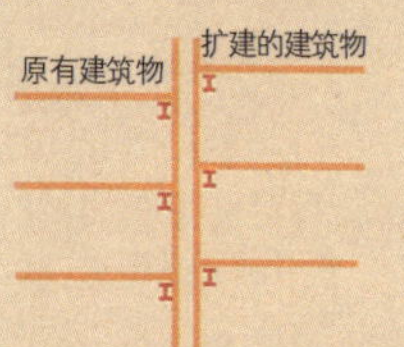

加上台阶把两个不同高度的建筑物连接上了。

原有建筑物在施工阶段把层高降下了，但是在竣工图上没有标注。在钢结构发包前要进行原有位置的高度确认。

5 如果不作现场调查只按照原有的图纸设计，就会出现这样的问题。竣工图完全无误的建筑物很少，我们首先应该抱怀疑的态度去进行确认。

把T.P.和A.P.弄错，并依此设计

认定了河面比海平面高

水平基准以A.P.或T.P.表示，也有在一张图纸里面用这二种标准表示的。

▼T.P.＋10m或A.P.＋111344m是正确的

▼T.P.(东京湾平均海平面) 10m

▼A.P.(灵岸岛水位标尺零点) 1.1344m 11.1344m

6 以上的混乱在现场很容易产生。沉住气，画出图来看看。

102 防止划线错误 (2)

对于推进工作重要的是“工程阶段的计划”。这种计划的基本内容就是“墨线”。为了划线，必须把周围清理干净，对主体结构进行确认。如果没有确认现场就布置作业的话，当划线工到达现场时，可能出现因现场的状况无法作业而只好返回的局面。

不能确认墨线

1. 因为把划线工作外包，管理者自己不会划线。
2. 尽管是简单的一点墨线，不委托外包就划不出来。
3. 外包的划线工也是每天变换，所以效率很低。
4. 划线工可能有失误。

划线是基本功。必须对管理能力进行培养和提高。不会划线的人不能管理划线工作。

1 周密的划线有助于施工精确度的提高，将决定工作的速度。应该趁着年轻时就掌握这门技术。

用眼睛确认，防止重大失误

应该提高肉眼的辨别能力，来加强对失误的管理

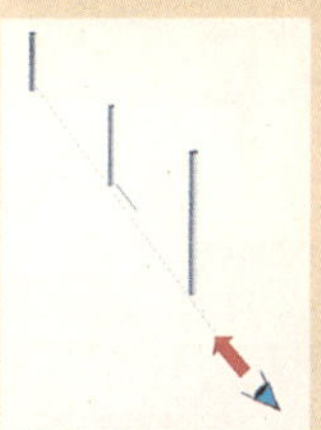

以左图所示的状况如果用单眼确认定位，可以有相当的精确度来辨别物体

2 对于划线错误进行危机管理，从战略上制定确认的要点。还有像上图那样，养成用眼睛确认的良好习惯很重要。

不给后续工作带来烦恼的划线计划

建好了墙以后再划内侧墨线的做法，要比没有墙的时候花费 10 倍的工夫

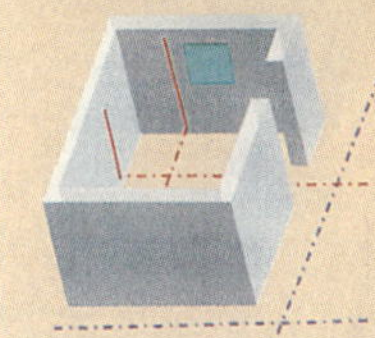

像左边那样的小房间或楼梯间的划线时，一定有过非常辛苦的经历吧？

在没有墙的时候就要用战略眼光进行预测，划上线

完全依靠外包，丧失了自己思考省力化的能力是问题的所在

3 应该归纳划线的要领，推进工作时要考虑后续的步骤，让后面的作业能够轻松地进行。

4 如上面的照片所示，在有高低差，平面也很复杂的地形中进行施工时，光波距离仪不可缺少。与 CAD 并用，能够以低廉的费用实现战略性划线。

采用光波距离仪划线的模式图

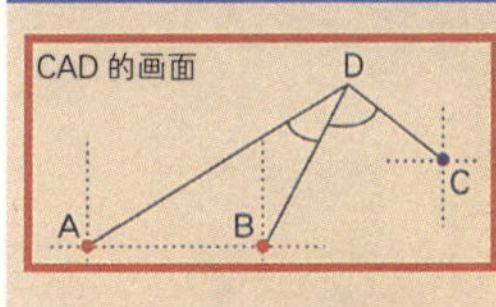

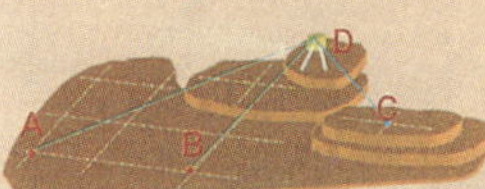

在任意的 D 点设置光波距离仪

测量点A和点B的距离和角度

把点A、B、C、D落在CAD上面，由D取得C的数据，来决定C

5 首先用CAD确定自己的位置，如果用光波距离仪确定这个位置，短时间内就能做到。在最后，确认至今为止的作业是否正确的检查要点。

103 地面高低差的失败和收头的模板

要想不用修补就能把地面的高低差漂亮的完成的话，依靠他人是不行的。事先做好完善的准备工作很重要。要先画好收头处防振动模板的图纸。

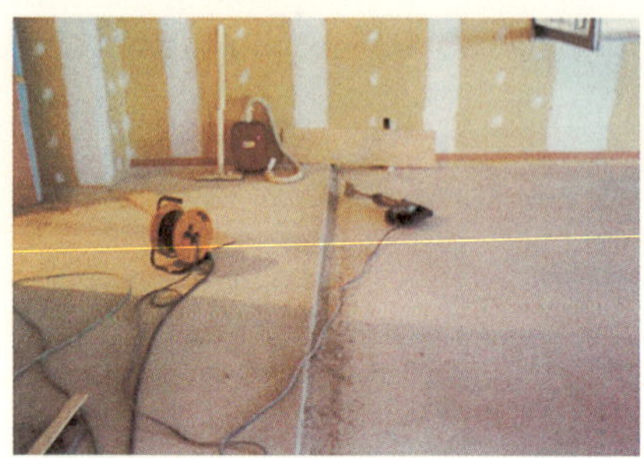

1 楼地板的高低差位置很糟糕，正在剔凿。楼地板出现了断面缺损。

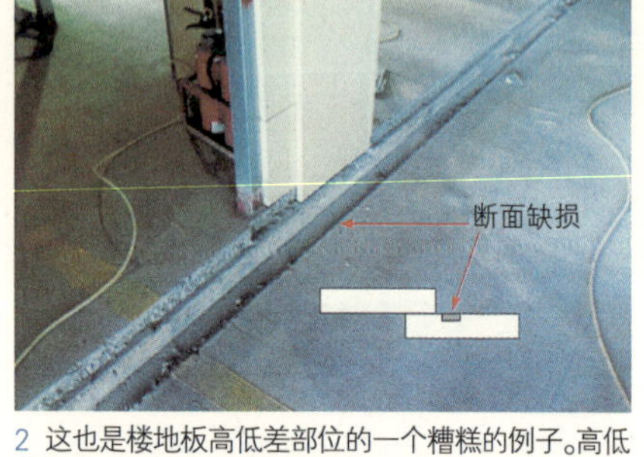

2 这也是楼地板高低差部位的一个糟糕的例子。高低差部位的模板采用防振动模板，因为是马上就要浇灌混凝土之前的仓促时刻，很难做到周密的施工安排。

3 高低差部位模板的例子。多数都是这样使用支撑模板的方木，但是因为是用在收头处的防振动模板上，很容易由于混凝土压送泵之类的冲击力而移位，所以不稳定。

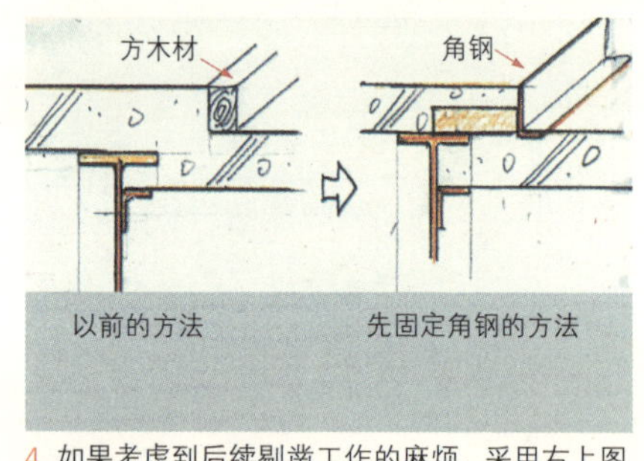

4 如果考虑到后续剔凿工作的麻烦，采用右上图所示的方法更节省费用。

5 楼板收头处的模板承受不了混凝土的侧向压力而弯曲。如果因高度低而大意，采用简易的架设方法，就会变成这个样。

6 这是图5的防止收头处模板开口的连接钢筋。它焊接在上面的主筋上，而这根主筋只用铁丝捆绑在横向的钢筋上，这未免太轻视混凝土的侧向压力了。

104 主体结构的精度不良

即使用砂浆遮盖混凝土的精确度不良或失误，过了一段时间就会像下面的照片所示的暴露出缺陷。在混凝土浇灌之前应当用充分的时间一一检查各项准备工作，将不合格处改正修补之后再浇灌混凝土。

1 女儿墙的接缝位置弄错的地方，用砂浆修补了，可是马上又裂开了。

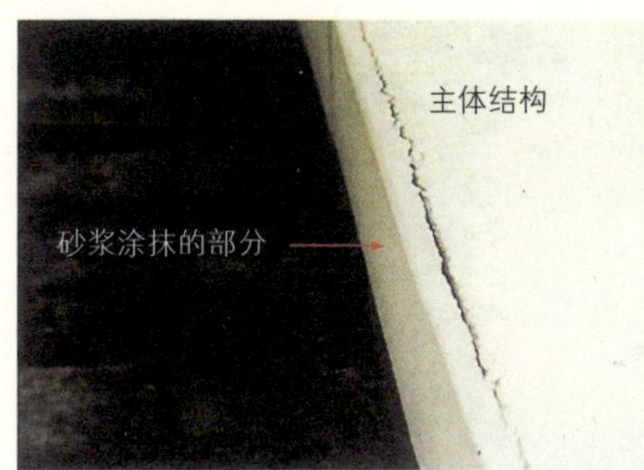

2 因为女儿墙的混凝土表面参差不齐，所以用砂浆找平，看上去很漂亮的完工了，但是不到二个月就出现了照片中那样的裂缝。

3 阳台扶手的顶端高度不合适，正在用电动凿子找平。因为架设的是图4的左边那样的模板，所以顶端的混凝土没能很好的抹平。

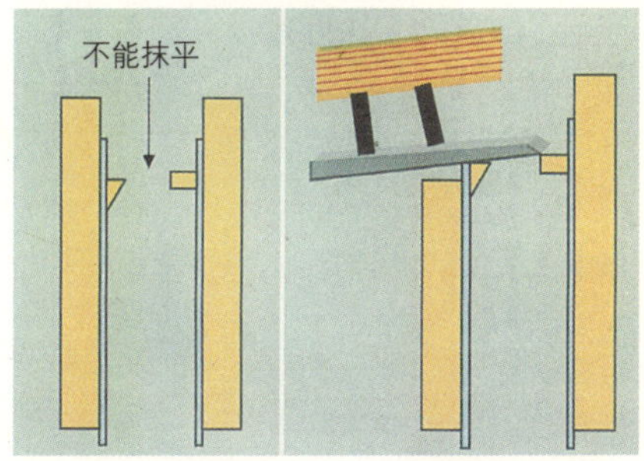

4 如果制作上图右边那样可以用钢板抹子类辅助抹平的模具，就能得到改善。只要稍加思考，后面的方法就有飞跃性的发展。

5 柱子的下部和下面的地板同时在用收头模板来浇灌混凝土。上面的主体结构正确，下面的断面有缺损。

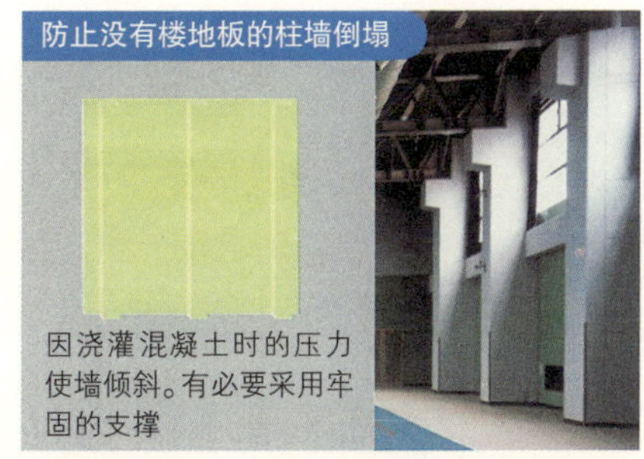

6 要确保独立柱子的垂直精度很困难。可以在墙的内外打锚栓，用钢丝进行固定。

105 配件和主体结构的不良嵌接

图1是在修复工程中把卷帘铁门箱拆除之后的柱子上部的照片。今后如果这种糟糕的现象被发现，就暴露出那个工程公司的技术力量不足。这种现象是因为主体结构图画好之前，卷帘铁门的图纸没有画好吗？还是模板工把图纸看错了？即使没有卷帘铁门的图纸，也可以根据产品目录设定嵌接的尺寸。另外，如果把嵌接采用图2所示的示意图加在主体结构图中，就可以防止失误。

1 因为安装在柱子上部的卷帘铁门没有嵌接的位置，所以正在剔凿。柱子的钢筋已经露了出来。

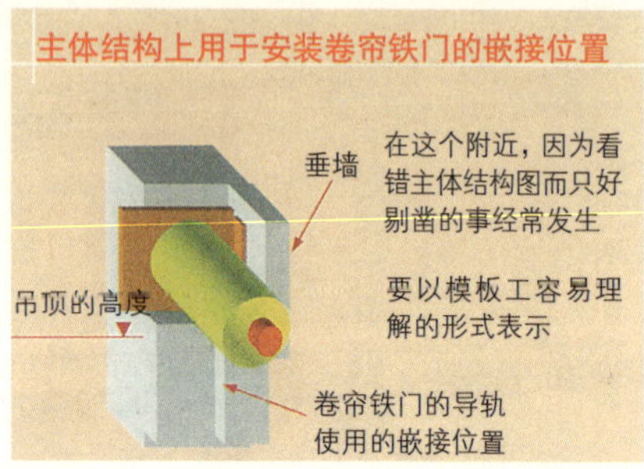

2 在卷帘铁门的减速机一侧，尺寸稍大，应引起注意。

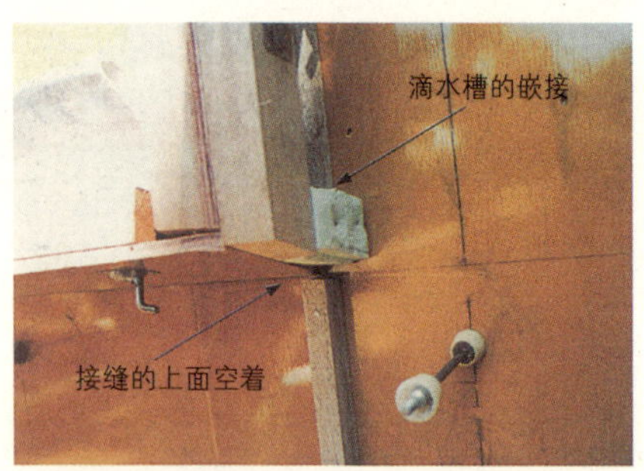

3 外部窗框的滴水槽嵌接使用了隔热材料。因此不能密封得很漂亮。垂直接缝也在中途断了，所以需要剔凿和修补。

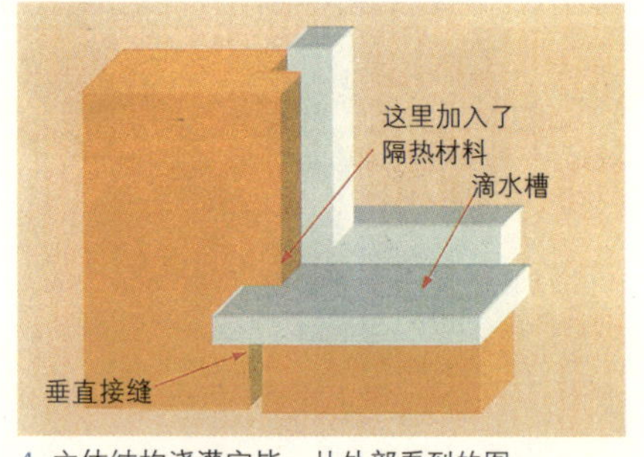

4 主体结构浇灌完毕，从外部看到的图。

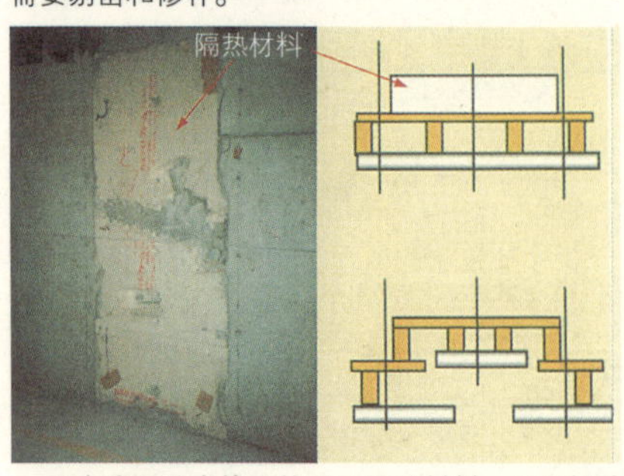

5 因为墙面的嵌接里使用了隔热材料，所以拆除时很麻烦，处理时的花费也颇高。只要巧妙利用支撑木，无须隔热材料也能进行嵌接。

6 外部基础模板的滴水槽边距太少，模板拆除的时候开裂了。虽然用砂浆修补了，但是将来仍可能出现裂缝。

106 剩余混凝土的处理

数量预定过多或者是因为有配管施工，料斗里剩余的混凝土，一般情况下多数采取图1或图2的做法，把它倒在苫布上，次日装进袋子处理掉。平均1m³价值1万日元以上的混凝土被当成产业垃圾，如果把剔凿、装袋、搬运、处理的费用加上去考虑，就是极大的浪费。

1 夏季里浇灌的混凝土第二天就变硬了，正在用电动凿子凿开。弄碎的混凝土用袋子装好，作为产业垃圾处理了。

2 这也是剩余的混凝土。现场的环境一片狼藉。

3 浇灌压毡层混凝土的时候备料太多，所以把剩余的混凝土装进袋子准备扔掉。

4 这样的地方也扔着剩余的混凝土。

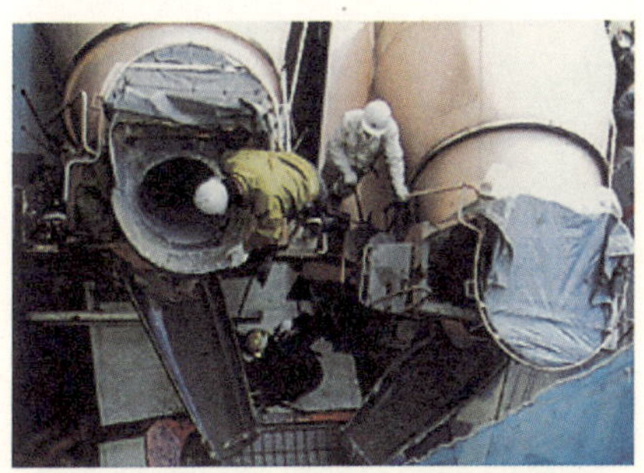

5 把混凝土最终浇灌范围的数量事先计算好，减去已浇灌部分，根据求得的差来准备最终浇灌的混凝土量。

6 正在进行混凝土灌注桩的混凝土浇注。像这样现场浇灌的混凝土桩，混凝土的用量大多不好掌握，所以要很注意。

107 剩余混凝土的巧妙用法

要制定出把剩余混凝土巧妙的利用起来的计划。但是，如果混凝土的浇灌时间晚了，施工人员太累就没有精力做其他事了，所以有必要加以考虑。为了可以顺利的浇灌，还要准备好混凝土的搬运路线和搬运的机器。在需要保证混凝土强度的结构体部分，不能使用剩余混凝土。

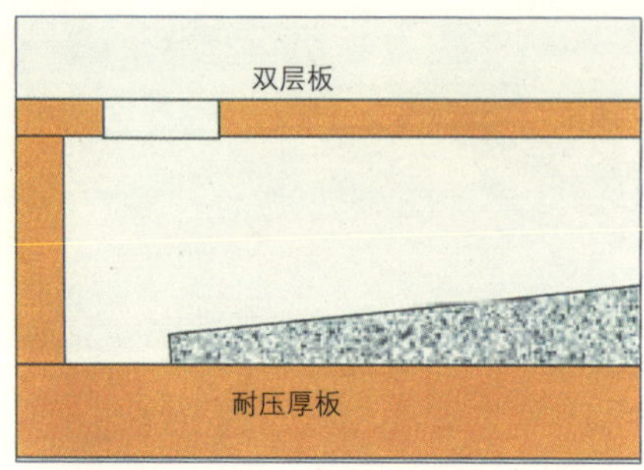

1 双重槽内部。作为污水槽的坡度加高用的混凝土加以利用。因此要计划好便于浇灌的搬运路线。

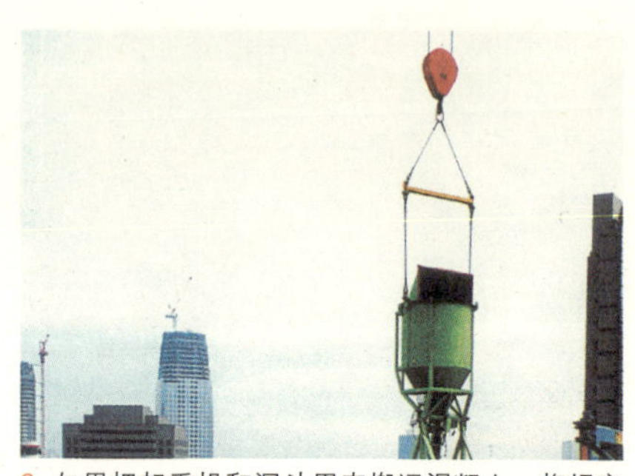

2 如果把起重机和漏斗用来搬运混凝土，将提高机动力。

3 准备好和上图一样的PC雨水口的模板，用来浇灌剩余混凝土也不错。

4 浇灌墙壁的混凝土。

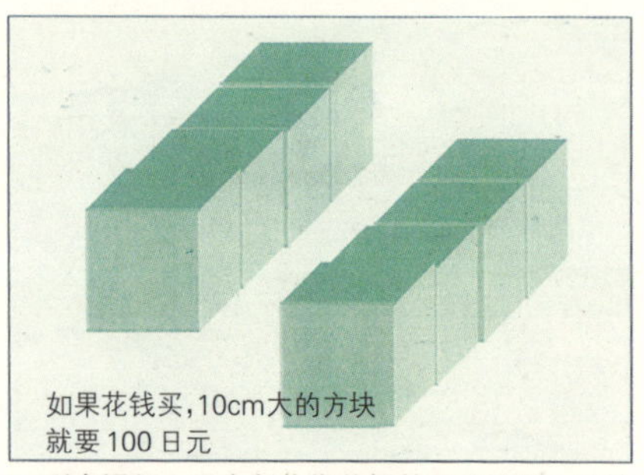

5 剩余混凝土用来制作绑扎钢筋用的混凝土垫块也很好。在混凝土浇灌之前，如果找机会商量一下剩余混凝土的利用，就会想出很好的主意。

6 看看这种状况，不知技术工作者的良心何在。并非只是将混凝土倒入就完事了。

108 混凝土浇灌中的灰浆溅落

浇灌混凝土的楼层为防止溅落，像图2所示张挂着苫布，但是从屋顶漏下的混凝土的灰浆被风吹着溅落到周围，滴到停放车辆的漆皮上。粘着的灰浆怎么也去不掉，结果赔偿了很多金钱。

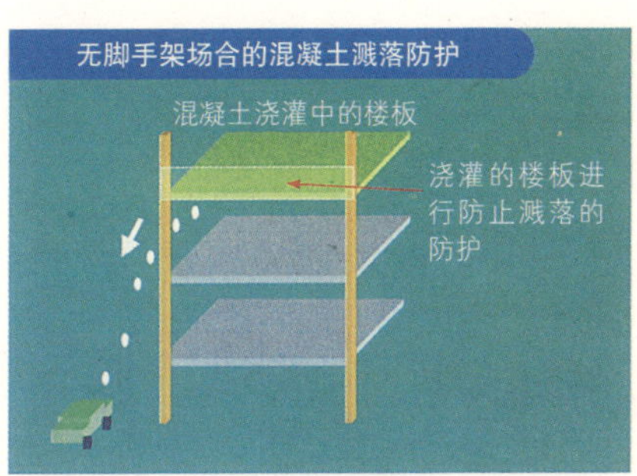

1 从波纹板的缝隙里漏下的混凝土灰浆像上图所示那样溅落，粘到停放车辆的车顶和引擎盖上面。

2 只有浇灌混凝土的楼层张挂防护苫布。

3 这是落到栏杆扶手的灰浆。由于这样的东西粘到车上，所以损坏了油漆。

4 混凝土从这样的缝隙里溅落。

5 浇灌层的下层，因为灰浆落下粘在地面上铲不掉，正在用水冲洗。在下层的外围也要张挂苫布防止溅落。

6 为了过滤用水冲下的灰浆，建造了滤池。

109 楼板面的平滑度不良

为了做到地面平滑，不能全部依靠施工单位。对于铺好的地面是好还是不好，必须和施工单位一起看了地面作出判断，再应用在下一次。而且在第二天的洒水养护时进行确认。波纹板作为模板在跨度大的场合，混凝土浇灌后容易产生挠度，有必要采取增设梁等对策。

1 地面的精确度太差，出现了积水的现象。如果在下雨的时候检查，就可以辨别技术力量、判断性质。希望在工作中严格要求精确度。

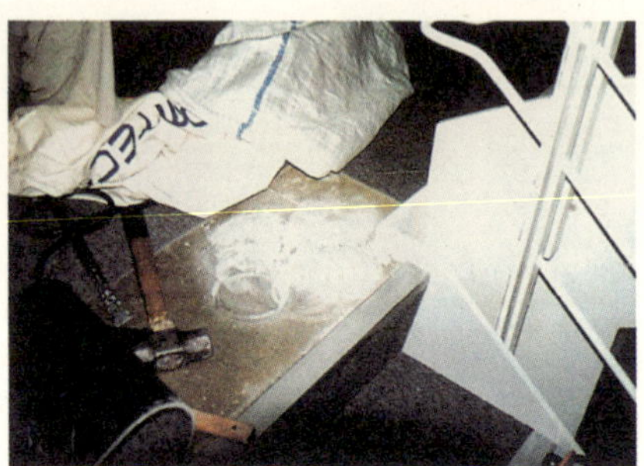

2 楼梯休息平台的一部分太高，把地板铺上后才发现，正把地板揭开进行剔凿。周围尘土飞扬，十分麻烦。

3 混凝土垫层的凹凸严重，有10cm以上的参差不齐。照片中是已经剔凿过的部分。必须知道混凝土垫层是混凝土的基准面。要求用钢板抹子找平，使它易于划线。

4 这是室外楼梯上出现积水的现象。可以在室外楼梯上取一定坡度或是安装排水管改善排水。

5 厨房的防水压毡层混凝土已浇灌，但是，没设通往排水沟的坡度，所以正在剔凿。说明了管理能力不足而且施工人员的能力也很差。

6 正在研磨地面的高出部分及凸出部位。如照片所示，尘土飞扬，非常费时。精确度良好地整平地面非常重要。

110 正确地分布屋顶的斜度

为了提高坡屋顶的精确度，如果采用拉水平细线或硬钢丝的做法，在浇灌时受到混凝土压送软管的影响，细线或硬钢丝不能均匀地拉平。因此必须从开始就要安装完善的斜面测试基准。这里的作法是在斜屋面上，将水平的波纹钢板沿斜面铺放，在波纹钢板上配筋后，作为斜面基准，把 3cm 的等边角钢像图 2 那样按 1.8m 间距焊接上。

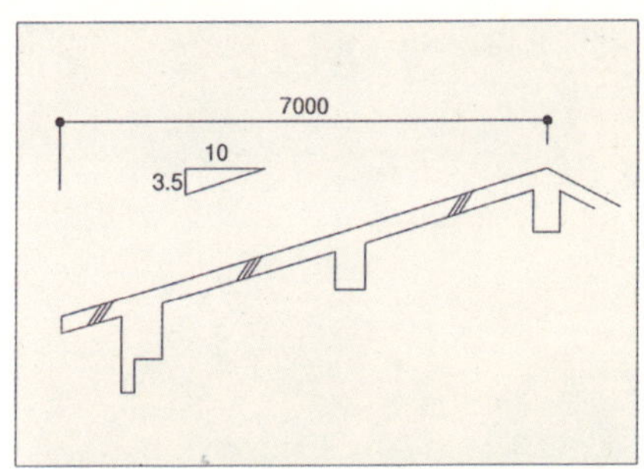

1 这是一个在上图所示的坡屋顶上涂抹防水砂浆，铺设氟树脂钢板的设计。为了增加屋顶材料的最终强度，打算提高混凝土成型的精度，一次完成。

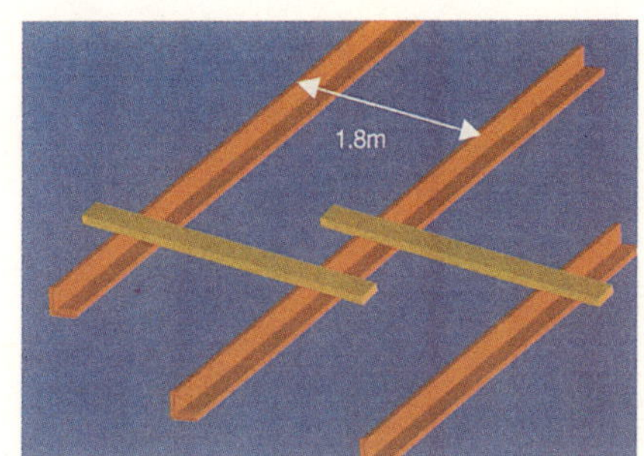

2 为了提高斜面的精度，如上图所示，按 1.8m 间距安装角钢时，用直尺测试调整以确保斜面的精度。

3 从下面开始浇灌混凝土。

4 工人们利用斜面安放的角钢正在抹平混凝土面。采用这个施工法，确保了屋面的精确度。

111 双重电梯井坑内部使用波纹钢板的缺陷

最近波纹钢板的使用越来越多起来，不过，如果忘记在波纹钢板的检查孔开口部周围进行加固，以后把波纹钢板切断，安装上人检查孔开口的时候，钢板可能脱落，所以必须注意。

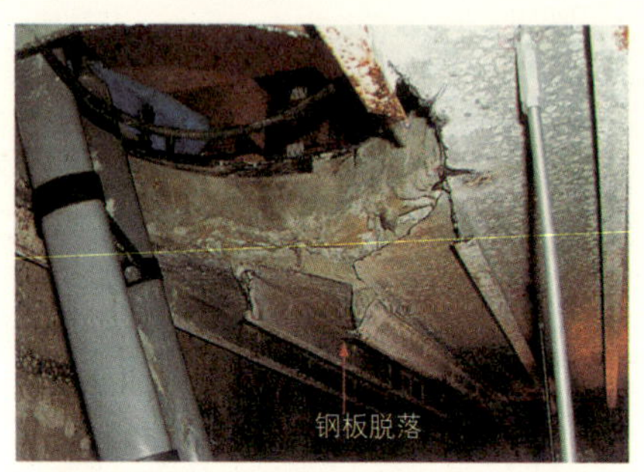

1 在波纹钢板上浇灌混凝土之后，为了切开人检查孔的开口，把波纹钢板切断，正在切割时，波纹钢板脱落了。

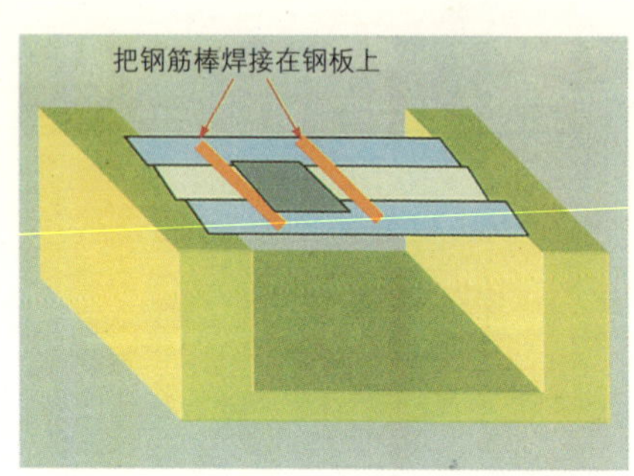

2 在准备开口的周围，把防止落下的钢筋焊接在波纹钢板上，即使把波纹钢板切断也不会落下。

3 使用了镀锌平面波纹钢板作为地下水坑的复合墙板，大约经过10年竟有这么多的锈。

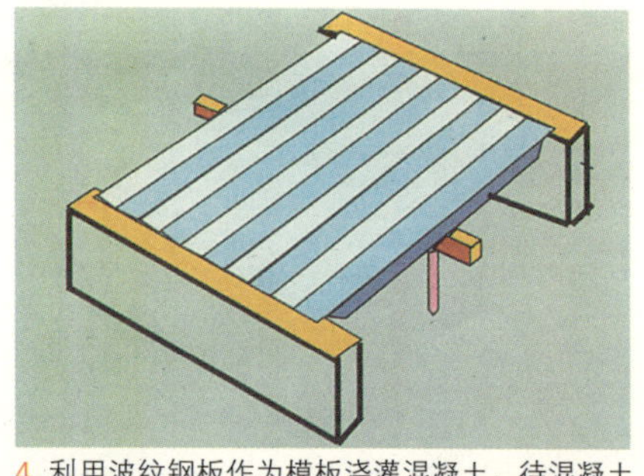

4 利用波纹钢板作为模板浇灌混凝土，待混凝土达到强度后可将波纹钢板拆除或用于它处。如果根据长度制定计划，就可以从检查口搬出。

5 把检查口部分的混凝土浇灌安排在后面时，从模板溢出的混凝土洒落在周围，要将它铲除、打扫很费时间。

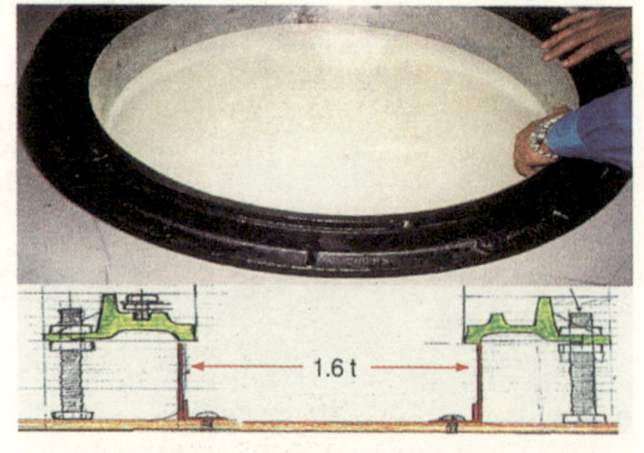

6 使用上面那样的钢模板，把它放在检查口位置上，打进混凝土里，只要一次就漂亮地成型了。当中的部件根据能够从检查口取出的大小来加工制作。

112 双重电梯井坑内部清扫的困难·水槽防水的缺陷

通往双重电梯井坑内部检查用的检查口很少，为了从人行通道通过，进行电梯井坑内部的刮除铁锈、清扫，花费了大量的时间和金钱。因此，将来的维修也很困难，对于业主也很不利。人行通道的模板、用钢筋加固开口的费用和检查口的设置费用如果试比较一下，检查口的设置费用要节省(使用移动式的梯子)。

1 钻进狭小的人行通道进行剔凿或清扫，再把那些垃圾运出真是非常困难。又因为很难看清周围，所以难免遗漏。

2 如果条件许可，最好像上图所示在各个坑里设置检查口。这样将大大提高作业性能。

3 这是没有考虑维修需要的人行通道。穿越这样的人行通道，若不泡在水里匍匐前进，就不能通行。

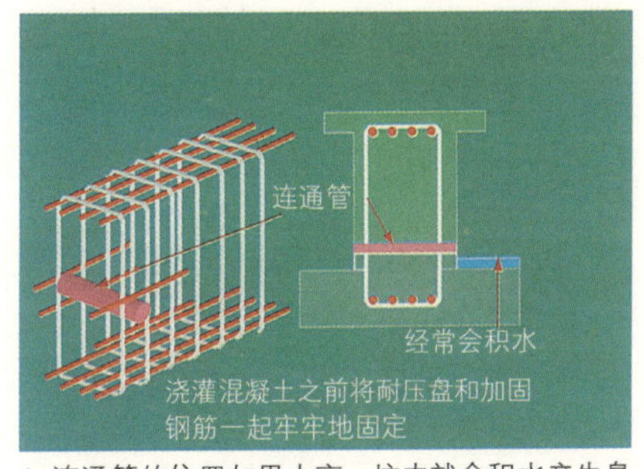

4 连通管的位置如果太高，坑内就会积水产生臭气。应该取一点坡度，让积水流到水泵位置。

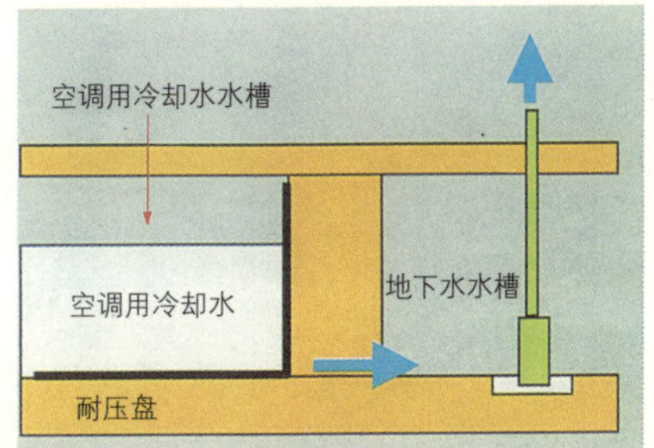

5 由于上图的水槽防水规格不能承受水压，水从梁的施工缝部位漏到地下水槽，所以花费了高额水费，这是因施工不良导致施工者赔偿的例子。

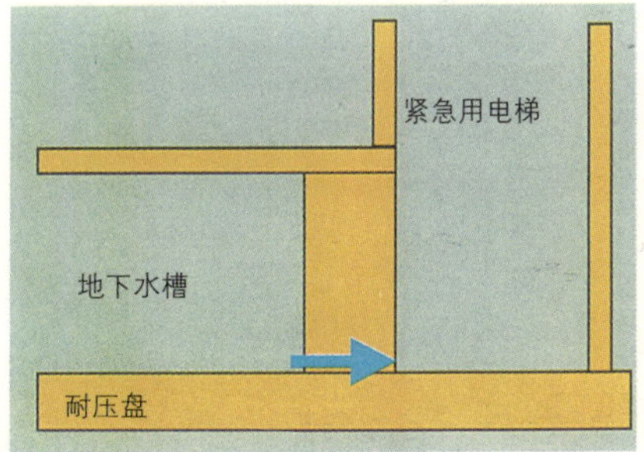

6 检查电梯的时候，在上图那个部分，发现了紧急用电梯竖井里的漏水现象。为了止水花费了大量的时间和金钱。

113 波纹钢板的掉落

近年来，使用波纹钢板代替木模板的做法越来越流行了，但是，和模板工施工的时候比起来，因简易的装配产生的重大灾害增加了。由于计算的错误或是忘记了中间支撑等原因，造成了无可挽回的损失。尤其是需要中间支撑的场所，要在图纸上清楚明了地作出标记。另外，必须注意如果挠度太大，就容易影响地板的精确度。

1 层高比较高的钢板中间部分的支撑因为没设水平横向联结杆，浇灌混凝土之后崩塌了。

2 正在清理崩塌落下的混凝土。如果为了赶工期不重视检查，失去冷静勉强地浇灌混凝土，就容易造成这种局面。

3 因为承受不了混凝土的荷载，导致波纹钢板端部的脱落，差一点就要酿成大事故。

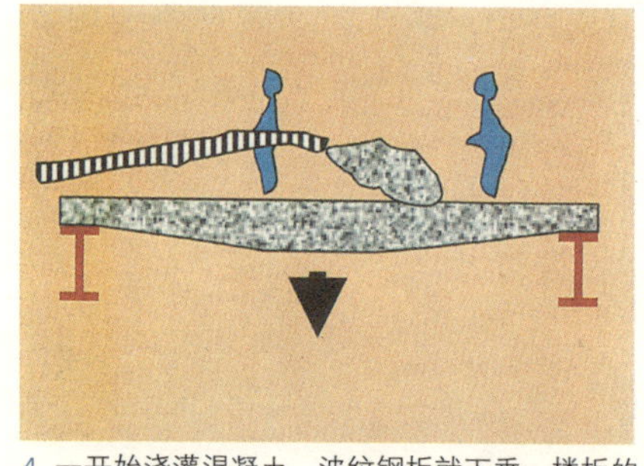

4 一开始浇灌混凝土，波纹钢板就下垂，楼板的水平面跟着下降，所以补浇混凝土来填平，最终，波纹钢板因为承受不了混凝土的重量而脱落了。

5 这是为了支架而在平面波纹钢板上开孔。由于开孔，平面波纹钢板上的主筋不能从梁和梁之间通过。在研究钢梁的时候，如果还没有决定好穿过楼板的开孔问题，钢梁的荷载就会变得不明确。

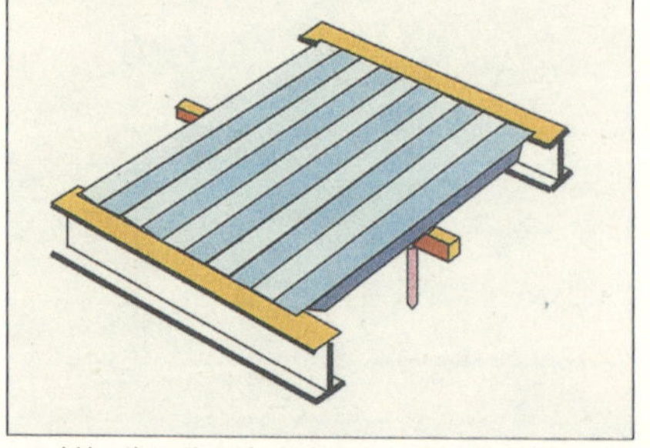

6 对策：为了防止失稳的发生，在考虑安全系数的情况下加入中间支撑。在层高比较高的场合，对比中间支撑来说，还是计划设置钢结构小梁比较好。

114 在抗震加固墙上浇灌的混凝土流进室内

在修复工程中，为了外墙的抗震加固，在扩建部分浇灌混凝土的时候，这些混凝土流进仓库内。"混凝土跑浆"的一个原因，是在各个关口上内行的技术人员和技术工人变得越来越少。

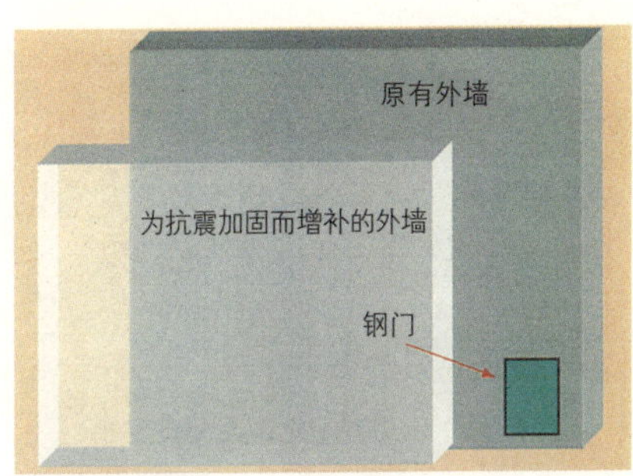

1 在原有外墙上有一扇通往外面阳台出入口的钢门。打算用模板把它堵住浇灌增设的墙。

2 溢满室内的混凝土。放着重要机械和资料的房间里，流进了约 $12m^3$ 的混凝土。

3 正在把混凝土挖出去。正是夏季的时候，混凝土在短时间里就开始硬化，需要剔凿的机械。

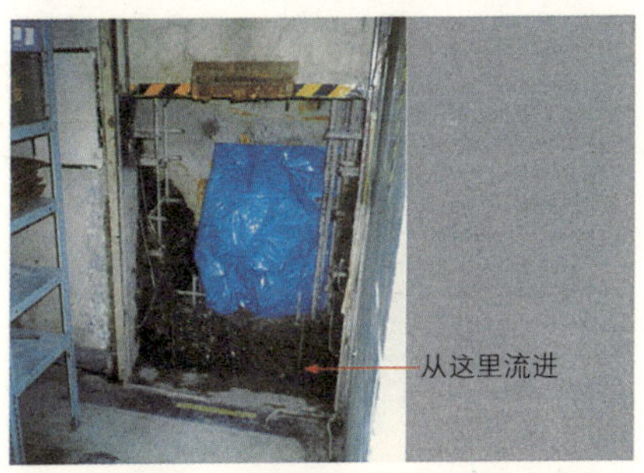

4 钢门的部分。没有进行能够承受混凝土侧向压力的模板加固。

混凝土溢到室内的原因

①工地负责人正在注意其他的危险作业。
②现场的管理人员是新手，经验不足。
③制作模板的施工人员认为，堵塞墙洞不是自己的工作。
④混凝土泵的操作手对于超过了预定数量还没有打完之事，没有产生疑问。

以上 4 个主要原因叠加在一起。
即使有一个这个方面的内行人在场，这个事故就避免了。

其他对策

① 预备钢制平板做好防止"混凝土跑浆"的计划和安排。

② 让有关的施工人员认识到这个事故的严重性。

施工人员通过这次事故，增强了感性认识。能够认知他人的失败之处者将早日成熟。

115 由于钢筋的保护层不足对混凝土产生的影响

钢筋和混凝土合为一体组成结构体，但必须是按照正确的形式组成。从图 1 可以看出，钢筋的保护层太薄的场合，将出现钢筋把混凝土保护层挤出去的结果。为了不出现这种状况，必须认真地制作配筋图并实施。

1 墙壁的钢筋保护层太薄，钢筋一生锈就把混凝土挤裂了。

2 屋檐下部的钢筋的保护层太薄，雨水流入使钢筋生锈了，混凝土处于摇摇欲坠的状态。

3 这是建成20年左右的建筑物，在混凝土饰面的主梁底部。钢筋的保护层已经没有了，连主筋都露在外面，有许多木屑、蜂窝和缺陷。

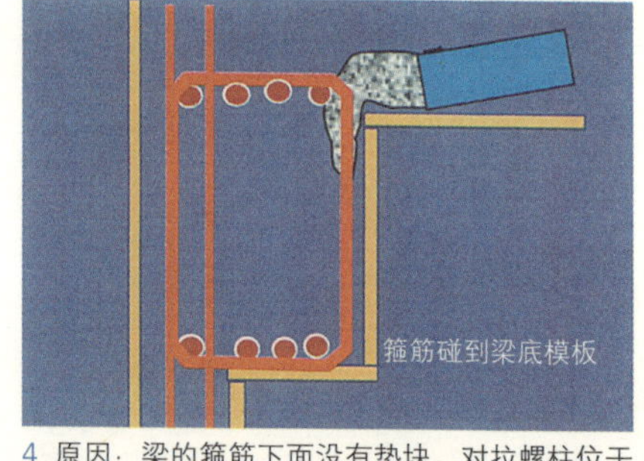

4 原因：梁的箍筋下面没有垫块，对拉螺柱位于梁的主筋底下。混凝土浇注时也没有用振捣器捣实，只把混凝土灌入就结束了。

5 这也是主梁的钢筋保护层的厚度完全不足的现象。这种情况如果遇到地震，梁主筋和混凝土之间没有粘结力，钢筋混凝土的强度就无法保证。

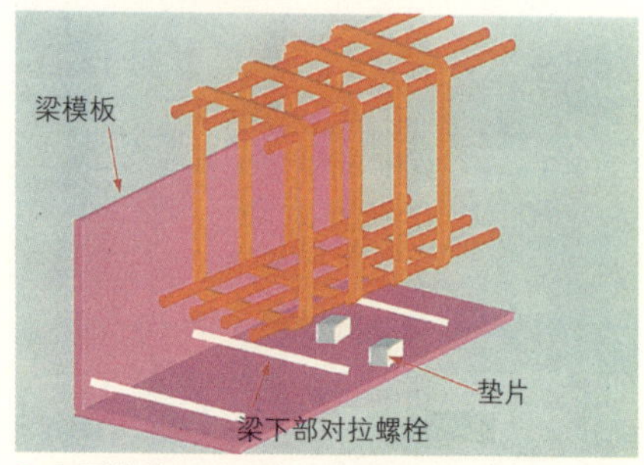

6 如照片所示，如果加入梁下部对拉螺栓和垫块，就不会形成这种状态。

116 墙壁钢筋的保护层不足的原因和对策

工程上有偷工减料这句话，但是，更可怕的是“技术上的偷工减料“这种事。像图1所示的配筋之后，谁也无法确认。钢筋工、现场监理、现场负责人、管理者都没有看到，建造出了图3所示的建筑物，还觉得若无其事。在图纸上它也是符合要求的。只有练出“行家的眼睛”，才能观察实物做出判断。

1 只在模板的一侧放上了垫块。也许因为墙的钢筋向左倾斜着，左侧的模板很难放入，所以把垫块取掉了。

2 后来没有采取任何措施就浇灌了混凝土。不注意细小事情的现场负责人，对于这类问题，即使事先被提醒过也不放在心上。

3 筑好的混凝土墙。工地的管理者认为，如果不拆毁重建就不能制止这种现象的发展。

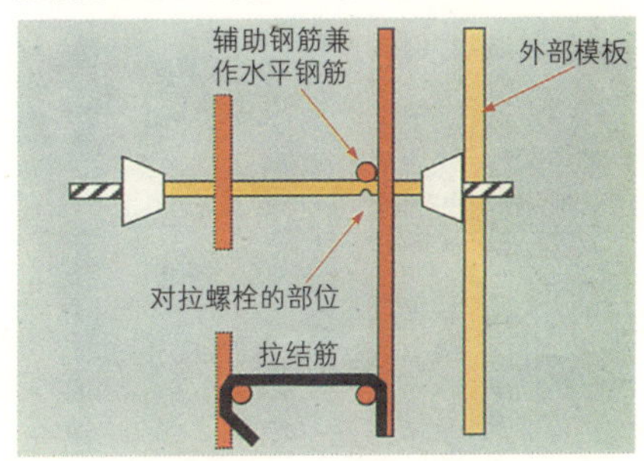

4 把对拉螺栓的防止共转的压力位置和墙的辅助钢筋的位置互相配合，把辅助钢筋扎好就固定住了。然后捆绑主筋，如果使用拉结筋捆绑内侧的水平钢筋和主筋，就能做到有保护层的漂亮的配筋。

5 把对拉螺栓和水平钢筋的间隔调整之后，将它们牢牢地固定住。

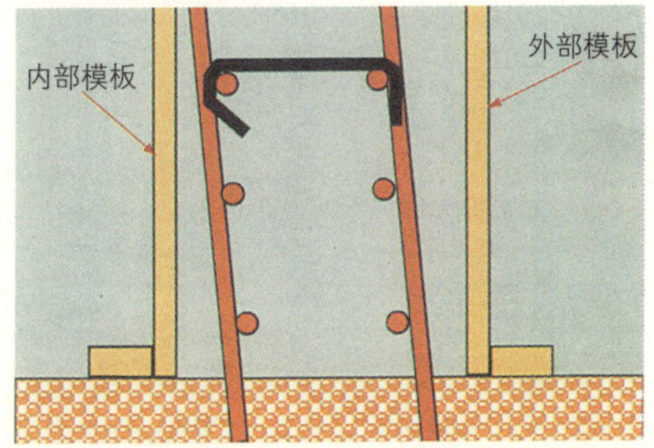

6 如果插筋像图中那样歪斜，在地面层下面的钢筋的保护层就没有了。要注意钢筋的垂直度。

117 各处钢筋的保护层不足的原因和对策

为了把钢筋配置在正确的位置上，必须提前做好各种准备。如图 5 和图 6 那样，尽管是同样的梁的记号，由于它们和柱的关系不一样，就必须改变箍筋的大小。

1 因为从下层上来的钢筋没有处于正确的位置，所以为了确保保护层而将它弯曲。

2 基础的斜坡部分的坡度没有做好。为了把土漂亮地整出所需形状，并且高精度地浇灌混凝土垫层，这件事不能完全依靠他人，否则将会失败。

3 墙筋被梁的钢筋压着，失去了保护层。因为最外部的梁筋出现在柱筋内侧，所以，在柱子的近旁，内侧的保护层得不到保证。

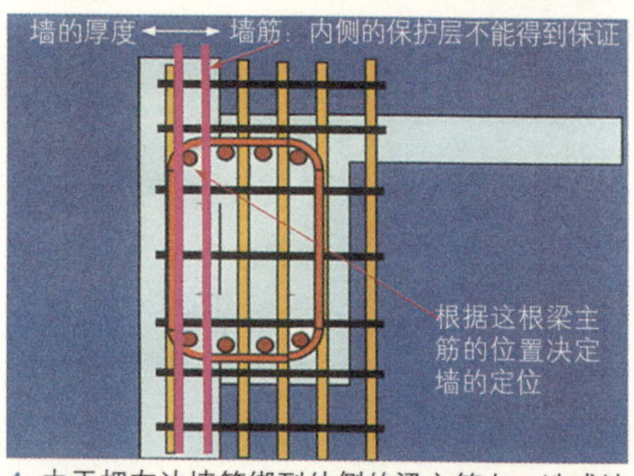

4 由于把左边墙筋绑到外侧的梁主筋上，造成墙壁右边保护层不足。如果没有养成画钢筋分布图的习惯，就不能解决这个问题。

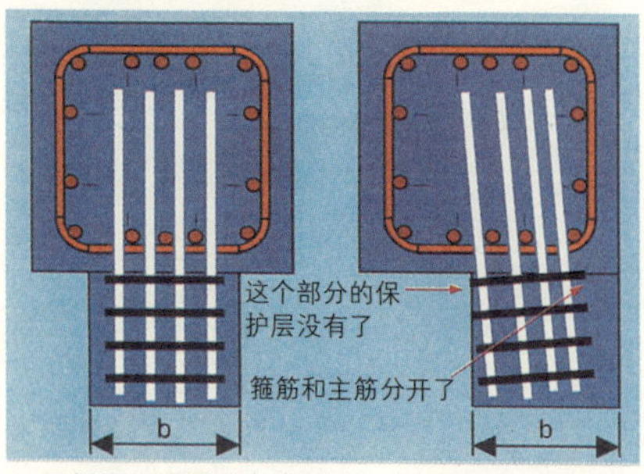

5 同样梁记号的主梁的箍筋，如果无计划地照同样大小加工的话，在梁端部的地方，就会形成右图那样的保护层不足的状况。

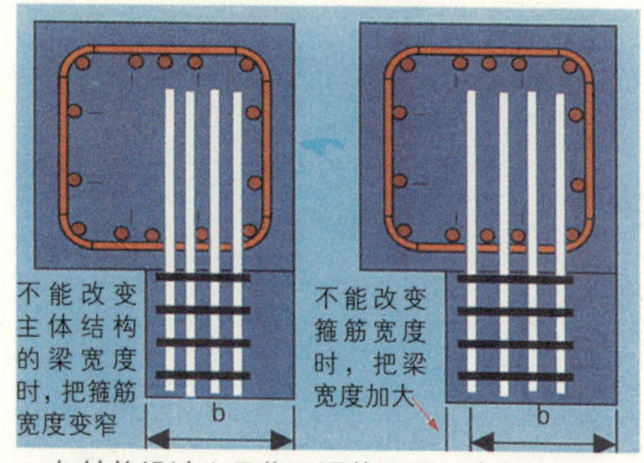

6 与结构设计人员作了调整之后，决定采取左上图所示的把箍筋宽度变窄，或者是像右上图所示的把梁宽度加大。

118 基础配筋的失败案例

不画基础梁的配筋图就决定基础梁周围的标高，结果发生了钢筋无法组装，因而不得不提高最下层的地面高度之事。应当注意桩顶端的基础梁底的必要高度，根据基础的配筋粗细和有无斜筋的情况，其深度也发生变化。

基础和桩周围的钢筋组装图

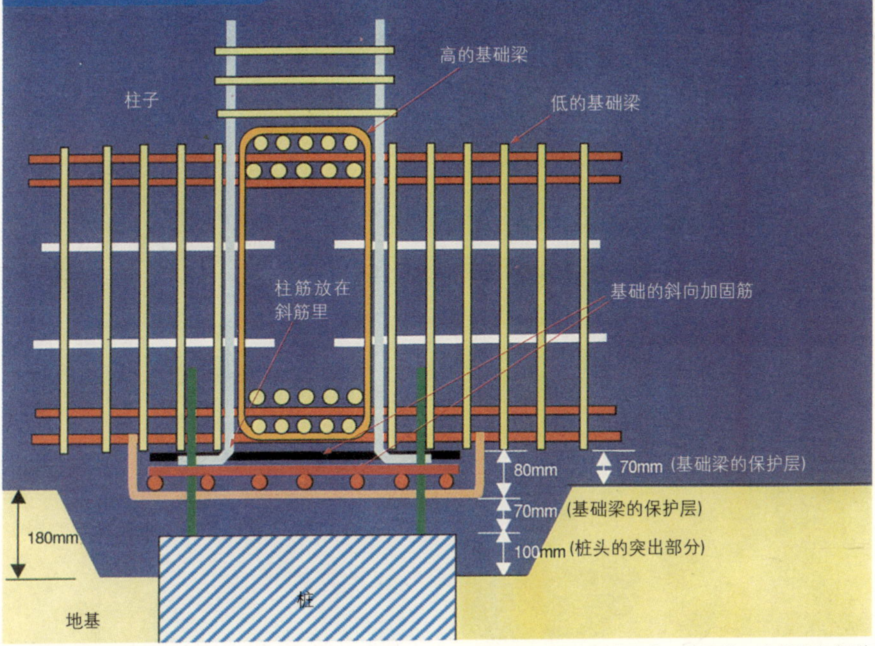

1 要把基础梁的标高从桩的周围下降多少，根据各种设计方法各有不同的要求，这里举一个钢筋的组装详细图作为例子说明。如上图，基础的钢筋有X–Y方向和斜方向三种，其中X方向的主筋到低的基础梁的箍筋下面为止，所需尺寸要求80mm，结果需要挖下180mm。

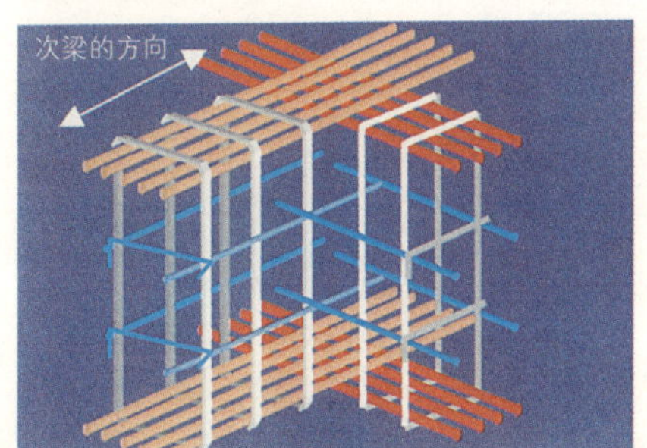

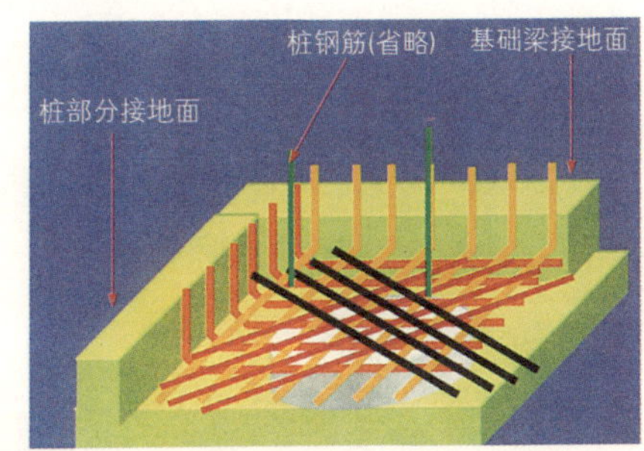

2・3 以低的基础梁的地面高度为标准，根据桩和基础的配筋状况考虑配筋的组装，再决定桩部分的挖方深度。另外，架次梁的场合，不要形成三层配筋，要根据高的主梁来调整配筋方向。

119 配筋方向的错误案例

像图1·2那样，在没有方向性的主体结构中，但钢筋又有方向性的场合，很容易出现错误。如有可能把主体结构的尺寸稍作变更，就能够防止错误。像5·6那样的场合，为了方便后续的工作，在早期阶段制订计划非常重要。

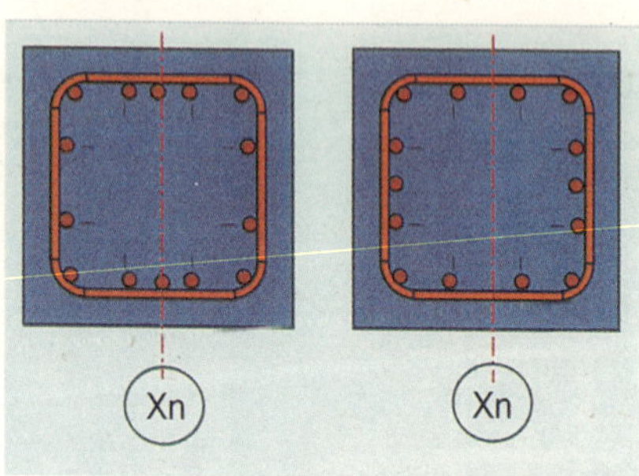

1 在正方形的柱子中，把应该像左图那样配筋的地方按右图的样子配了筋，为了修改花费了许多时间。

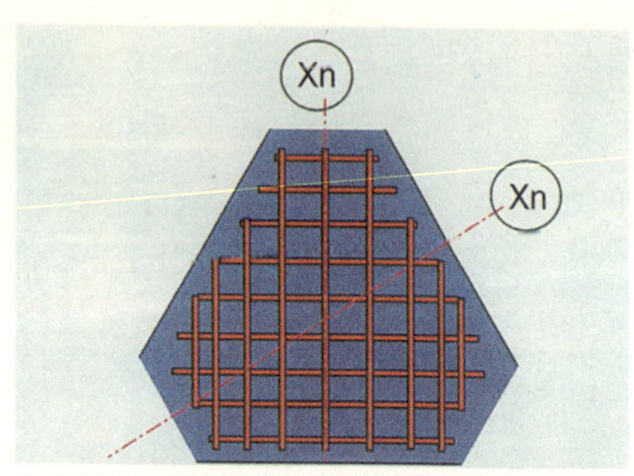

2 在马上要浇灌混凝土之前的检查中，发现像上图那样把基础的配筋方向弄错60°，修改中花费了许多时间。早期的检查非常重要。

3 如果像上图所示铺上环形砂浆垫块，垫块下面就容易形成蜂窝，所以把它竖着安装在腹筋上。

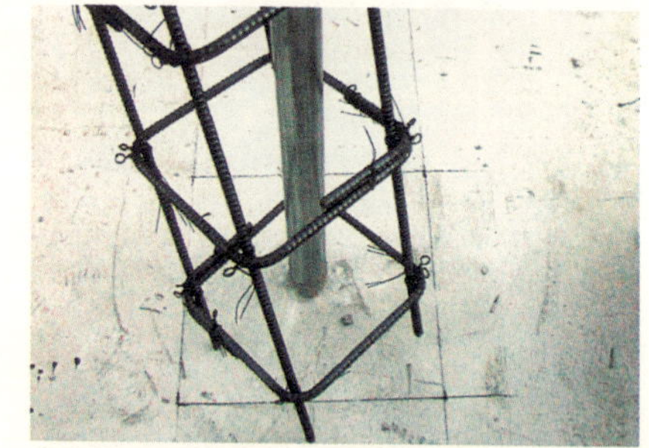

4 浇灌混凝土的日期马上就要到的时候，才打算把插筋插入，所以有多处遗漏了。在检查配筋情况时，如果连插筋都未插好，就不要同意浇灌混凝土。

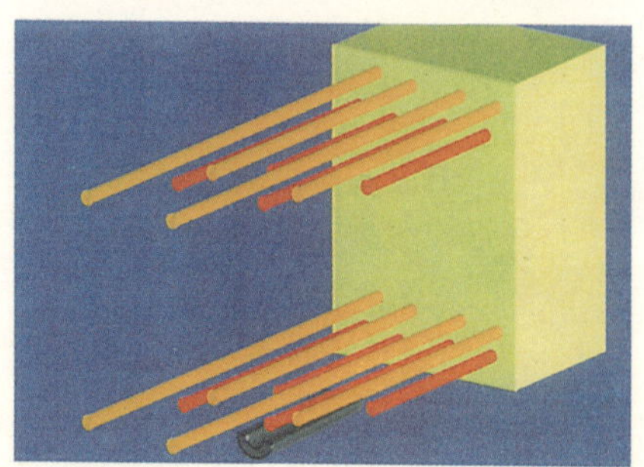

5 在梁的下端形成二段主筋的部分，为了接打混凝土，打算压焊梁的主筋时，发现下侧的主筋太短以致无法压焊。

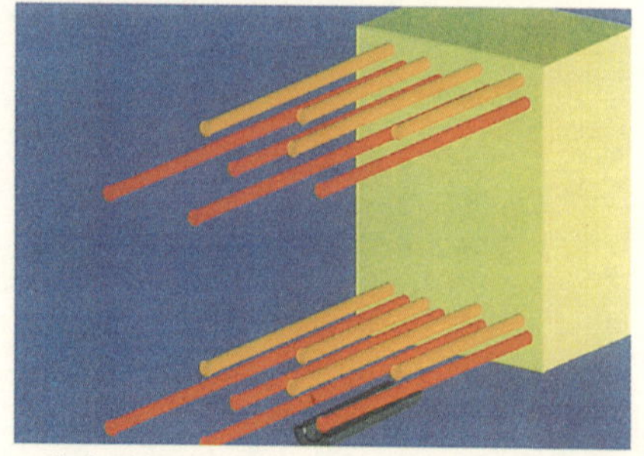

6 像上图所示，把施工缝处接合钢筋的下面部分加长。钢筋的切割量发包之前，必须把接打的计划制定清楚。

120 混凝土的填充不良

如果混凝土的浇灌不良，就会出现下图所示的状况；如果不及时处理，就会引起漏水事故或者强度不良等问题。决不能简单地采用砂浆抹平的做法。

1 窗户模板的下面混凝土没有填充。由于窗户周围有开口加固钢筋，所以难于填实混凝土。要开气孔，保证进行充分的捣实。

2 采用方法：开口部分的宽度大的场合，有的时候就在开口部的中央设置混凝土流入用溜槽，以后再剔凿掉。

3 作为止水的重要部分，封闭防水层顶端的混凝土的角有缺损。

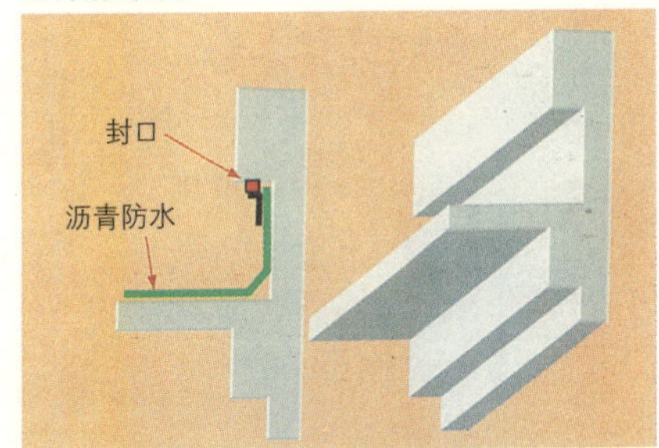

4 如上图所示，本应该把主体结构和防水层的顶端用密封材料堵住进行止水处理，但是，主体结构如果形成图3所示的状况，就不能期待它有良好的止水性能。

5 这是后浇灌的墙，出现了这样的裂缝。在梁的下面填塞特别困难。

6 混凝土的流入口留下的部分。以后也必须将它剔凿削去。

121 柱子混凝土上的蜂窝现象

混凝土是由粗骨料、细骨料、水泥、水组成，通过严格的配比和搅拌来发挥其性能的物质，但是，如果让混凝土从高高的柱子上部倒下，由于落下时的冲击力使混凝土产生离析，将产生下面照片那样的不良现象。应该注意使用振捣器对刚浇灌的混凝土进行再搅拌。还有，柱子上部的梁筋密集地交叉，形成混凝土浇灌时容易分离的状态，这也被认为是一个重要原因。

1 这是5m层高的柱子，从上面把混凝土直接倒下去的结果使混凝土离析了，下部出现了蜂窝麻面现象。柱子内部也是同样，光是表面做修补也没有意义。

2 这是和图1不同的其他部分的柱子，如果把蜂窝部分剔凿挖掉就成了这种样子。必须彻底清除脆弱部分的混凝土并做妥善处理。

3 这个柱子直到内部也都出现了蜂窝。如果考虑到将它剔凿挖出处理的麻烦，就应该认真地进行混凝土浇灌。

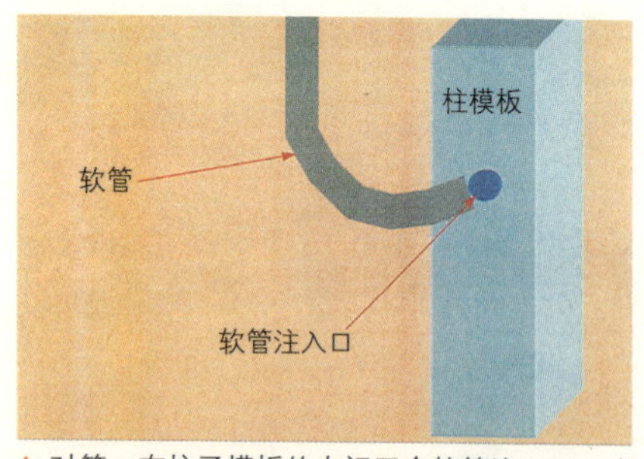

4 对策：在柱子模板的中间开个软管注入口，或者使用混凝土导管来防止出现蜂窝麻面现象。

5 柱子的凸角容易出现蜂窝，所以在刚浇灌完的时候，可以用竹棍将它戳实。因为竹棍可以通过自己的手感觉出混凝土的虚实状态。

6 柱子表面出现的蜂窝。从下面看得见施工缝的现象中，能够判断上部的混凝土的浇捣凝固不良，并且模板跑浆了。

122 柱体上的混凝土的蜂窝现象之对策

为了杜绝柱体上的混凝土出现蜂窝现象，要先考虑钢筋的状态，配筋方面是否达到了便于混凝土浇灌的要求？这项工作十分重要。还要求彻底清扫像图3那样的垃圾。还要注意在多雪的地方，即使有一点雪落入混凝土中，裹着雪的部分就没有混凝土填充而呈空心状态。

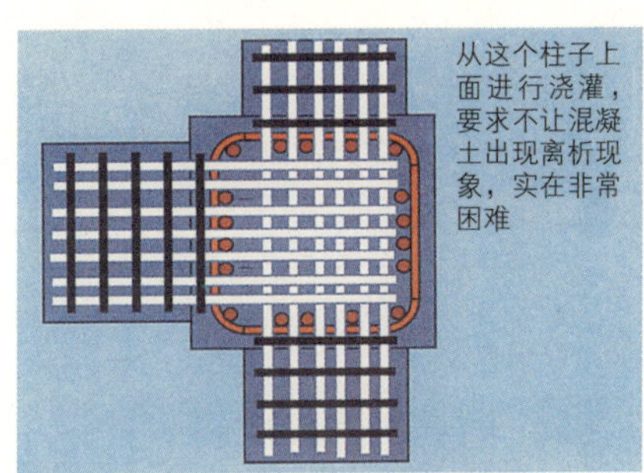

1·2 柱子部分的钢筋分布特别密。因为有一定高度，所以混凝土落下产生离析，容易出现蜂窝。为了保证浇灌混凝土的质量，首先必须检讨钢筋的排列，制定好计划，力求在完善的状态下浇灌混凝土。

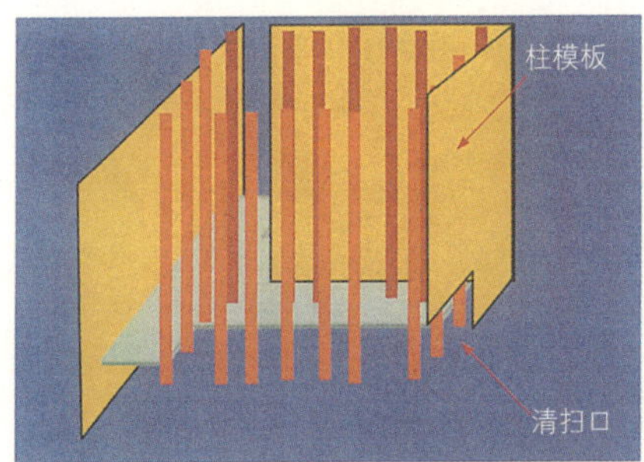

3·4 照片拍的是柱子的中间，细小的混凝土碎片散落着。如果粗心大意，就会不在意地把模板安上，把混凝土浇灌了。为了不在最重要的柱子上产生脆弱层，绝不允许在施工缝的表面上有垃圾、锯末等。必须持有这种观念。另外，在最后进行彻底的水洗，确认从清扫口把最后的垃圾拿出去了。

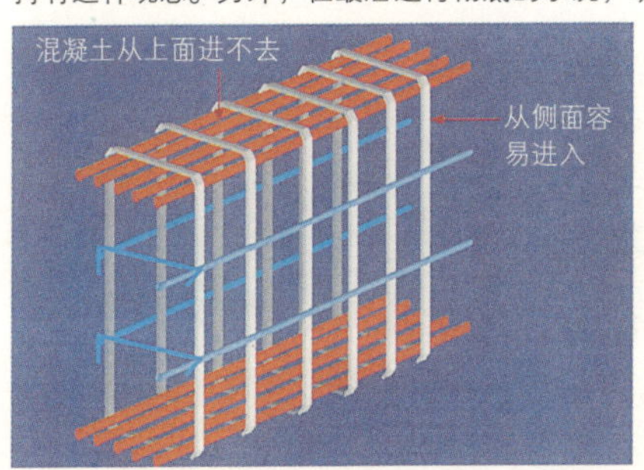

5·6 基础梁的钢筋排列密集。结构图上梁的上端只标示有10根钢筋，能够浇灌混凝土的具体的钢筋配置，就成为施工人员的工作，所以，一不留神，混凝土就有可能浇注不进去。图6梁的上端钢筋为双层配筋，由于混凝土容易离析，很难流进，所以制作了从侧面注入的铁件。

123 混凝土的养护不良

如果在混凝土的自然干燥时间不足的情况下喷涂防水材料，就会发生图1那样的问题。若不考虑质量而急于施工，就会造成返工，结果多花钱。另外，也必须注意混凝土浇灌的时候周围和下层的情况。

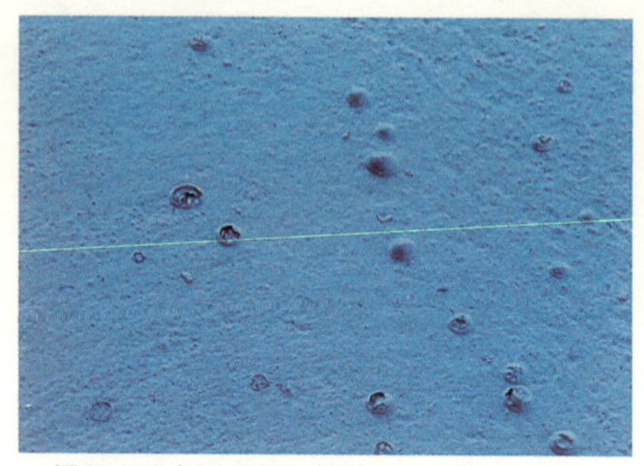

1 混凝土没有干透的时候就涂上了防水膜，所以混凝土中的水分蒸发膨胀，鼓起了气泡。

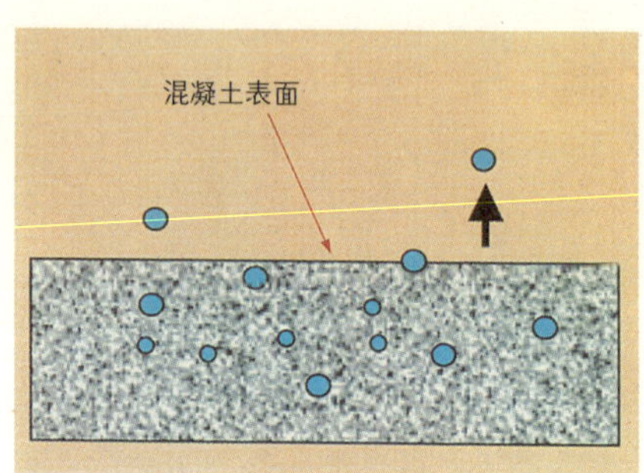

2 混凝土中的水分如上图所示的蒸发，因为被防水涂膜阻挡，所以出现图1的现象。

3 上层的混凝土落到下层的地面上就此凝固了。

4 在沥青防水露出施工法上面浇灌了一部分混凝土，可是灰浆溅到侧面的防水层上面，形成了照片中看到的十分难看的状态，很难除去。

5 使用洒水器进行混凝土的洒水养护，可是地面被锈水弄脏了。

6 如果把钢筋放在防水混凝土的上面，就如照片那样，铁锈渗进表面再也除不掉了。

124 雨天时的混凝土浇灌

混凝土浇灌的日子被事先决定，尽管那一天下雨也很难变更，这是实际情况。可是，如果在雨天浇灌，混凝土里掺进雨水，就会引起强度降低又使楼面的抹光不能漂亮地成型，修补时要花费许多时间。希望负责的人有勇气提出终止施工。

1 用苫布盖着养护中，但是雨水流进去了。

2 积了水的混凝土表面。这样的混凝土表面很难抹光。

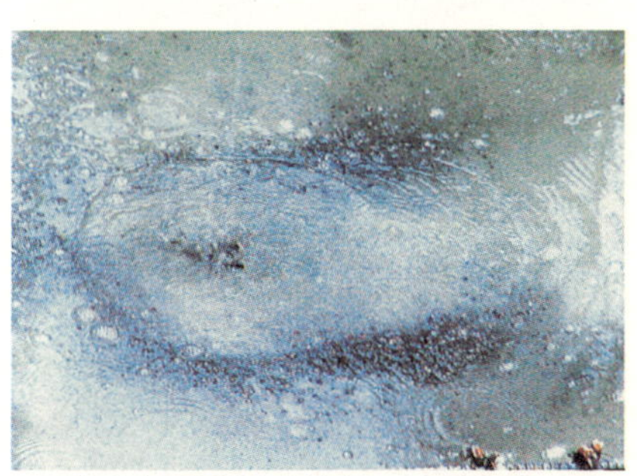

3 雨水冲走了混凝土中的水泥，露出了沙。

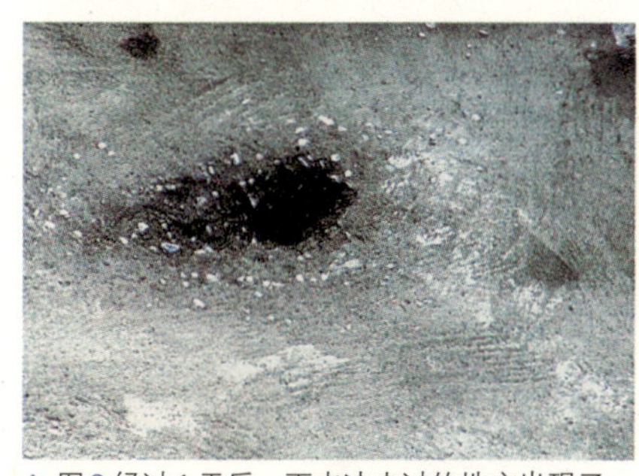

4 图3经过1天后，雨水冲击过的地方出现了一个洞。

5 被雨水打过的屋顶的防水混凝土。在温差很大的屋顶上，即使修补也马上脱落。要根据天气预报，避开雨天时浇灌混凝土。

6 这是把地面材料揭掉的地方，地面上修补过的地方强度弱，如果把地面材料揭开，修补地面的砂浆也一起脱落了。

125 混凝土施工缝接续不良

浇灌混凝土的时候，如果能够将一层的量一次浇灌完毕是最好的，但是，当浇灌的量较多的场合，受其他条件影响，也有必须分成几个工作区进行浇灌的情况。这种时候，把施工缝接续位置设定在梁或板的地方。图1和图2说明一般楼板的施工缝接续的失败，图3说明楼梯部分的施工缝接续的失败。

1 正在钢结构梁的地方接续打平板混凝土。因为使用了凹凸不平的混凝土模板，所以施工缝接续处显得弯弯曲曲，简直是呈无人管理的状态。

2 平板端部的混凝土没有被很好地捣固。即使下次往这里浇灌，由于狭缝的空间没有被混凝土填充，就造成强度不足。

3 这是楼梯底板的弯曲部分。钢筋看得见，锯末积存着，无人管理的状况一目了然。

4 造成图3现象的原因。楼梯的上升位置没有决定就浇灌了混凝土，所以钢筋伸出在外面。因为是现场弯曲这些钢筋，所以外角不整齐。

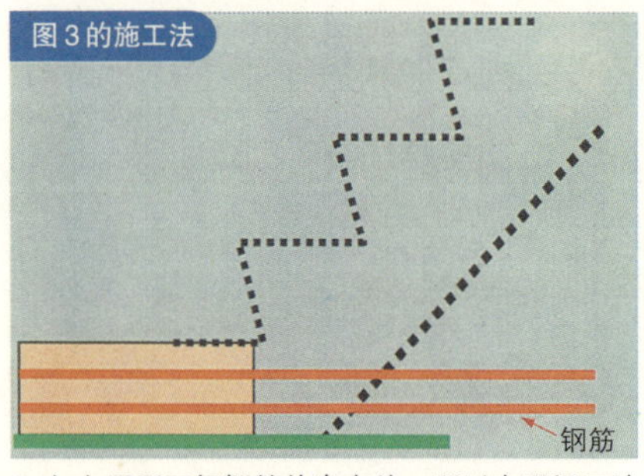

5 如上图所示把钢筋伸出在外，所以在现场无法整齐地弯曲。另外，也容易积存垃圾。

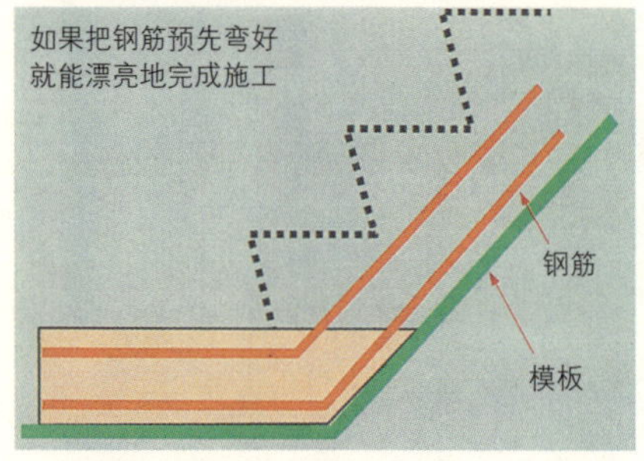

6 如果像上图所示决定模板的弯曲位置，钢筋就可以预先绑扎好，形成有保护层的良好的结构体，也不会积存垃圾。

126 混凝土的浇灌不良

如果在修复工程中剔凿混凝土，有时就会发现一些非常脆弱的部分。仔细一调查，就会发现：如果没有做到在浇灌地点以外不得洒落混凝土的严格管理，就会形成图1所示的混凝土。为了不在配管内洒落混凝土，要准备好容器(灰桶)之类。

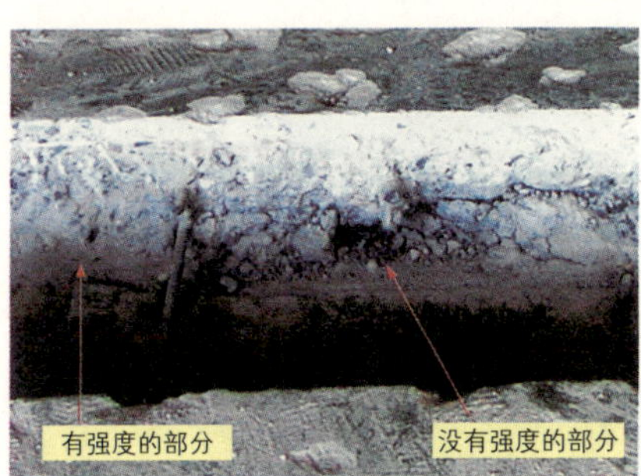

1 把平板剔凿开的部分。因为在洒落的凝固混凝土上面浇灌平板混凝土，所以那个部分的捣固不充分，一剔凿就一块块地掉了下来。

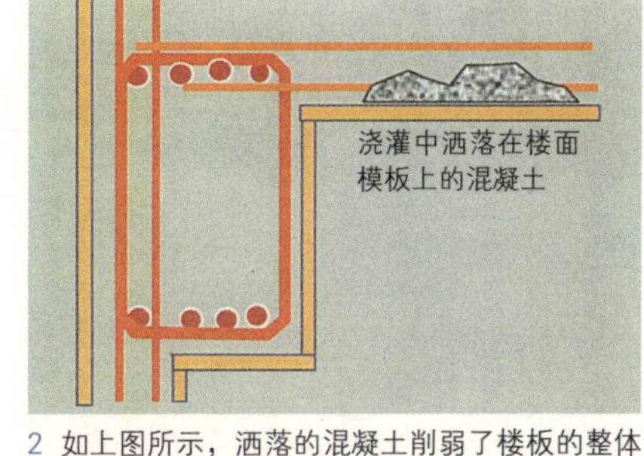

2 如上图所示，洒落的混凝土削弱了楼板的整体混凝土强度。

3 在混凝土配管挪位时，如果像图中那样，让配管中的混凝土掉到下面，就会在未经捣实而凝固的时候，被继续浇灌了混凝土。

4 一次平整之后，混凝土稳定下来，就会因钢筋的形状出现混凝土的轻微下沉。如果在那个时候进行二次捣固，就会形成坚硬牢固的混凝土。

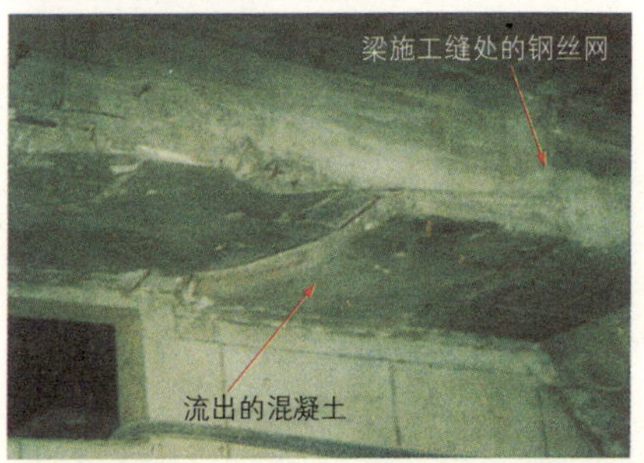

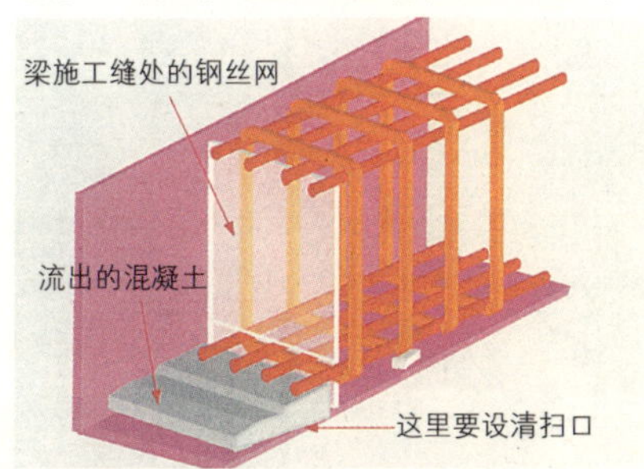

5·6 在主梁施工缝处铺上钢丝网作为混凝土的防流失挂网，但是，混凝土还是会从缝隙里流了出来。因为没有将这些流出的混凝土除去，就继续浇灌新的混凝土，所以新旧混凝土没有形成一体化，前面流出的混凝土容易剥离、掉落。在主梁的下面很难看清这种状况，所以应该在施工缝处加设清扫口。

127 施工冷接缝

图1是混凝土饰面的外墙。也许是夏天里混凝土的搅拌车中断的原因，出现了许多施工冷接缝。为了防止施工冷接缝，“各处浇灌的时间”以及“和前面的混凝土融成一体的方法”，二者都是管理的重点。要制定周密的浇灌计划，浇灌出质量良好的混凝土。

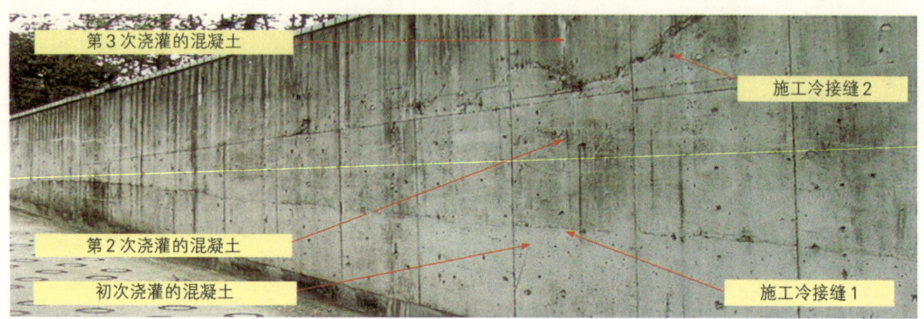

1 施工冷接缝1的部分形成比较平缓的坡度，坑坑洼洼少，像是经过了振捣；但是，第2次浇灌的混凝土部分，似乎没有进行浇灌后的振捣，否则不会像施工冷接缝2的部分那样形成比较陡的斜度；第3次浇灌的混凝土和前面的混凝土的融合也没有认真地做好(或者是时间太晚了)。

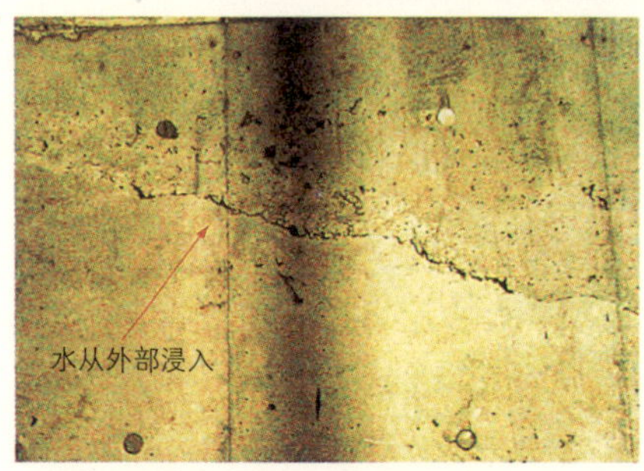

2 这也是因为下部混凝土的捣固不充分，所以形成很陡的斜度。上下的混凝土没有融成一体。

3 刚刚流入模板的混凝土。要抓紧时机对它进行振捣。

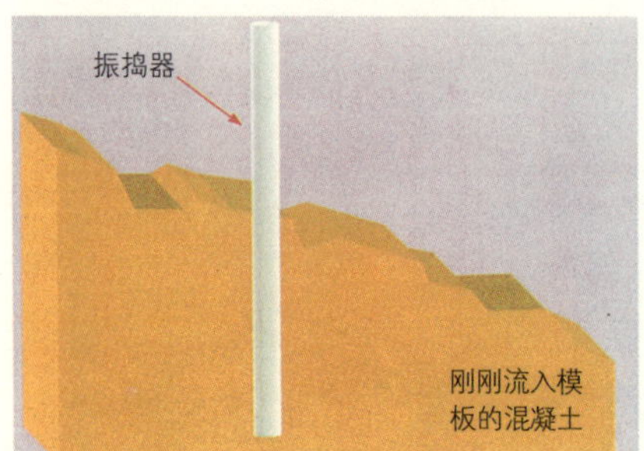

4 要在硬化之前浇灌新的混凝土，为了使它与前面浇灌的混凝土充分融合，必须用振捣器如实进行振捣。

为了杜绝出现施工冷接缝，必须在前面浇灌的混凝土尚未硬化时就浇灌新的混凝土。为了确认凝固程度，老办法是用竹棍最方便。因为手握竹棍能感觉到混凝土的硬化状态。另外，应该予以注意由于早强混凝土的硬化较快，所以容易出现施工冷接缝。

一定要确认预拌混凝土车的出动台数是否符合预定的要求。中元节休假（阴历7月15日中元节佛教举行盂兰盆会，也是日本一年一度的长假之一——译者注）和正月休假之前，混凝土的浇灌量将会增加，要尽早做好调整。

128 损伤主体结构的现象

在拆除和修复的施工现场，为了穿过设备管道，你会看到梁或楼板被挖洞和剔凿的现象，有的时候还把钢筋切断。假如发生大的地震这样的建筑物就会倒塌。设计者和施工者不考虑设备的安置问题，完全由现场人员自己决定的做法，是造成这种现实的主要原因。

1 这是在地铁的站台上看到的现状。可以看见把梁的下部挖开，把排水管穿过的痕迹。目前的状况是在公共工程方面这类现象屡见不鲜。

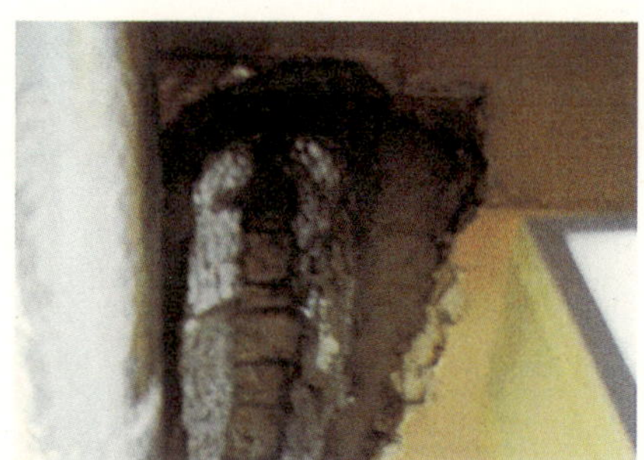

2 这里也可以看见梁的主筋。箍筋看不见，是因为被切断了吧？

3 不清楚这是为什么把梁的下边部分凿开了，但是，看不到梁的下边部分的主筋。

4 为了把钢化玻璃门的楼板铰链埋下，正在凿开楼板。在这样的场所，必须预先加入补强钢筋。

5 为了架设电气支架和母线管道，在楼板上开了孔。必须考虑加固楼板使它不至于落下。

6 在平面楼板的主筋方向有很大的开口，剩下的主筋稀少。

129 外墙混凝土的收缩裂缝产生的漏水问题

混凝土在硬化时收缩，薄弱的部分将产生裂缝。因为这种裂缝绝大部分都出现向内部漏水的现象，所以设计合适的裂缝引导缝很重要。最近，只重视外观的设计，对施工措施考虑不周，因而导致漏水的事例很多。

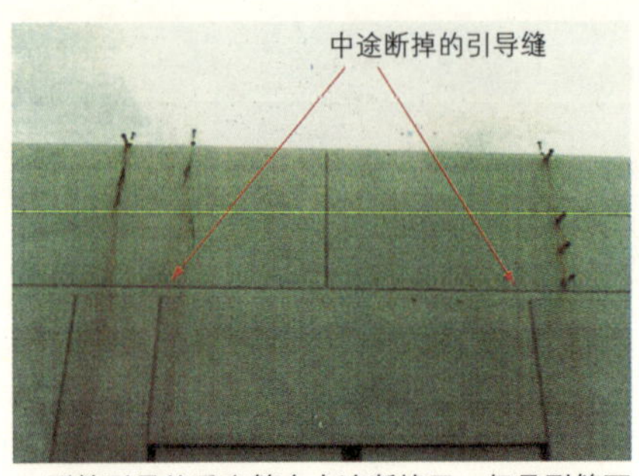

1 裂缝引导的垂直缝在中途断掉了，但是裂缝不会突然弯曲。裂开漏水的地方进行了注入修补。

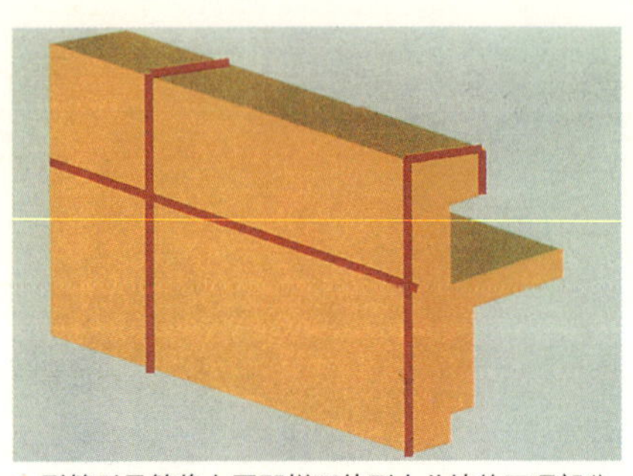

2 裂缝引导缝像上图那样延伸到女儿墙的压顶部分。

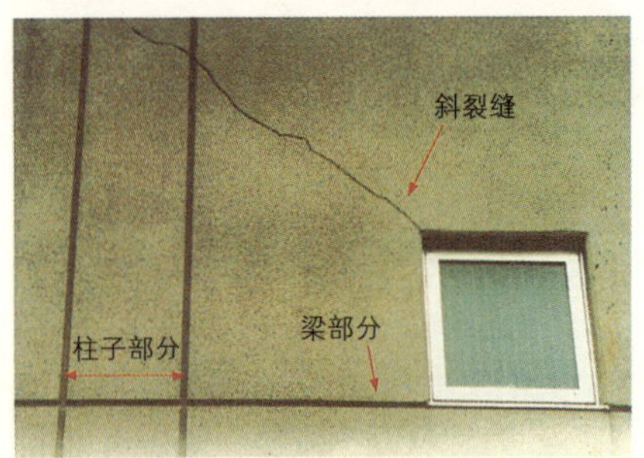

3 这是楼梯间的外部照片，从窗户的左上部往柱子方向倾斜地发生了裂缝。

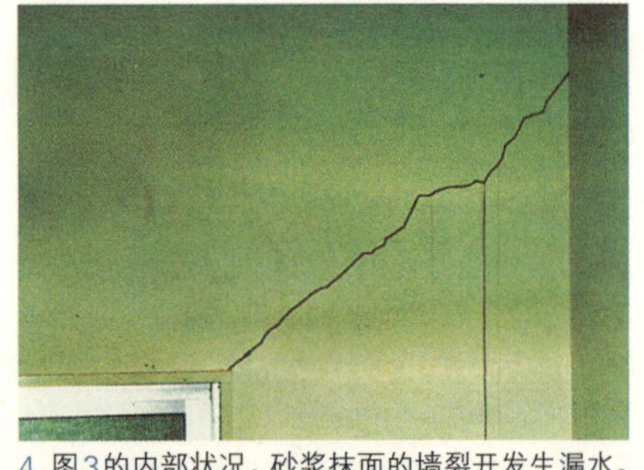

4 图3的内部状况，砂浆抹面的墙裂开发生漏水。在墙外架起脚手架，用切割机切开、填封、重新喷刷涂料等等，花了许多费用。

5 这座建筑物哪里有垂直引导缝，连水平接续缝也没有，所以大量发生裂缝。

6 图5建筑物内部正在漏水的状况。我认为，在建造这座建筑物的时候，设计者或是施工者当中哪怕有一个技术高明的人在，都不至于出现这样的状况。

130 由于外墙裂缝引导缝的设计错误而产生的漏水

经常可以看到建筑物的外墙发生裂缝，形成难看的外表。如果做了引导缝的设计，这种错误绝大部分就可以预防了。为了将来不使业主浪费金钱，设计者、施工者必须引起注意。

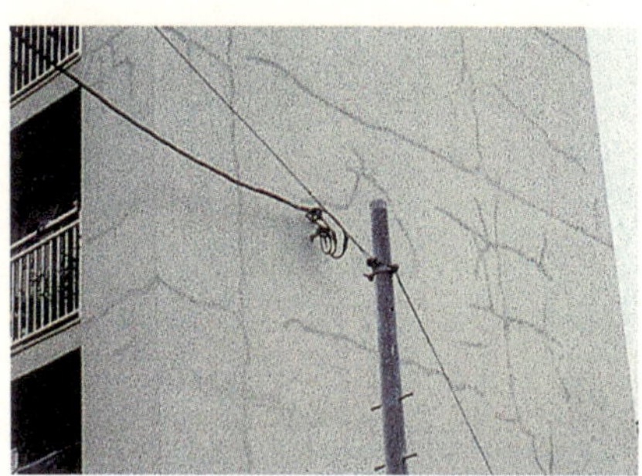

1 裂缝引导缝一根也没有。横的裂缝是发生在水平接续部分，竖的裂缝是发生在墙或柱子的部分。

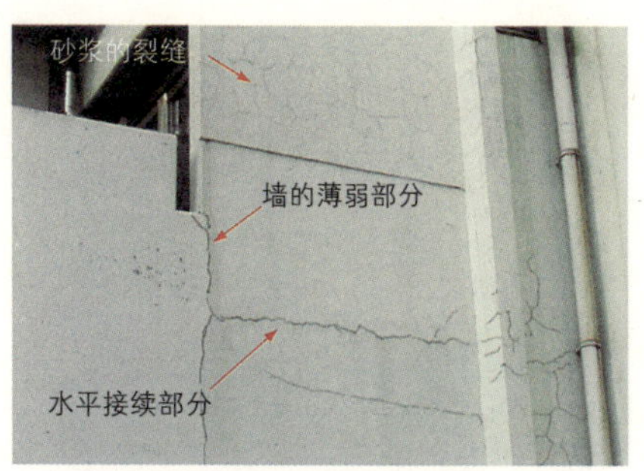

2 用砂浆修补过的地方呈龟甲状裂开。还有水平接续部分以及墙的垂直部分都产生了裂缝。

3 女儿墙和墙面接续部分发生裂缝。图4说明这个原因。

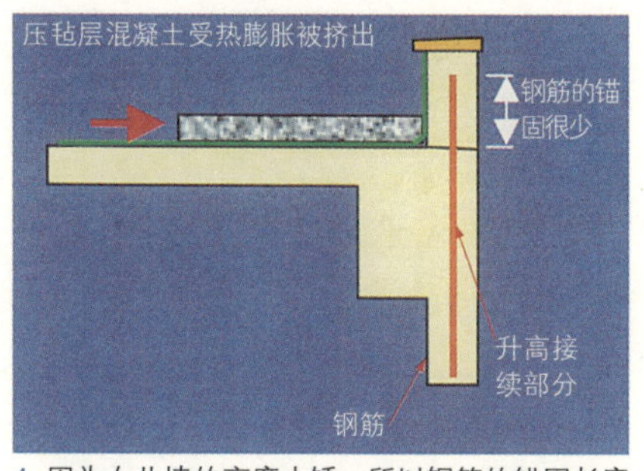

4 因为女儿墙的高度太矮，所以钢筋的锚固长度不足，达不到强度。另外，在压毡层混凝土上没有伸缩缝，所以力作用在墙上，因而产生了裂缝。

5 侧面长的建筑物在端部墙面容易发生倒八字形的裂缝，所以必须在它的直角方向加上补强钢筋。

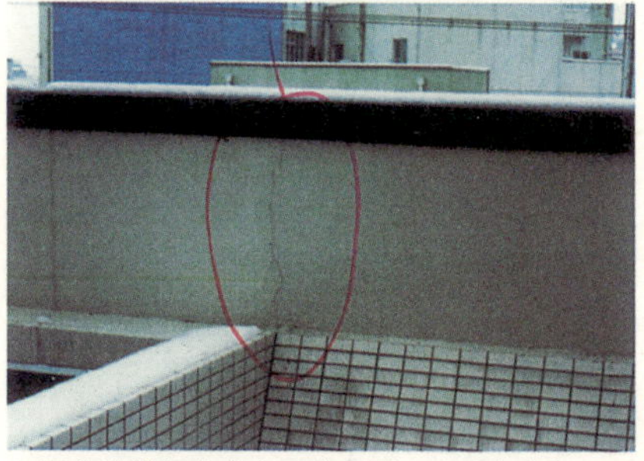

6 梁的连接部位的上面容易裂，这是应该加上裂缝引导缝的部位。

131 腰墙和基础的裂缝

产生裂缝一定是有原因的。如果不在施工之前把握这样的现象，积极采取措施的话，就会重复这样的失败。在设计图里没有标注这方面的对策是目前的普遍现象。

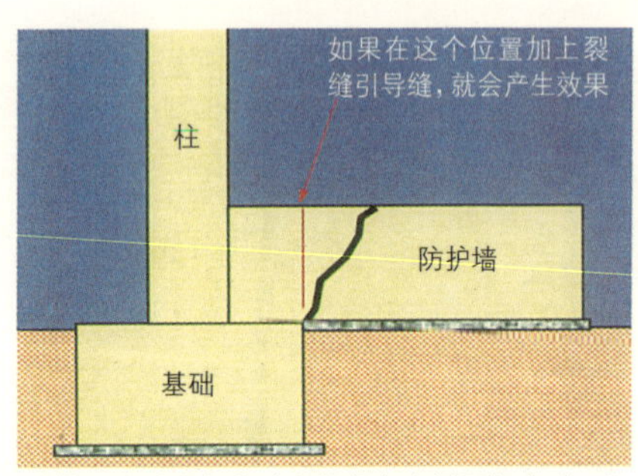

1·2 图1是集合住宅1楼部分的防护墙，出现了很大的裂缝。这种现象在过去的很多事例里都有过，如图2所示，原因是因为它位于基础顶端的上部。作为对策，如果在图2的红线位置加上裂缝引导缝，就会产生效果。

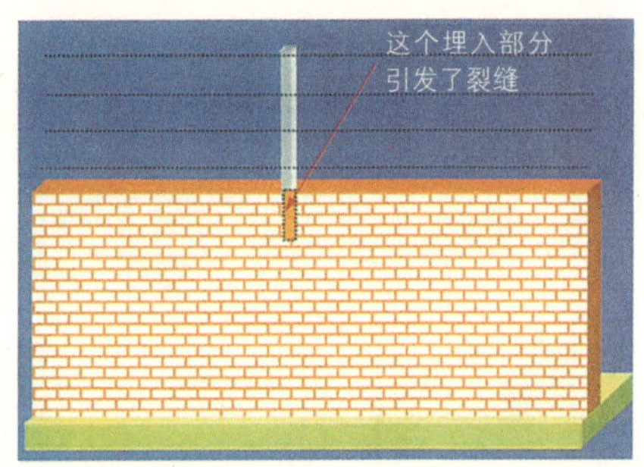

3·4 这是很长的防护墙，但是没有留伸缩缝。安装了支柱的地方形成断面缺损，引发了裂缝。有刺铁线处也作用以很大的拉力，它也成为把裂缝扩大的原因。必须在不损坏墙的断面的情况下安装支柱。

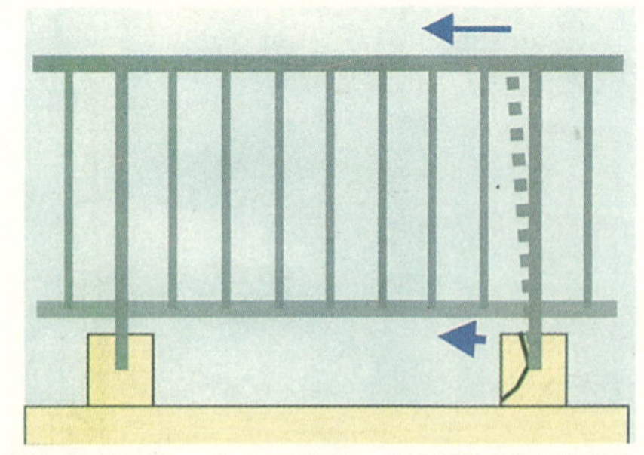

5·6 由于栏杆的温度收缩，如图6所示，对地基产生很大的作用力，发生了裂缝。这是因为基础的配筋没有做好。如果计划好栏杆的伸缩缝，就没有这么大的作用力了。

132 外墙装饰的失败

图1是曲面外墙喷射装饰施工之后，自主检查合格并拆除了脚手架之后的样子。可是第二天由远处一看便发现，模板的接合部分感觉非常显眼。另外，外墙喷射装饰材料的搭接喷射部分令人觉得像是黑色的条纹。结果，再一次搭起脚手架，重新再施工。如果没有从战略上考虑外墙装饰应达到什么样的精确度，就会浪费时间和金钱。

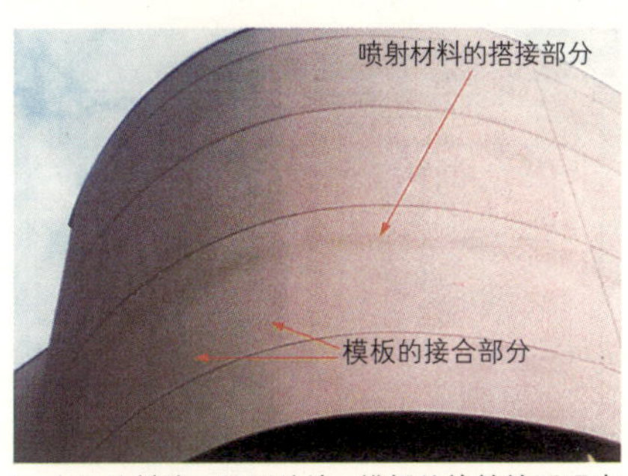

1 太阳从斜处一照到外墙，模板的接缝就浮现出来了。

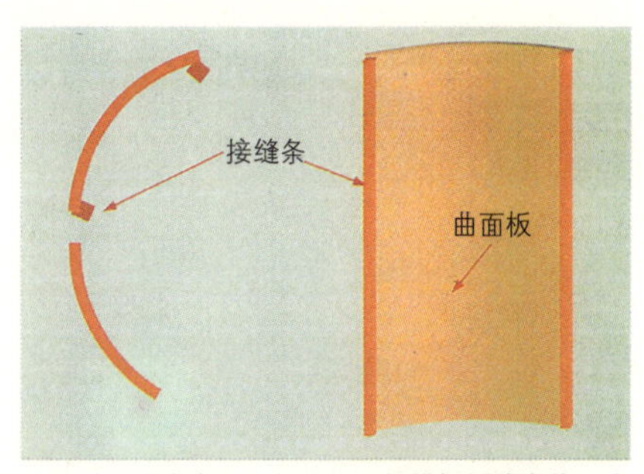

2 设计虽然有变化，但是如果把模板划线定位，在模板接合处处理好接缝，就能让曲面板漂亮地完工。

3 加上一根接缝提高反差，接合处就不明显了。

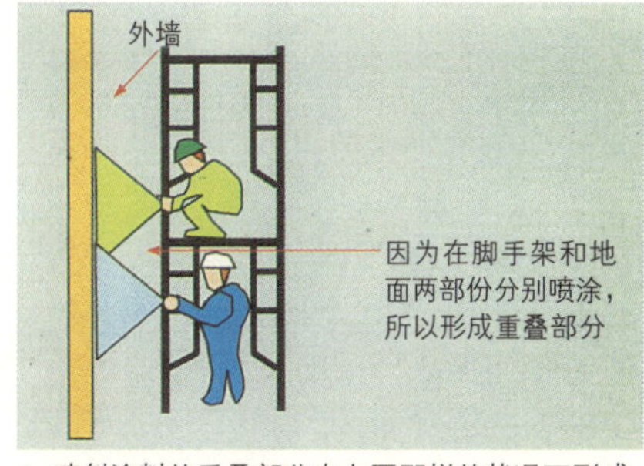

4 喷射涂料的重叠部分在上图那样的状况下形成。这个问题从脚手架上检查也很难发现，所以要注意。

5 喷射装饰施工的时候，如果墙边有斜撑，就容易出现喷射斑点，所以要和斜撑施工人员预先商量好脚手架的计划。

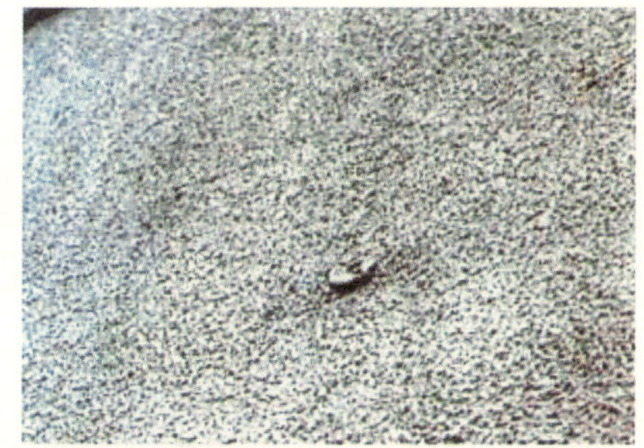
6 为防止倒塌，脚手架上必须和外墙有连墙拉撑，但是，拆除脚手架的时候，必须把支撑连接点卸掉的地方不显眼地修补好。如果修补失败就变成和上面的照片一样。

133 楼板的裂缝及其原因

楼板的结构性裂缝有导致楼板崩塌的危险。养生时间不足的混凝土不能承受过大的重量。尤其使用波纹钢板的时候要注意。另外，板材如果像图6那样堆积就会超过重量限制，就必须考虑这个问题。

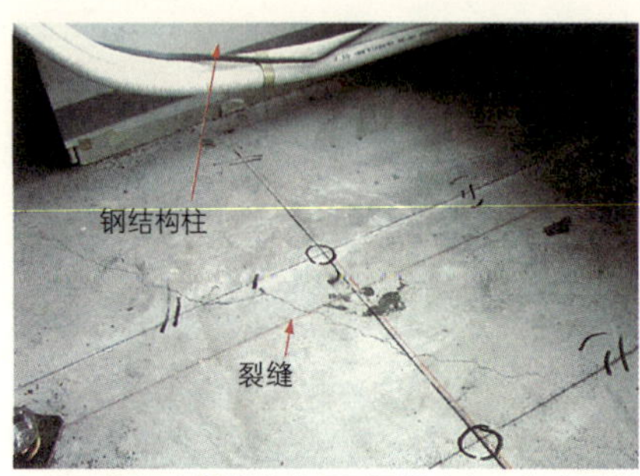

1 是因为复合楼板的柱子周围没有加入防止裂缝的补强钢筋，在绝大部分的柱子周围都发生了这样的裂缝。

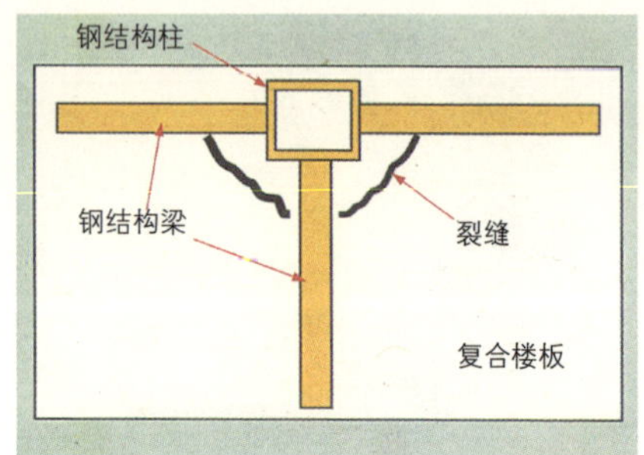

2 如上图所示的部分发生了裂缝。直角方向的补强钢筋对裂缝有效。

3 尽管把地面的装饰材料贴上了，裂缝还是越来越严重。如果让养生时间不足的混凝土承受重量就会出现这种现象。

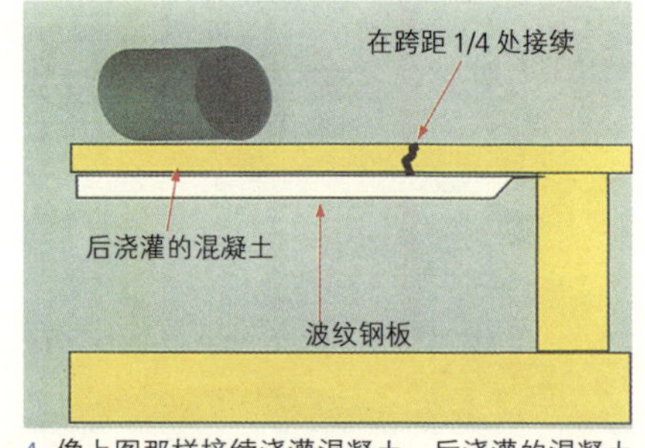

4 像上图那样接续浇灌混凝土，后浇灌的混凝土在养生时间不足的情况下，如果堆上钢筋等重物，因为没有支撑而导致楼板的挠度增大，钢筋和混凝土之间的粘着力将丧失。

5 沿着楼板下部的钢筋发生裂缝。是因为下部的钢筋保护层太薄，或者是因为混凝土浇灌时没有很好地振捣。

6 如果板材堆积过多，将损伤楼板。

134 因底层原因产生的裂缝

以下是完工后发生了裂缝，提出索赔的情况及其原因。图 1 是外结构表面上贴的面砖发生裂缝的状况。虽然特意绘制了面砖划分布置图，但是图中却没有反映出外部结构的底层状况，这是失败的原因。

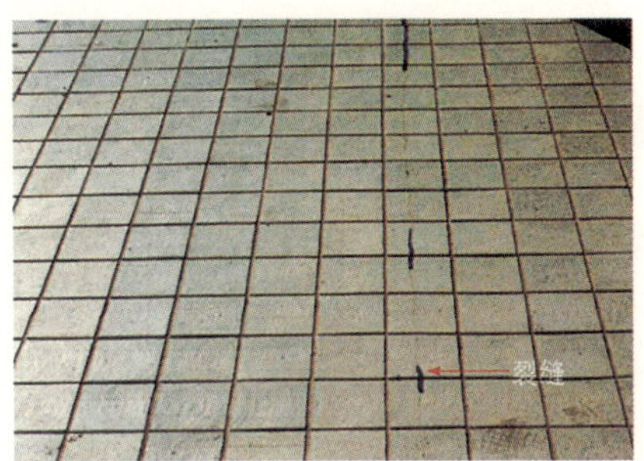

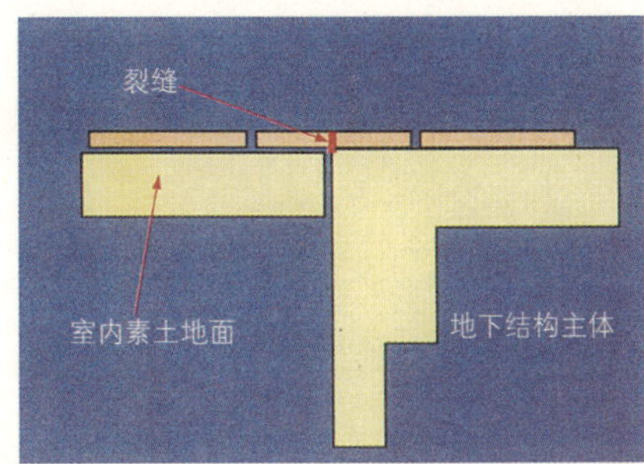

1·2 外部结构贴面砖处发生了裂缝。原因如图 2 所示，是由于结构体和室内素土地面的沉降不同而造成。必须在这两者之间设置伸缩缝。

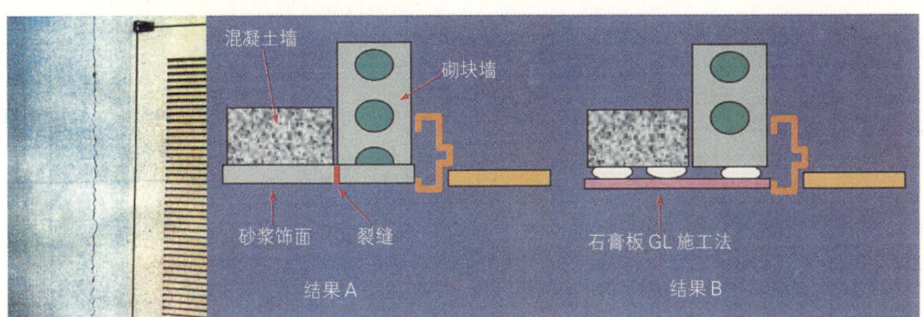

3 左边的照片是墙上发生了垂直裂缝的状况。调查后发现，如上图的结果 A 所示，它在混凝土墙到砌块墙的底层上面全面用砂浆抹面，由于开、关门的冲击和振动，所以出现了裂缝。如果像结果 B 那样装修的话，就不会产生裂缝了。

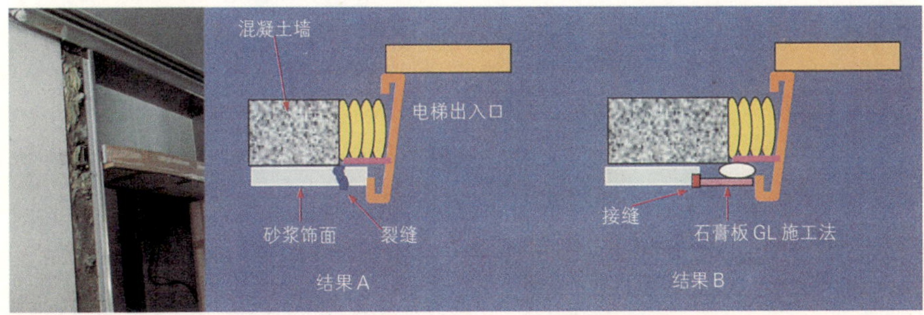

4 按照结果 A 那样，采用砂浆饰面的方法装修了电梯出入口边框周围，可是发生了裂缝。后来采用了结果 B 的对策。

135 低于地面部位的漏水事故 (1)

就像图 1 那样，比地面稍低一点的部位很容易忘记防水。没有采取防水措施的部分会像图 2 所示出现漏水。在设计阶段，周围的高度有的还未被设定，所以必须要确认这种类型部位的防水。

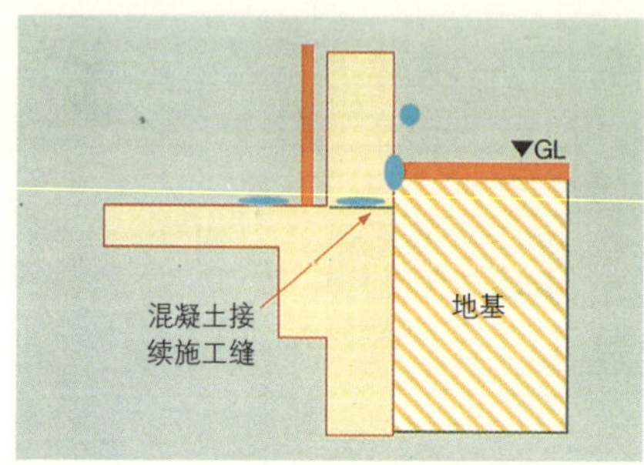

1 比地面稍低的地板上，水从混凝土接续施工缝处流进来了。

2 图 1 的实际状况。混凝土的成分中溶出的白色水泥浆，流过混凝土的接续施工缝，弄脏了地面。

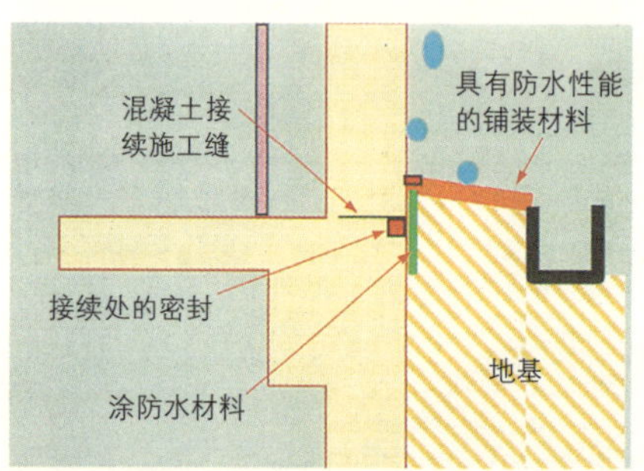

3 通过上图所示的处理方法，得到了防止漏水的效果。

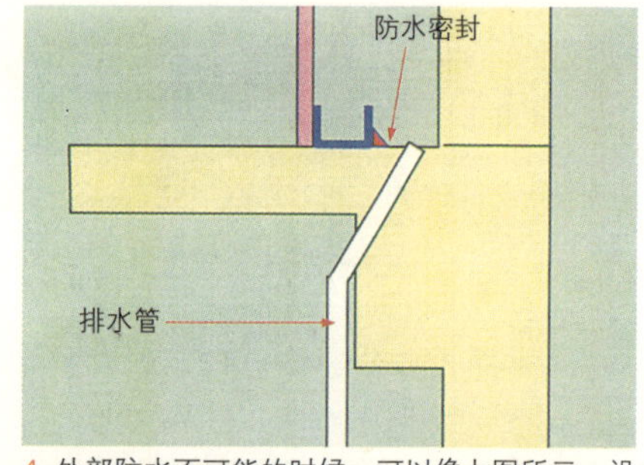

4 外部防水不可能的时候，可以像上图所示，设置排水管排水。在底层的轻钢横向加固构件和地面混凝土之间进行防水密封。

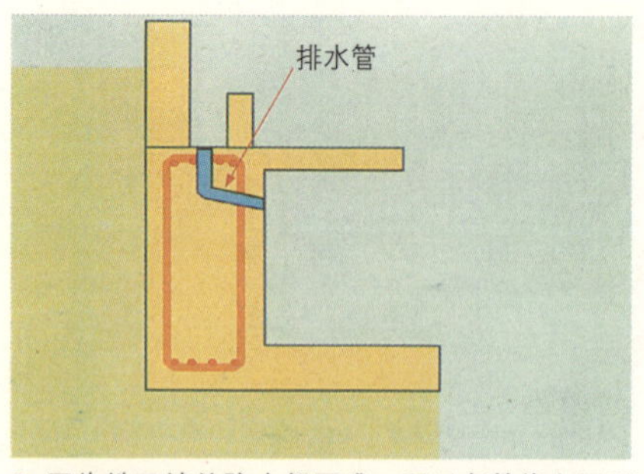

5 因为地下墙的防水很困难，所以多数像上图那样做成双层墙壁再装修。但是，要注意如果排水管太细就会因粉末结晶而堵塞。

6 发生漏水的场合，因条件所限不能完全堵住水的情况下，可以像这样安装雨水槽进行排水。

136 低于地面部位的漏水事故 (2)

图 1 和图 2 是把同样的场所在水位低的时候(8 月)和水位高的时候(12 月)分别拍摄的照片。此处的漏水处理非常困难，因为即使找到水最容易通过的道路，把那个部分堵起来，下次还会从其他薄弱的地方漏出。

1 地下外墙的施工分隔缝部分正在漏水。施工分隔缝里挡水用的橡胶不知是否装上了。

2 把与图 1 同样的场所在水位高的时候(12 月)拍摄的照片。水泥里所含的成分溶解并流出来了。

3 在施工分隔缝的中间放入止水橡胶提高止水效果，但是，如果急着拆除模板，就会使分隔缝中的橡胶松动容易漏水。要充分保证混凝土的养护时间。

4 通往地下停车场的斜坡，从沥青防水层和压毡层混凝土之间流过的水在混凝土表面渗出。

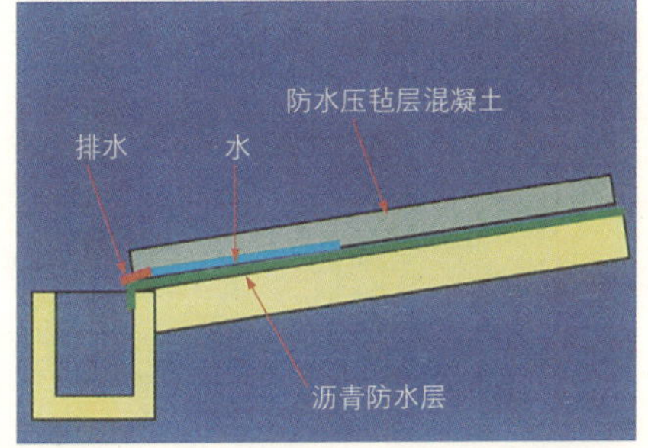

5 如上图，积水渗出到混凝土表面。装上排水管就能防止。

137 钢管混凝土柱(CFT柱)

在钢管柱当中，填充高强度、高流动化混凝土的钢管混凝土柱的施工正在增加。因为管中有混凝土所以耐火性能极好，有的事例中，通过研究也有取消耐火覆盖层的做法。这里举一个例子来看看实际施工中的状况。

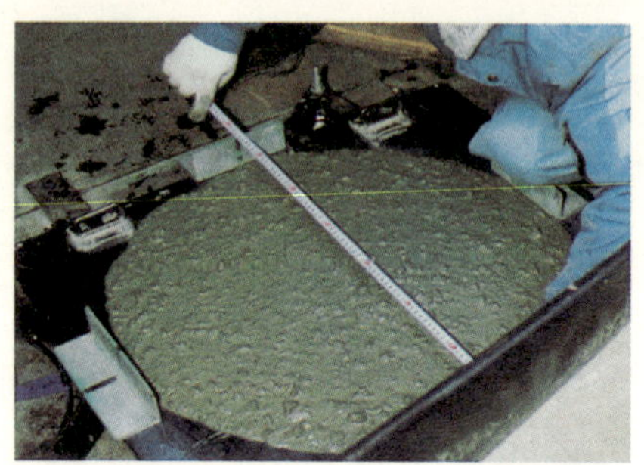

1 把流动值60cm，强度35N/mm²的有黏性的混凝土压入钢管柱。根据到达现场时刻刚好达到最佳流动值的要求进行调整。

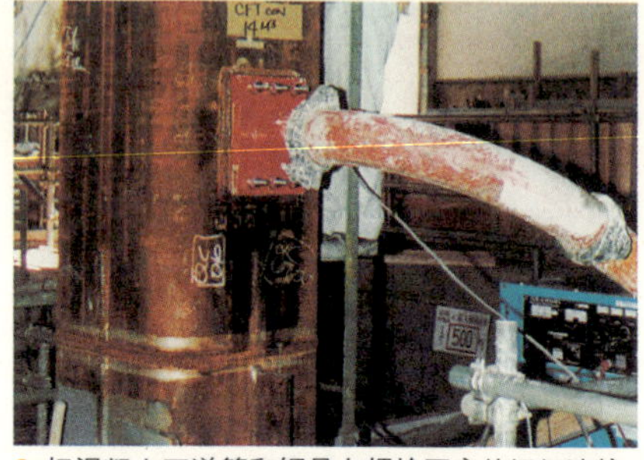

2 把混凝土压送管和钢骨上螺栓固定的阀门连接，正在浇灌混凝土。要做好安排，保证一根柱子所需浇灌量的预拌混凝土车不会中断。

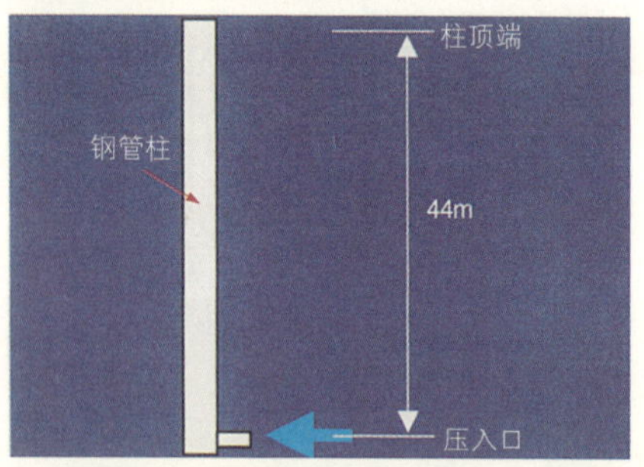

3 这里是将44m的高度钢管柱子的混凝土一气浇灌完毕。不能失败，所以要细心地考虑之后制定计划。

4 从2接合处的钢管的隔板部分被压入的混凝土正在顶上来。如果流动值小，就会在这里被堵塞。

5 左边的照片里，不要的水分正从排水孔里流出。右边是排水后，为了使混凝土不致因为压力而流出，采用泡沫苯乙烯堵住孔。

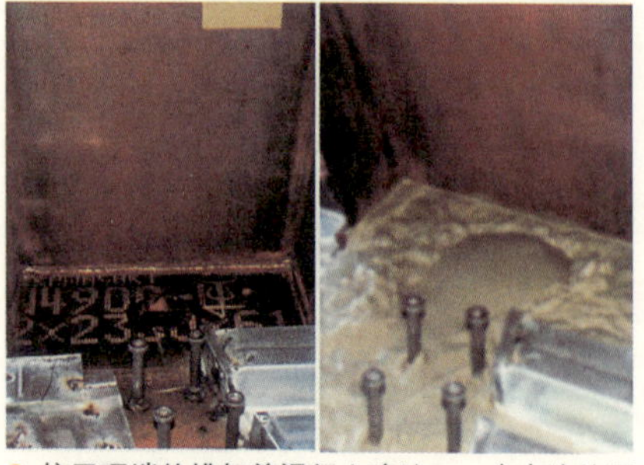

6 柱子顶端的排气兼混凝土确认口。在右边的照片中，混凝土正顶上来。

[9] 钢结构工程

138 钢结构柱子的倒塌

花费许多时间制作的钢结构柱子在安装的时候倒塌了，这是发生在某工地的一起事故。第一根倒下的柱子没有拉上与倾倒方向对抗的钢索。原因调查之后，有个问题浮现出来。

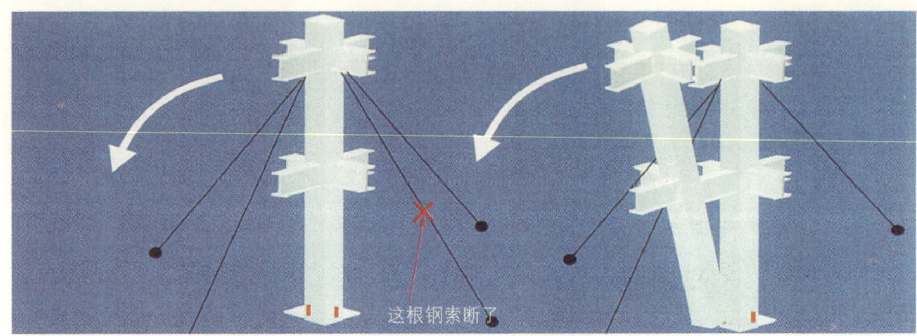

1 一根高度12m，400见方的钢管柱倒下，撞到距离9m的另一根柱子，那根柱子的牵拉钢索被切断倒下，又撞到距离9m的另一根柱子，共计3根柱子倒了。

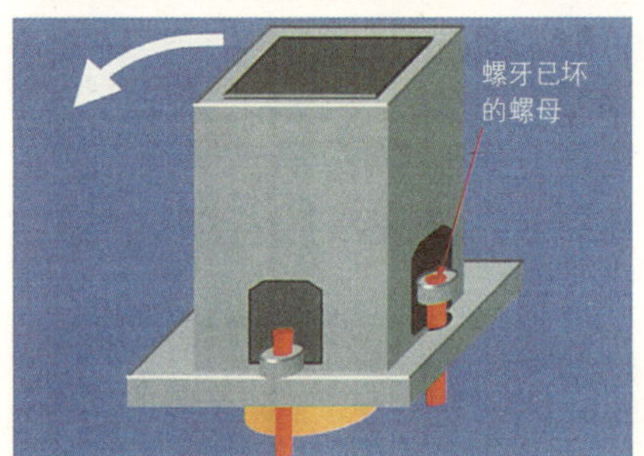

2 因为地脚螺栓被压坏了，所以螺母不能拧紧，形成了稍微卡住的状态。

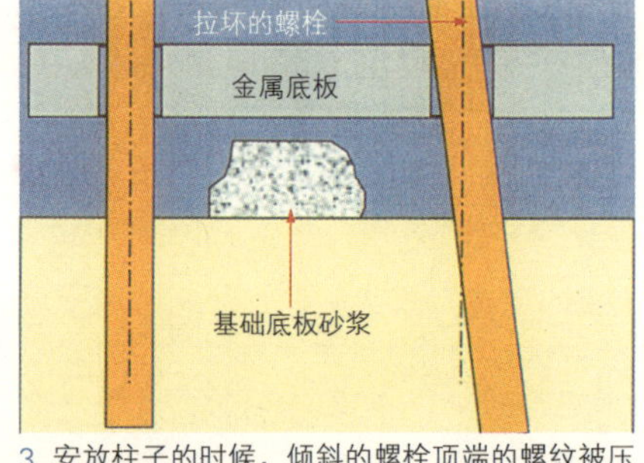

3 安放柱子的时候，倾斜的螺栓顶端的螺纹被压坏，螺母拧不动了。这就是不检查地脚螺栓和螺母就开始安装的缘故。

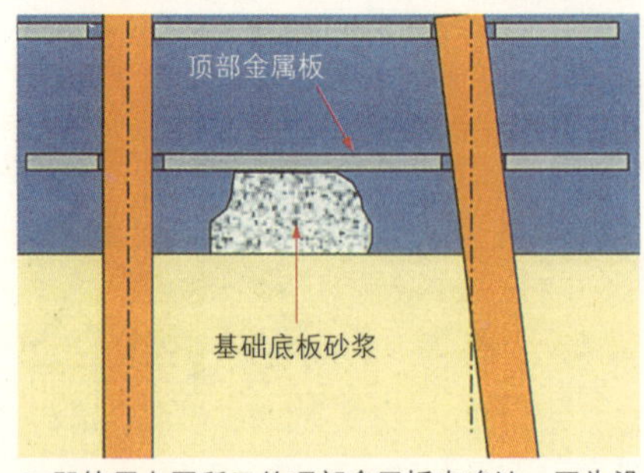

4 即使用上图所示的顶部金属板来确认，因为没有一定厚度，所以不碰螺丝就进去了，就把检查蒙混过去了。

5 上面的照片是当年钢结构柱子倒塌事故经过了10年之后，在某个现场拍的照片。同样的失败仍然在重复着，完全没有采取任何措施。

139 钢结构地脚螺栓的精确度不良 (1)

保证钢结构地脚螺栓的精确度之事非常重要，但是，为避免不良状况发生的方法尚未确立。为了保证这种精确度，在划线、钢筋、地脚螺栓的安置、模板、混凝土浇注、浇注之后的测量等各个阶段，都必须切实注意做好管理工作。

1 正在用厚度不足的顶部金属板来确认地脚螺栓的位置。

2 费尽了工夫，在想方设法地修正地脚螺栓的位置，但是一个一个的精确度都各不相同。

3 地脚螺栓弯的太厉害，螺母不能垂直地紧固在底层金属板上。

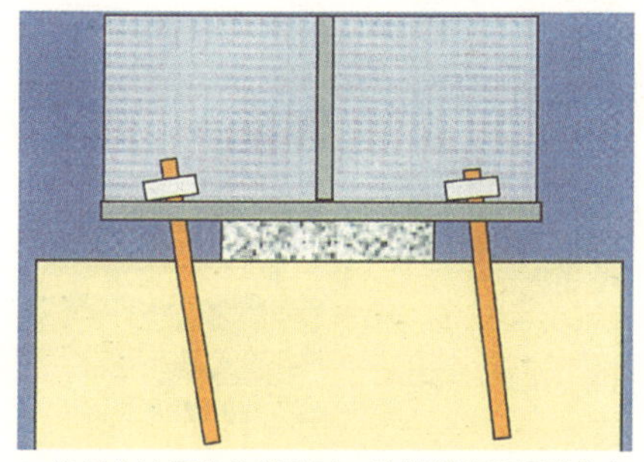

4 这是左边照片的状况图。这样的地脚螺栓能起什么作用?

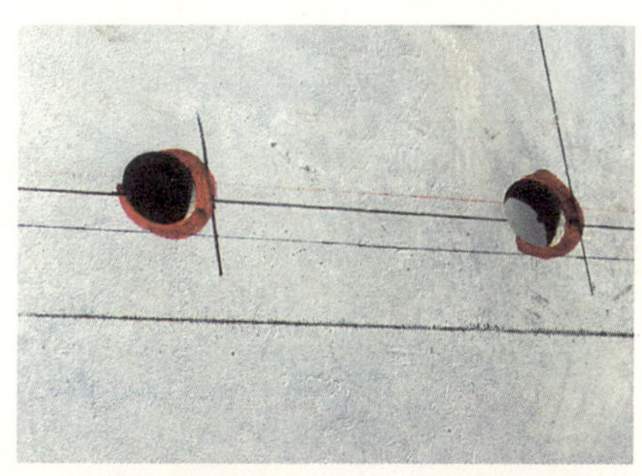

5 由于地脚螺栓的精确度太糟，所以不得不改变钢结构的孔位。涂红色的部分是地脚螺栓的正确位置。

6 正在用机械重新开孔。如果认真地做好了精确度管理，就根本不需要做这些事了。

140 钢结构地脚螺栓的精确度不良 (2)

如果为了掩盖精确度不良而采取姑息迁就的态度，就会重复图1那样的失败。另外，像图2那样的地脚螺栓长度不足的情况就不值得一谈了。如果连这一点管理能力都不具备的技术者正在建造房屋，真令人感到可怕。针对图3和图4里的地脚螺栓弯曲的原因，将在图5和图6里提出它的对策。

1 由于地脚螺栓预埋的位置移动了，所以必须把底层金属板的孔扩大。这样一来，螺母的垫圈就不能承受拔出的力量。一个错误将引发许多的错误。

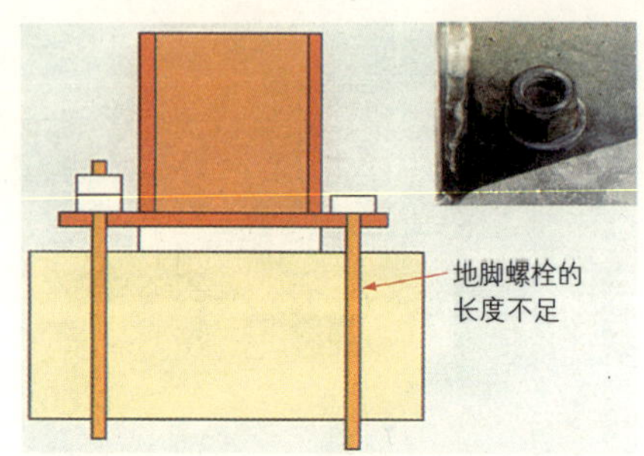

2 应该拧上2个螺母，可是地脚螺栓的长度不足，所以螺母连一半都没有拧上。

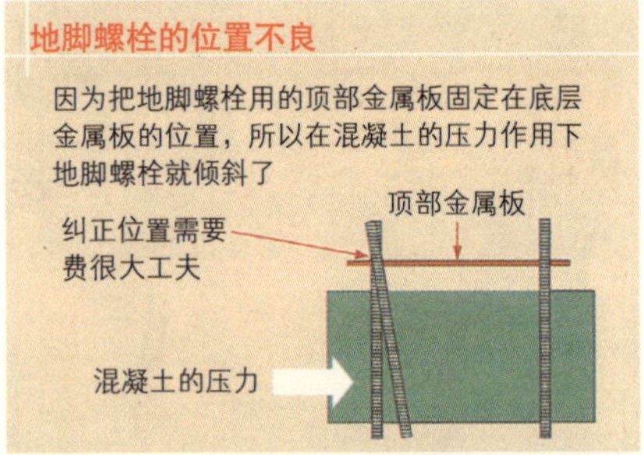

3 如上图所示，因为把顶部金属板安装在比混凝土高的位置上，所以地脚螺栓在钢筋和混凝土的压力作用下歪斜了。这是导致地脚螺栓位置不良的原因。

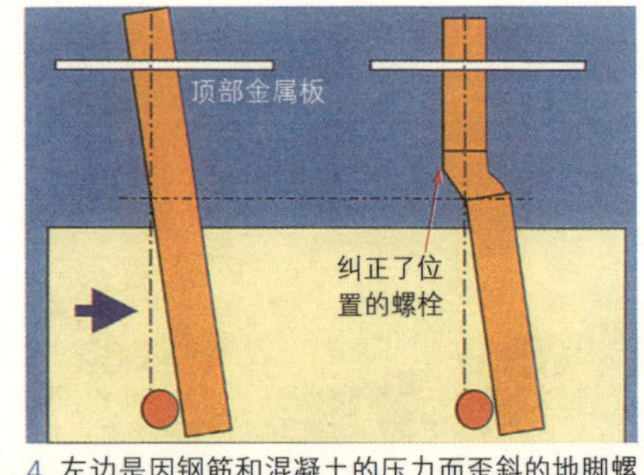

4 左边是因钢筋和混凝土的压力而歪斜的地脚螺栓。费了很大力量，像右边那样把它纠正了位置。

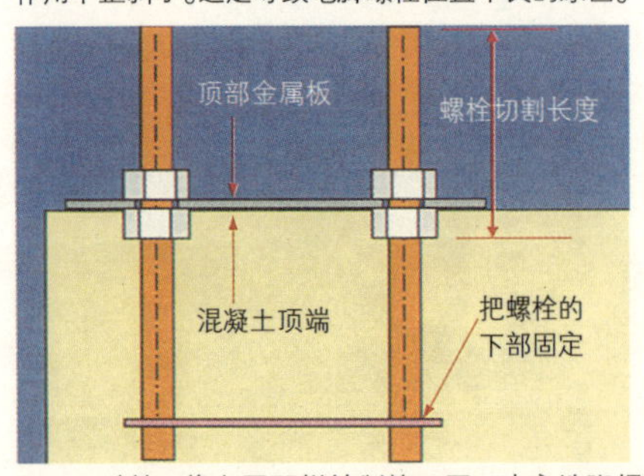

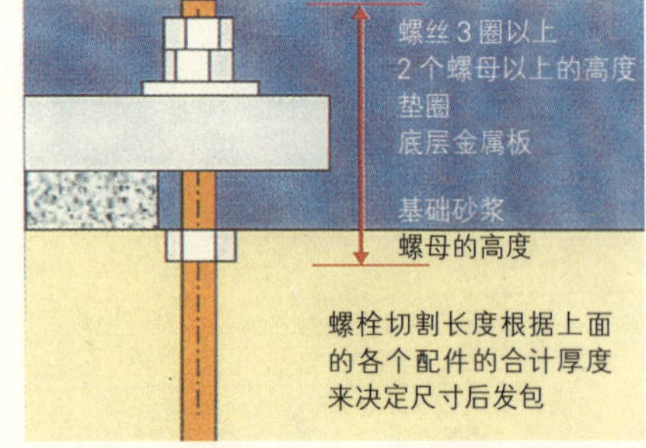

5·6 对策：像上图那样绘制施工图，决定地脚螺栓的切割长度，如果把螺栓全部拧上螺母紧固，就不会有高度的失败。另外，把顶部金属板的位置放在混凝土的表面上。这里最重要的是把地脚螺栓和钢筋之间相容的尺寸互相调整好。将在下一页说明这个问题。

141 钢结构地脚螺栓的精确度不良 (3)

为了确保地脚螺栓的精确度，必须研究钢筋的施工状况。根据图 1 和图 3 的毫无计划的配筋状况，就说明了地脚螺栓弯曲的原因。如果像图 2 和图 4 那样，对梁筋和柱筋的配置没有计划，就不能干出漂亮的工作。

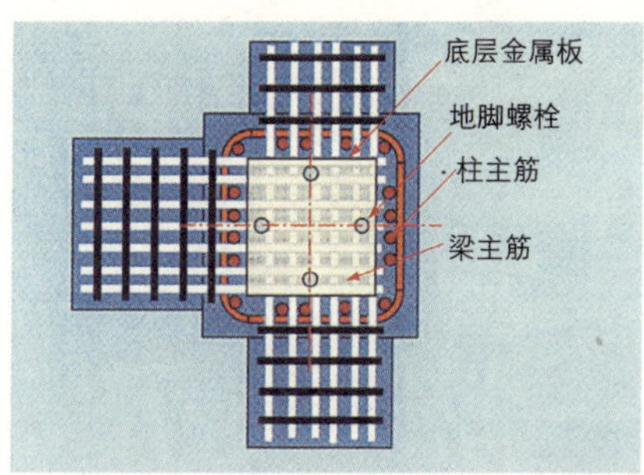

1 不制定任何计划就配置了地脚螺栓。因为地脚螺栓碰到梁的主筋而无法垂直竖立，这是地脚螺栓弯曲的一个原因。

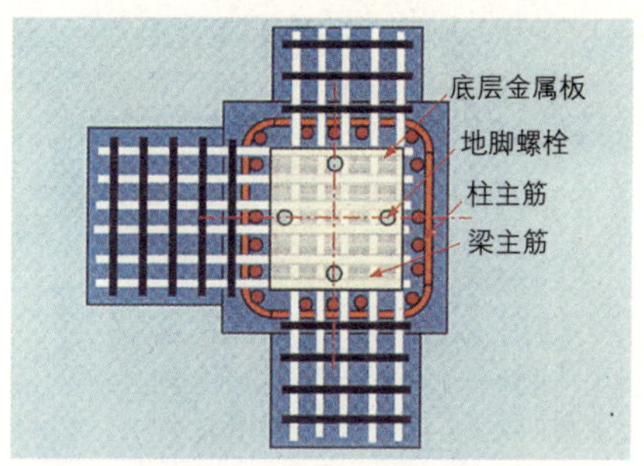

2 为了使地脚螺栓垂直竖立，必须像上图那样把梁主筋一根一根地调整过，其中有一根退到下段，成为二段配筋，以确保地脚螺栓的位置。

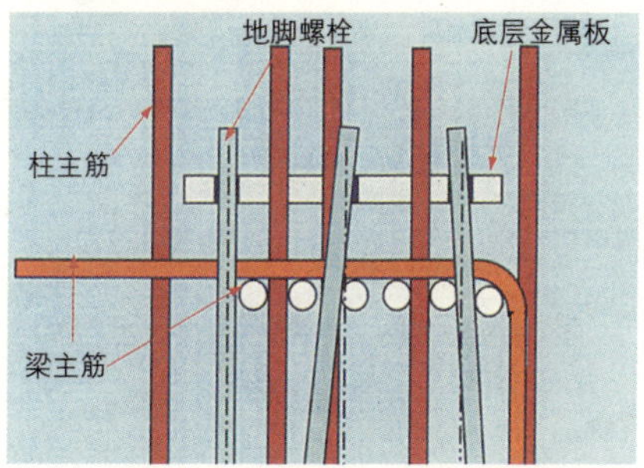

3 图 1 的断面。钢筋交给钢筋工干，地脚螺栓交给机械工干，没有做计划调整是问题所在的原因。

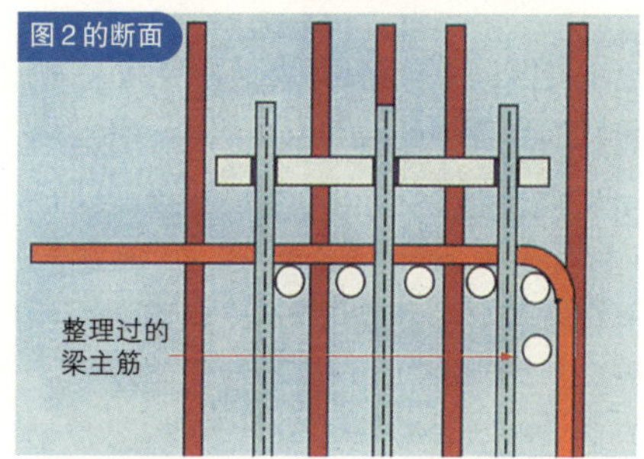

4 整理梁主筋，把它调整为二段配筋的形式，让钢筋和地脚螺栓尺寸相互相容之后，终于可以把地脚螺栓垂直竖立了。

5 柱主筋错综复杂螺母不能紧固。

安装钢结构柱子的时候，有时出现柱主筋弯曲的现象。如果把弯曲一次的钢筋再拉的笔直，柱主筋的强度就会下降，所以要注意这个问题。另外，地脚螺栓前面的柱主筋如果错综复杂，螺母就可能无法紧固。为了提高钢结构柱子的安装速度，这样的事情也要考虑。如果不绘制配筋和地脚螺栓的施工图，不进行周密的研究，就会出现许多意外的情况。

142 钢结构地脚螺栓和柱子主筋的预先组合

把钢筋和地脚螺栓作为不同的东西来考虑的话，就不能确保精确度。要想确保地脚螺栓的精确度，就必须有计划地组装柱子的钢筋。下面介绍几个成功的例子来说明这个方法。

1 把耐压盘的混凝土浇灌之后再划线，把预先组装好的柱筋和地脚螺栓安装上去。

2 用地脚锚固框架把柱筋、梁筋连成一体，把锚固螺栓组装在一起。对螺栓做好防护，不要沾上混凝土。

3 绘制全部的柱子部分的柱筋和地脚螺栓的施工图，把上面照片那样的预先组装用的框架一个个准备好。

4 使用预先组装用的支架，在框架上配置柱主筋。

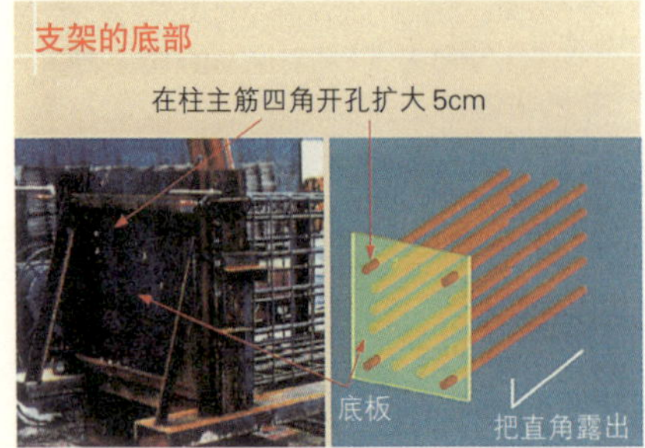

5 这是支架的底部。让钢筋垂直于金属板，在柱子的四角开孔，让钢筋可以延伸。

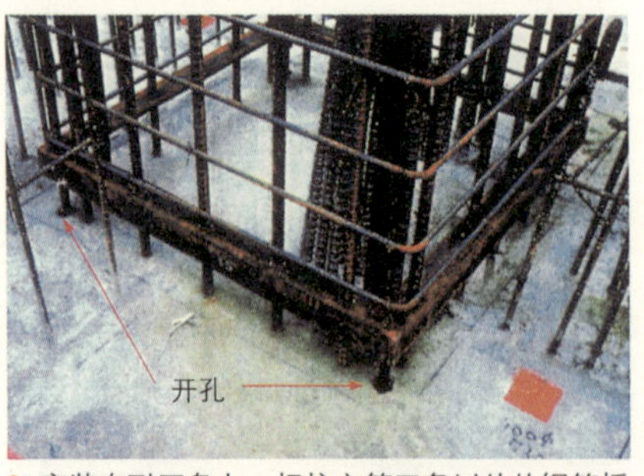

6 安装在耐压盘上。把柱主筋四角以外的钢筋插进预先打好的孔里垂直竖起，用环氧树脂固定。

143 钢结构柱基座砂浆的失败案例

钢结构的柱基座砂浆施工也需要作战略安排。希望不要因为地脚螺栓的位置纠正花费了许多时间，而造成了在钢结构安装的前一天，才进行柱基座砂浆施工这种安排不善的现象。像图6那样施工之后，安装钢结构柱子，把钢结构螺栓拧紧之后，在它和底层金属板之间的一点缝隙里注入无收缩砂浆进行充填。

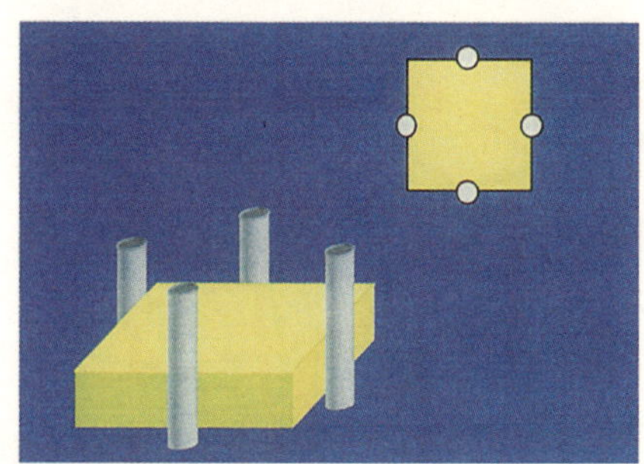

1·2 图1是钢结构周围的砂浆碎裂状况。要认识到柱基座砂浆在承受冲击方面是很薄弱的 。如果柱基座砂浆和地脚螺栓像图2那样地接触在一起，在安装钢结构柱子的时候就会因冲击而碎裂。

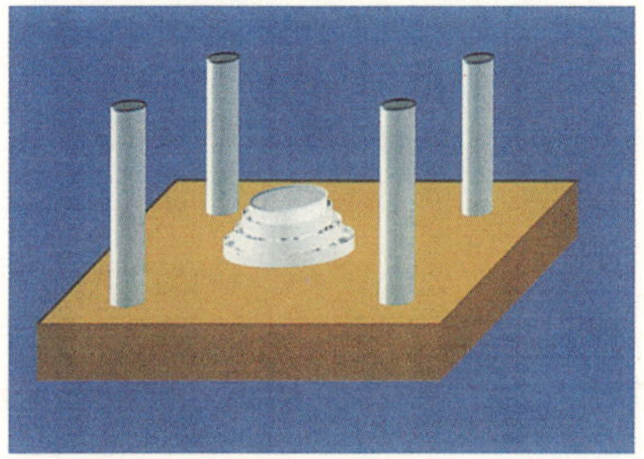

3 像上图所示采用较薄的柱基座砂浆的场合，会出现无法承受钢结构柱子的荷重而裂开，柱子倾斜、倒塌的现象。另外，砂浆施工后的养护期间太少的场合也会因强度不足而裂开。

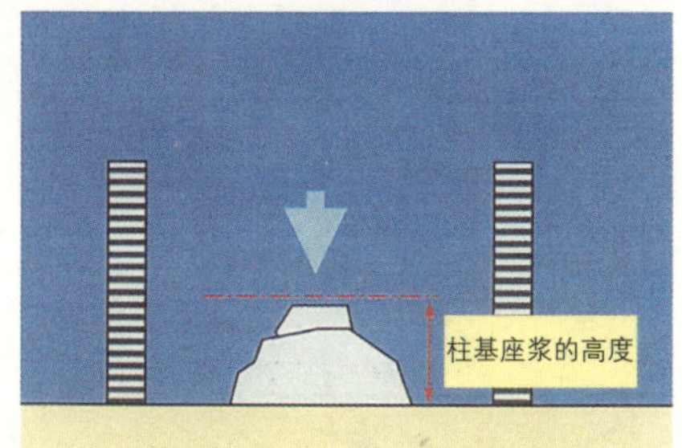

4 如上图所示，如果在周围没有挡板的情况下浇灌柱基座砂浆，那么硬化的时候多数水准线下降。另外，如果把高度定为5cm，就容易使水平线下降，容易裂开，所以，计划3cm较好。

柱基座砂浆的成功制作法

在地脚螺栓的螺丝部分卷上纸胶带，在上面画上水平墨线

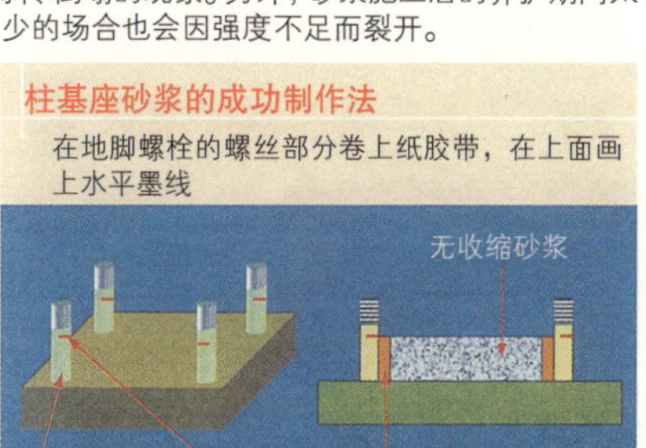

5 螺丝上不能画水平墨线，所以卷上纸胶带再画墨线。放上模板后，和地脚螺栓之间就有了缝隙，所以螺丝不容易受到冲击。

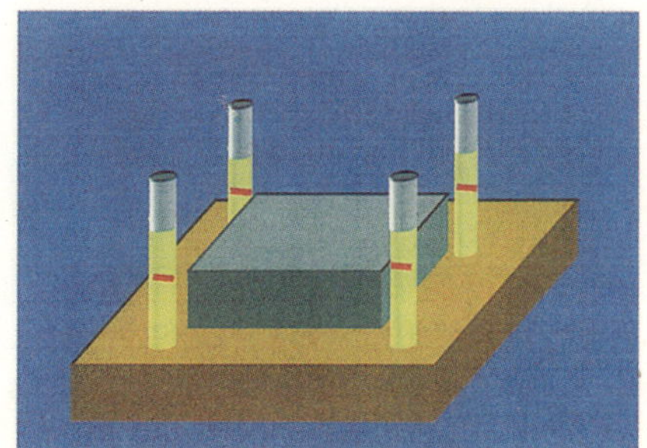

6 如果像上图那样决定好水平线再施工，错误就会减少。硬化后的砂浆高度要再次确认。

144 钢结构柱子的倾斜·倒塌

钢结构安装的计划中，需要充分的经验和知识。钢骨钢筋混凝土结构的钢框架是在钢筋和混凝土成为一体后才达到设计强度，所以，钢框架本身会出现像图1那样连安装的荷重都承受不了的情况。过去这种事例曾多次发生，但还是在重复着。结构设计者没有考虑到临建工程的计划，所以，采用什么样的建设安装方法是施工人员的责任。

1 高度35m，12层公寓大楼的钢结构建设安装中，从3楼开始上面部分约倾斜了7m，一部分螺栓断裂了。引起了附近居民的避难骚动。

左边的钢框架是9层的楼房，但是对于这个构件来说这样已是极限了吧。如果设置起重机，或者多放一些临建工程材料，就会有图1那样的危险。在这样的环境很难设置防止倾倒的钢索。除了一口气建成以外没有其他任何方法的时候，必须考虑征得设计者的同意，加大钢框架的构件的断面

2 关于加大钢框架的构件断面之事，如果在预算之前的施工计划中没有估算在内，以后要求增加费用会很困难的。施工委托人并非只选择价钱便宜的。完善的施工计划和具有技术力量的方案是区别于其它公司的重要条件。

3 这是采用积层施工法建造公寓大楼的状况。如果这里的环境允许配置钢框架安装用的重型机械，可以使用到最后的钢框架安装为止，那么，把混凝土浇灌和钢框架安装顺序重复推进的这个施工方法是很有效的。

4·5 如图4，横梁方向的梁为铰接构造的体育馆的钢框架，在安装中突然刮起暴风，钢框架像图5那样倒塌了。钢骨弯曲了，只好再做。像这样头重脚轻，横梁方向没有控制力的钢框架，必须把一根根柱子都用防止倾倒的钢索牢牢固定。

145 高强螺栓的管理

高强螺栓能将钢骨母材和钢材拼接板紧紧地接合，通过由此产生的摩擦力把各个的钢骨母材接合起来。螺母在一次紧固之后做个标记，必须确认在拧紧螺母时高强螺栓没有一起转动。

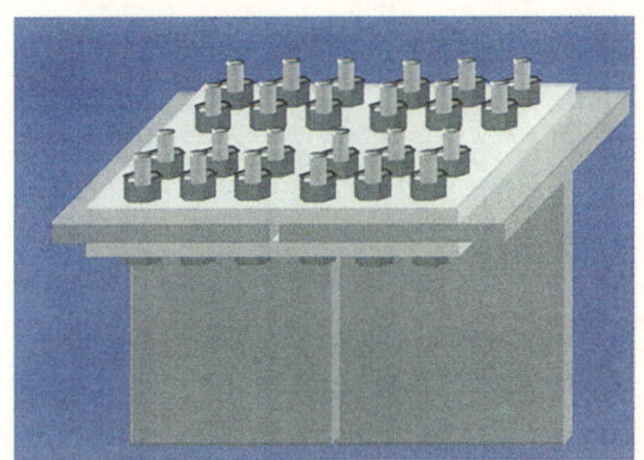

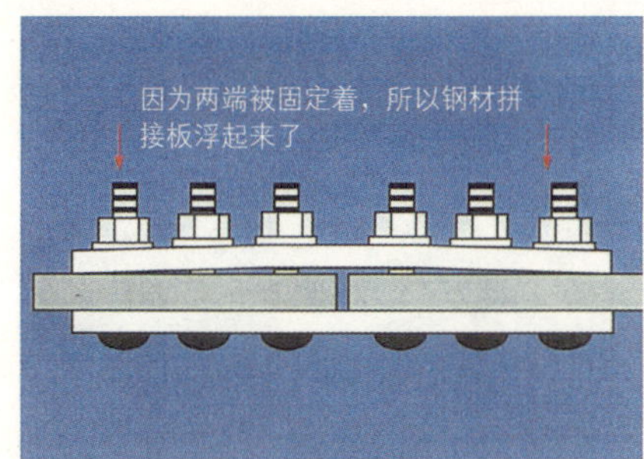

1・2 如果把螺栓的紧固顺序弄错，把中央部位的螺栓紧固放在后面做，就会像图2所示，在钢材翼缘和钢材拼接板之间出现缝隙，得不到必要的摩擦阻力。一次紧固、二次紧固都必须从中央开始拧紧，把缝隙带到端部赶走。

3・4 图3是扭剪型的高强螺栓的一次紧固后，用白色划线器做的标志。图4是把螺母二次拧紧后，尾部梅花头被拧断的状况。确认在拧紧螺母时高强螺栓有没有一起转动，如果有这种现象，就换一个重新紧固。

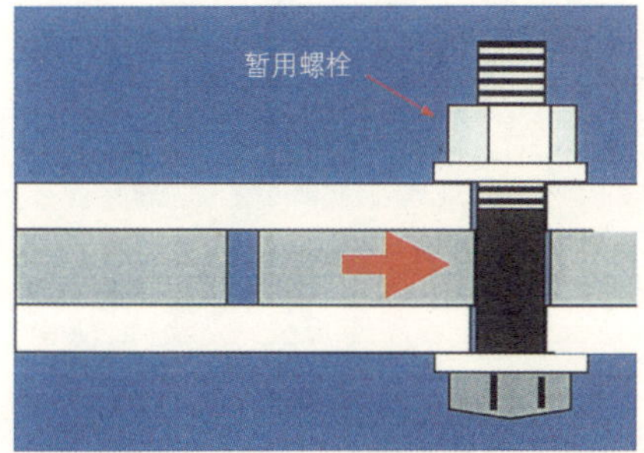

5 在暂用螺栓中不使用原设计的高强螺栓。因为修正钢框架的倾斜时，螺栓将受到剪力，原设计的高强螺栓可能受损伤。

6 暂用螺栓(普通螺栓)的机油如果沾到钢材拼接板上，摩擦阻力就消失了，所以必须非常注意机油的管理。

146 钢结构的焊接失败案例

钢结构的焊接方面出现很大的技术力量的差别。为了使用陶瓷接头，对某个焊接公司的7个焊接技术工人进行了技术力量的附加考试，可是，考了3次也没有合格者。换了一家焊接公司又进行考试之后，绝大部分都合格了。合格的公司拥有丰富的失败反馈的技巧。

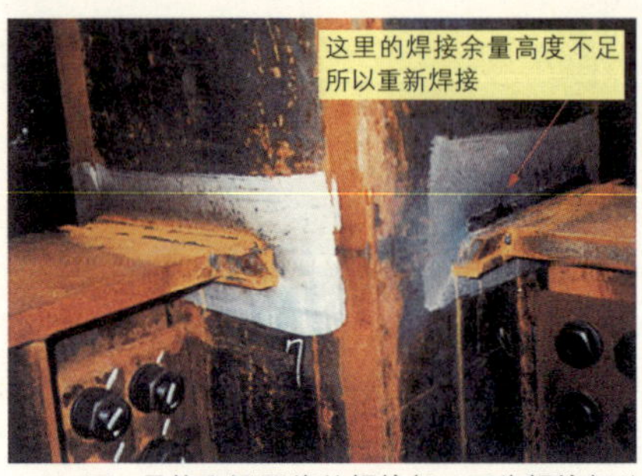

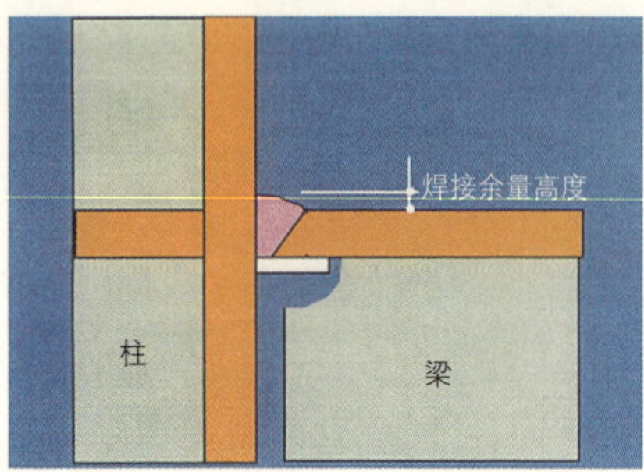

1·2 图1是柱和梁翼缘的焊接部，因为焊接部分的余量高度不足所以重新焊接了。向进行焊接的施工人员打听之后了解到，在管理松懈的现场，工人为了尽快完成任务，就把焊接量降到了最低限度。万事重在开头，首先要明确说明甲乙双方的规则，约定不符合质量要求的地方就重做。

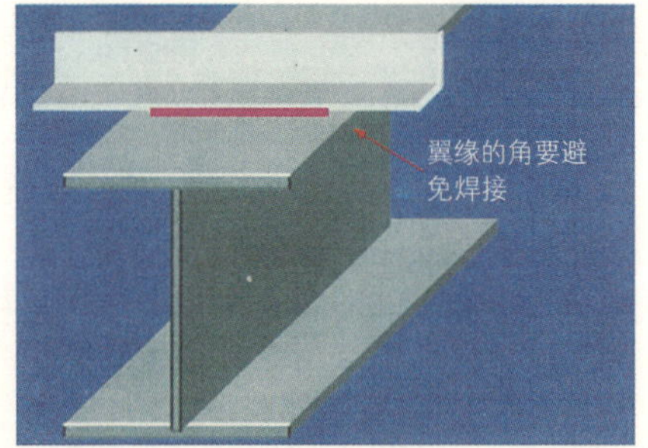

3 如上图所示，在翼缘部分焊接暂用角钢的时候，要避开最承受应力的翼缘的角部。

4 在引出板和垫板用金属材料方面，钢制品被淘汰，陶瓷制品的使用正在增加，但是，技术力量不够的作业人员在操作中很容易失败。

现场焊接

现场焊接中如果出现问题就重做。因为非破损检查是在焊接结束后经过24小时以上才开始进行，所以出现问题处的那一部分工程就延误了。高处钢骨焊接的最大的敌人是风。准备好可靠的防御暴风的设备，做好计划以提高焊接施工的效率和减少缺陷，这是现场负责人的工作。还要在脚手架上下工夫，以养成良好的作业姿势。

焊道间温度

焊接的焊道间如果温度太高，焊接的强度就会下降。在焊接量多的部分，随着2层、3层的焊接进展而温度逐渐上升。如果暂时停一停再开始焊接自然很好，但是在现场作业中这样做是很困难的。在焊接途中移到别处再返回的做法也是不现实的。结果，为了做到即使焊道间温度高一点也要确保强度，采用了高强度的焊接钢丝来应对。

147 后施工的钢结构地脚螺栓的失败案例

在修复工程的场合，设计者不会连原有的柱和梁的配筋状况都要考虑之后，再画钢结构地脚螺栓的设计图。如果根据设计图做安排的话，可能造成大的失败。最重要的是应该冷静地分析设计图，尽早发现问题并采取措施。

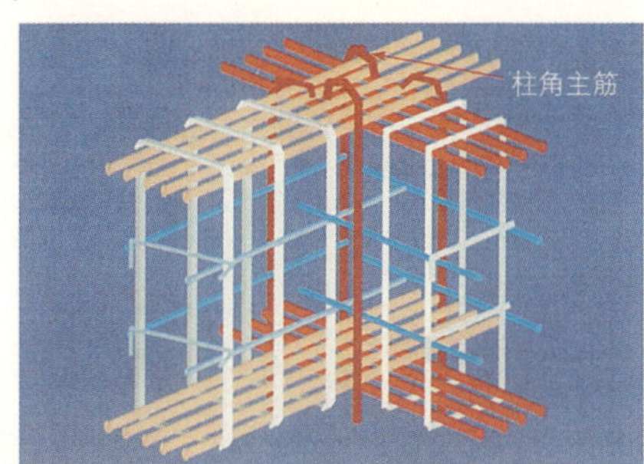

1·2 图1是在屋顶的扩建工程中，把柱子的地脚螺栓用化学锚固定在原有的主体结构上的照片，但是大大偏离了预定的位置，还有的地方碰到钢结构肋板，因而把肋板切除了。像图2那样错综复杂的钢筋成为障碍，是造成失败的原因。

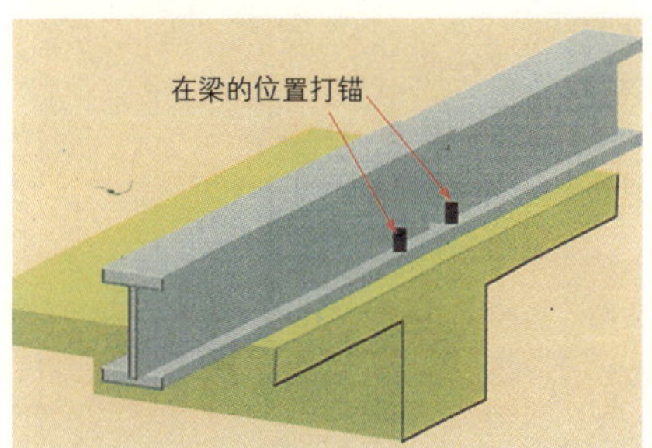

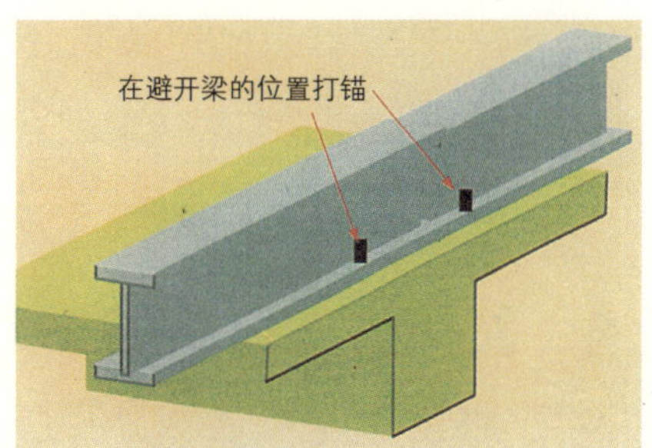

3·4 后施工的钢结构架台的设计方面，多数都像图3那样采取在梁的位置打锚的做法。不做任何研究就把钢结构发包了，后来锚固螺栓施工时发现了问题，花费了大量的金钱和工期将它纠正过来，这种事例很多。要像图4那样，事前和设计者进行讨论，避开配筋复杂的梁来固定锚固螺栓。

5 因为锚固螺栓改变了位置，所以碰到肋板，而把肋板给切断了。

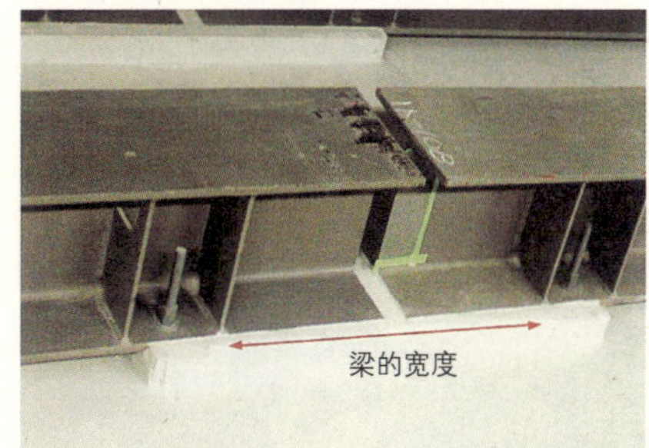

6 如果像上面那样在避开梁的位置打锚，锚固螺栓就能精确度良好地打入。

148 地脚螺栓精确度不良的对应方法

像图1那样有许多地脚螺栓的钢结构机械基础的场合，要求把这么多的地脚螺栓精确度良好地配置在混凝土基础里，需要大量的劳力。先把钢结构试组装后安上地脚螺栓，通过浇灌基础的混凝土可以确保精确度。

1 把许多地脚螺栓精确度良好地配置成功是一件非常耗时的事。

2 在基础的配筋、模板完成的状态下，使用临时的千斤顶来组装钢结构。

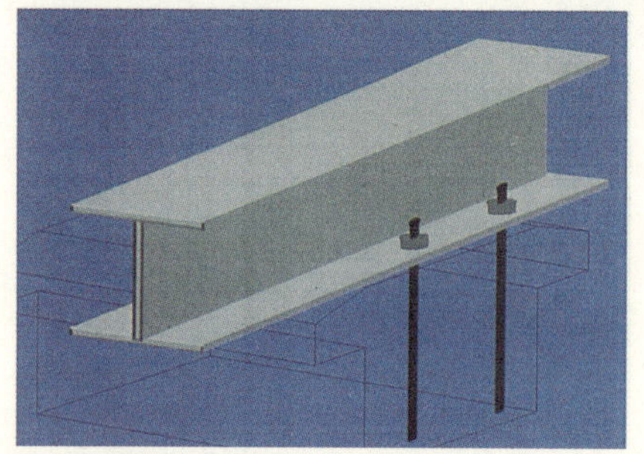

3 把地脚螺栓安装在基础上浇灌混凝土。

如图2所示，用临时的钢结构托住主体钢骨，用千斤顶调节高度和位置，把地脚螺栓像图3那样安装之后，浇灌基础的混凝土。这么一来，将杜绝地脚螺栓精确度的失败，而且也不需要基座砂浆。这种思考方法可以应用于能够预先进行材料发包的钢结构栏杆和楼梯等许多方面，将减少经费。

149 钢结构梁和设备管道的线路 (1)

图 1 画出了钢结构梁和吊顶以及设备管道在空间相互交叉的状态。设计阶段，在设备和建筑以及结构没有协调整理好，设备的套筒开口没有计划好的情况下，就进行了钢结构发包的场合，在设备等全部的空间规划问题都出现的时候就迟了。像图中这样的场合，尽管特意把走廊的吊顶放低了，因为墙的位置在主梁的位置上，从走廊的吊顶很难取出设备。主梁如果往厅的一侧偏离，设备就容易施工了。

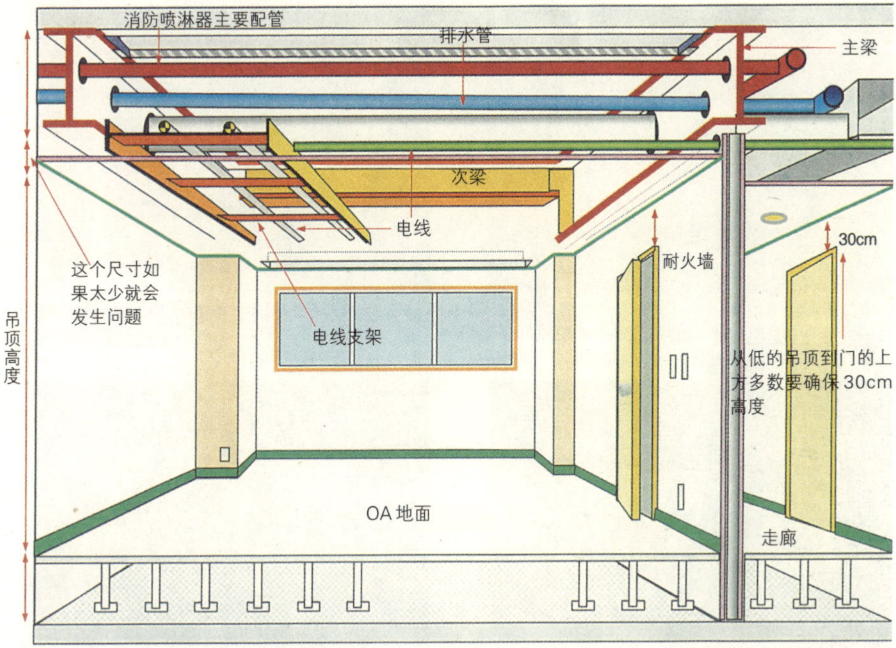

消防喷淋器主要配管
排水管
主梁
次梁
电线
这个尺寸如果太少就会发生问题
吊顶高度
耐火墙
30cm
电线支架
从低的吊顶到门的上方多数要确保 30cm 高度
OA 地面
走廊

1 吊顶内的设备的施工性能良好则意味着将来的维修也容易进行。为了在今后连续数十年的使用中，尽可能不要多花费维修费用，应该对设备的性能和维修进行充分的考虑。不要只注重看得见的建筑外观，把看不见之处的设备也能出色地计划好才是最重要的。

次梁
排气管道
制冷剂配管
空调机
主梁
吊顶

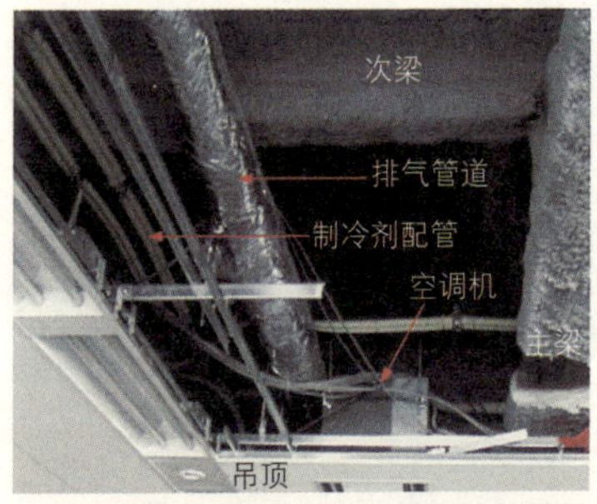

2 客厅的吊顶和吊顶内的设备以及钢结构梁的状况。也必须确保耐火保护层的厚度。

通往房间里面的电气配管碰上了管道

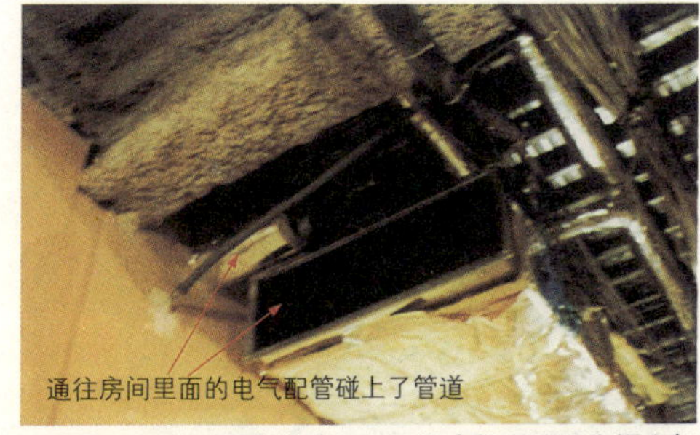

3 走廊吊顶内的设备状态。如果没有留足吊顶和梁之间的距离尺寸，就会形成上面的照片那样乱糟糟的状态。为了以后的维修方便，设计的时候必须考虑到设备的配置问题。如果这样做，钢结构的配置和管道预留开口的套筒等等，都要制定战略性计划。

150 钢结构梁和设备管道的线路 (2)

发生图3至图6那样的状况，是因为忙于现场的眼前工作，没有研究图纸的时间，所以就应付了事的结果而造成的。如果在开始施工前，委托能够把握整个工程的人进行彻底的设计调查，就能建成质量和保养性能良好以及节省费用的建筑物。所谓“磨刀不误砍柴工”，施工之前花费的时间正是为了减少时间和金钱的浪费，可惜很少人会这样做。

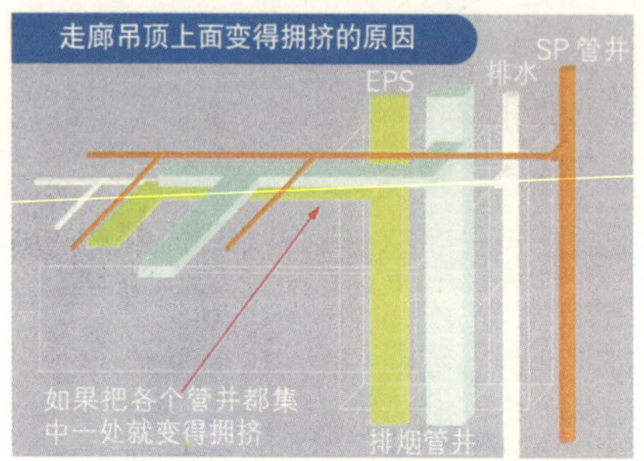

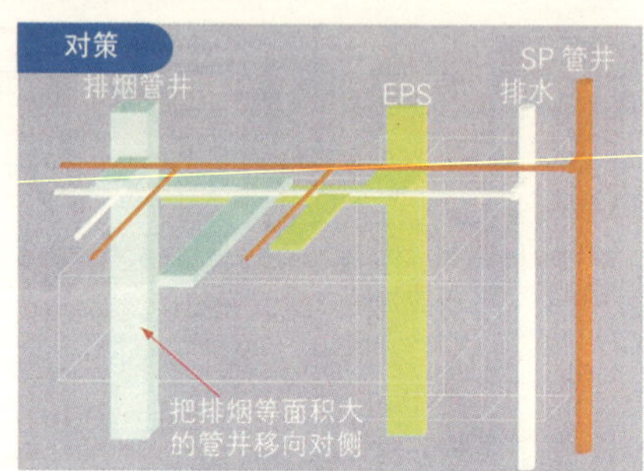

1·2 研究钢结构梁之前，重新看看管井的配置是否位于最佳位置。通过再次研究管井位置，能够确保合理的设备路线。如果各个管井都像图1那样位于很近的位置，就会出现争相拥挤的状况。像图2那样把设备管井分到两侧，就成为很整齐的配置。

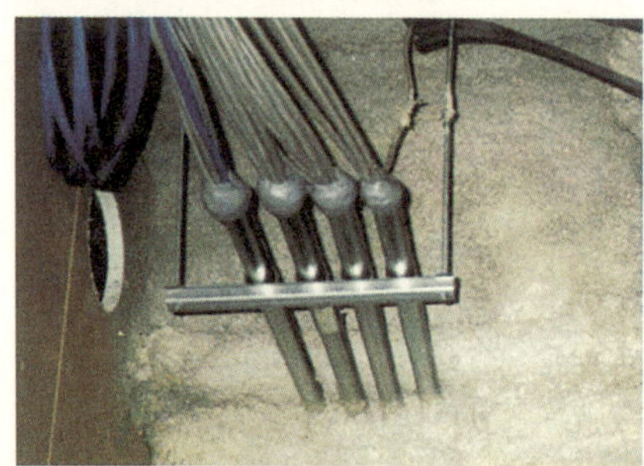

3 电气配管和排气管道在梁的下面互相拥挤碰到一块。现场如果发生这样的事情，就必须在决定优先路线之后再构筑其它路线。

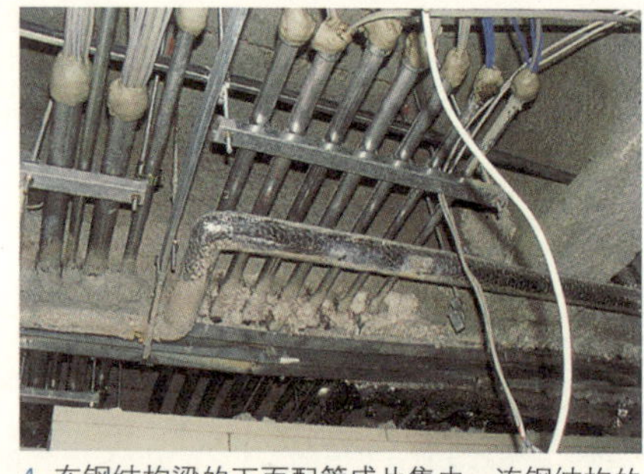

4 在钢结构梁的下面配管成片集中，连钢结构的耐火保护层的位置都被占了。糟糕的是刚好把钢结构梁拼接板厚度的部分给占据了。

5 这是走廊的主梁部分，电线集中在一起，把耐火保护层都磨坏了。为了避免这种现象的出现，要事先做好计划。

6 为了把设备管道穿过钢结构梁，正在用气割枪开孔。如果在钢结构发包之前没有决定好设备管道的路线，就会出现这种现象。

151 钢结构梁和设备管道的线路 (3)

这是发生在现场的研究不充分的一些事例。图1，如果在梁的规定位置上事先准备了管道的开口，就不需要做这些徒劳无益的事了。图2，为了能够对应变更，在梁的腹板上预留了许多的开口，可是，应该认识到这样开一个孔就要花费数千日元的问题。防火区域要加强管理，不要出现图6那样忘记堵塞的问题。

1・2 图1因为在钢结构梁的腹板上忘记留开口，所以将喷淋器管道迂回绕过，但是位置偏向钢结构梁的一边而损坏了耐火保护层。这样的施工既费时又难看。图2将喷淋器管道顺利穿过。这根管道对于耐火保护层的作业没有造成什么障碍，所以，在这个阶段一穿过，后面的作业就顺利了。即使施工单位没有决定，喷淋器主管的管道也能够简单地设定。

3 管道碰到耐火保护层。因为在吊顶高度、钢结构等等决定之后再决定管道的路线，所以就形成了这样的状态。

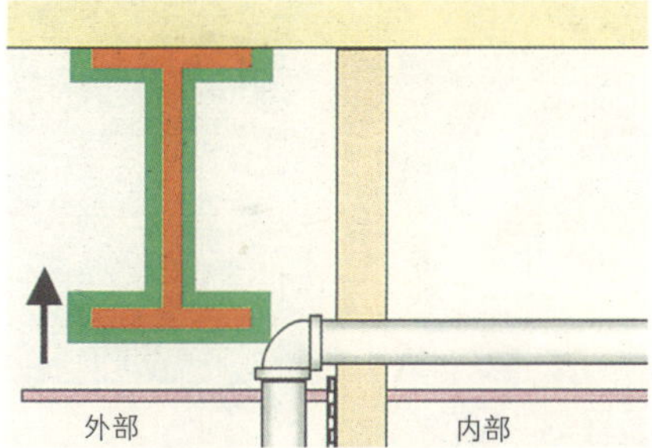

4 如果不能把吊顶降低，就在结构许可的情况下移动钢结构或是把梁换成高度低的构件。如果在钢结构发包之前发现问题，就能得到解决。

5 在考虑设备管道的时候，容易遗漏的问题是配置预防钢结构主梁的压曲的钢结构部件。在配置机器和管道的时候要十分注意。

6 防火区域的卷帘式铁门对面的开口没有堵塞。这个问题在修复工程中被发现了，一旦发生火灾，后果将不堪设想。

152 钢结构与设备之间的调整不足

要尽快决定下面提到的设备的配置，制定好工程计划以避免浪费，保证安排合理地推进施工。建筑行业是多重发包体制，所以，彼此想法的疏通有一定困难，也很难预测前面可能发生的问题，但是，希望参考这些具体的照片等资料来加深理解，做出更好的安排。

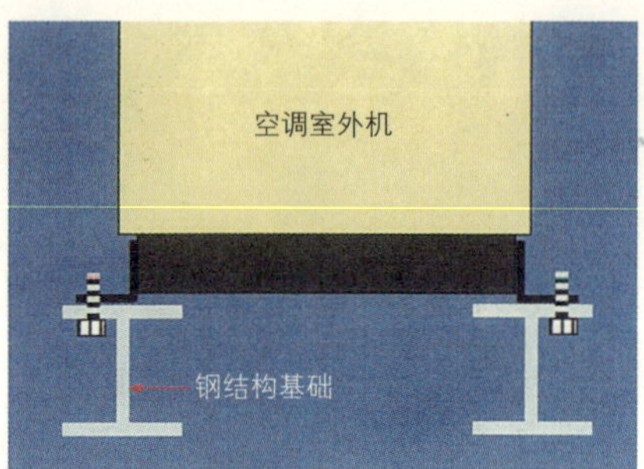

1·2 图1中设置了空调室外机，但是机器的底座和钢结构基础的预留洞不合适，所以无法固定。按原计划应该像图2那样安装。为了重新开预留洞影响了连接工程的进度，失去了充分的调整时间。在钢结构基础上进行安装的时候应该确认预留洞是否正确。如果在那个时候发现问题就能够更简单地解决它。

3 排气扇的钢结构基础。像这样开口的处理在计划的时候如果不事先考虑好，开口留着就有连续坠落的危险，要改动它也很费钱。

4 卫星播放的天线由于仰角小，设置场所受到限制，所以尽快决定配置方位很重要。考虑到检修方便，有必要确保像照片那样的空间。

5 为了穿过配管，特意使用了金属吊件。上部的固定螺栓可能拌倒步行者。

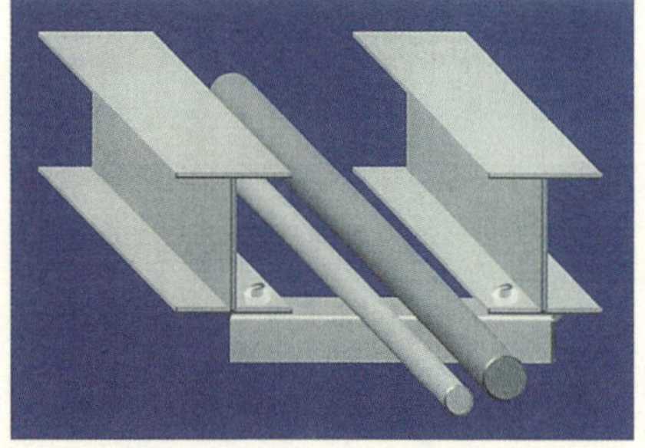

6 像这样把镀锌角钢作为承受支架的计划，在费用、安全、质量等方面都具有魅力。

153 钢结构在装修时出现的问题

本来像下面这样的建筑构件的合理组装应该用剖面详图来表示，但是在最近的设计图里很少这么做。建筑构件合理组装的剖面详图几乎都成了施工人员的工作。也就是说，组装出了问题就属于施工人员考虑不周的责任。钢结构发包的时候，一定要非常细心注意，不可遗漏。

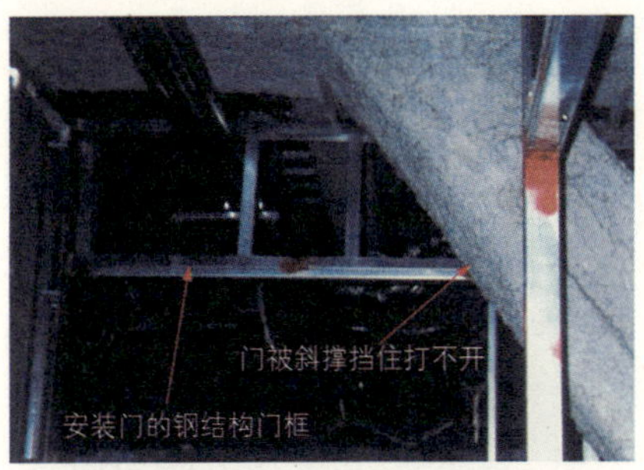

1 由于斜撑的位置关系在装修图上被忽略了，以致门被斜撑挡住，所以只好重新做门。斜撑的部分要在计划图里添上简单的立面。

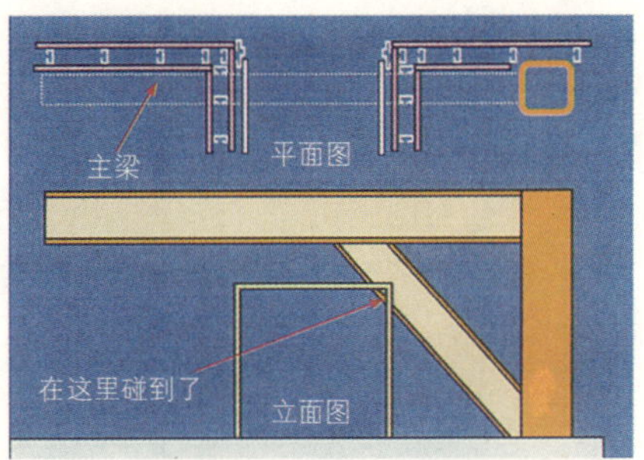

2 只靠上面的平面图不能检查这个错误。如果画出下面的立面图，不清楚的地方就明白了。只要10分钟的作业就能避免30万日元以上的损失。

3 柱子周围的水平支撑碰到了幕墙的横档。小型钢结构的组装考虑不周。

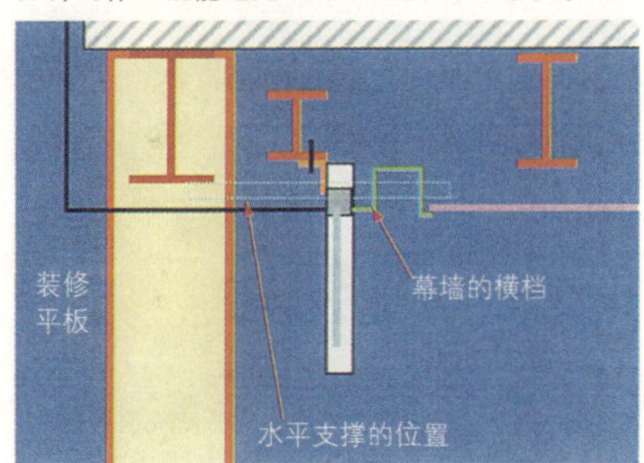

4 制作图容易成为单件的图。检讨施工安排的时候要再次确认结构图，检查这一类的支撑部件。

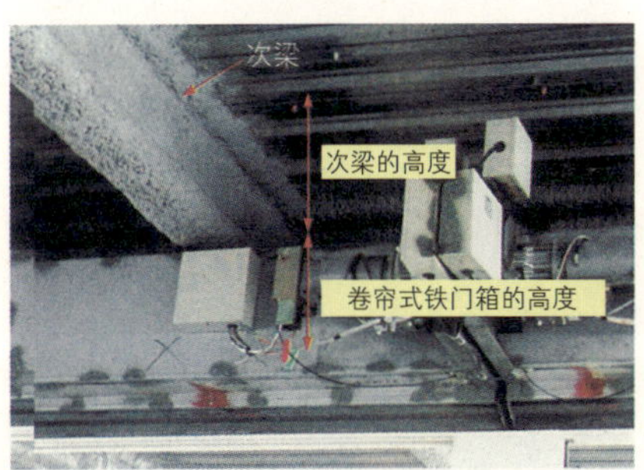

5 和卷帘式铁门成直角方向有梁的场合，卷帘式铁门有可能无法安装。

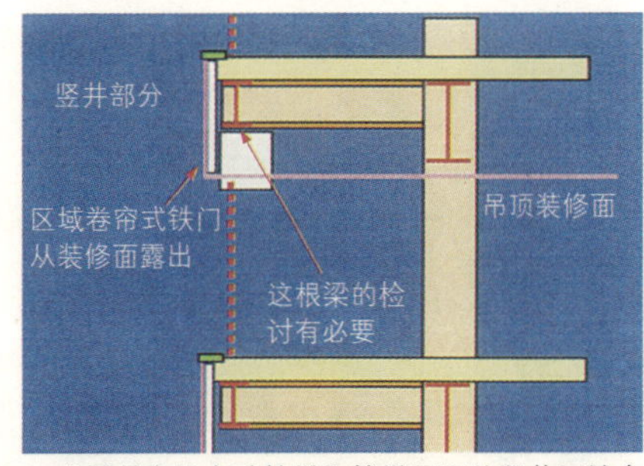

6 尤其是商场自动扶梯和楼梯周围的竖井区域会出现悬臂梁，所以一定要注意。

154 自动扶梯周围的钢结构

自动扶梯周围的钢结构的决定往往容易推迟。承受自动扶梯的钢结构梁和层高如果上下层不同，由于扶梯出入口的位置移动，就必须制作用来承受移动部分的地面混凝土的钢结构平台。另外，为了在周围安装卷帘式铁门，必须配置承受卷帘式铁门和兼作耐火墙的钢结构梁。

卷帘式铁门

▲ 吊顶高度

考虑了这个高度后决定钢结构的位置

30°

如果上下层的层高不同，扶梯出入口的位置将会移动，就可能需要这样的钢结构

1 应该理解某种程度的基本知识，即使自动扶梯的安装公司尚未决定之时，也能将钢结构先行发包。原则上斜度为30° 。必须把层高的$\sqrt{3}$倍的平面距离＋两侧平台的长度，所以，当层高的高差大的时候，要考虑是把相差的部分用自动扶梯的平台来补偿，还是像上图那样，制作承受自动扶梯的钢结构兼用的平台。最上面部分要决定包括栏杆在内的施工安排。

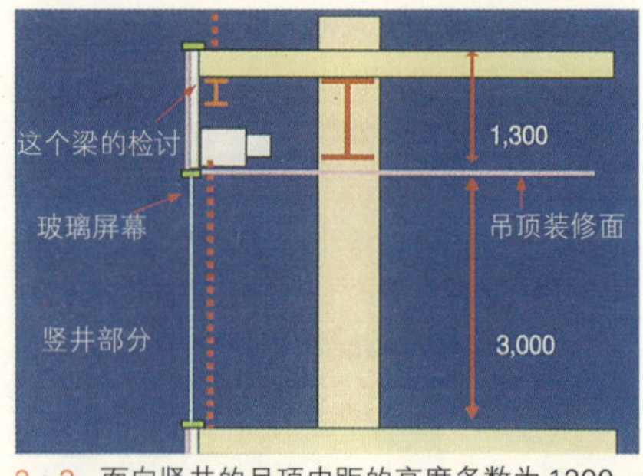

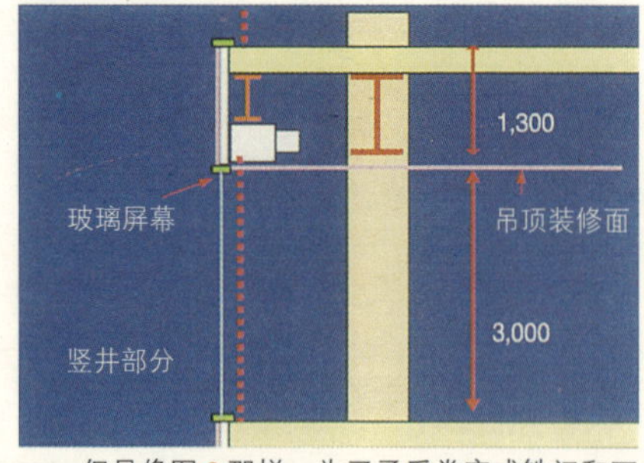

2・3 面向竖井的吊顶内距的高度多数为1200～1300mm，但是像图2那样，为了承受卷帘式铁门和下垂墙壁以及玻璃屏幕，所设计的钢结构梁就太小了。如果像图3那样把钢结构梁的断面加大，就可以做到合理的组装。

155 电梯周围的钢结构

如果将与电梯有关的钢结构放在后面安装，安装作业就很危险并且很麻烦。应该预先把构件装到钢结构上面。ALC(蒸压轻质混凝土)的凹口以最小限度，把中间梁的角撑板和导轨用的构件照划线定位安装上去。另外，在临建工程[61]里面曾经讲过，为了取消管井侧的脚手架，只要不在管井侧配置钢结构梁就行了(参照下图)。

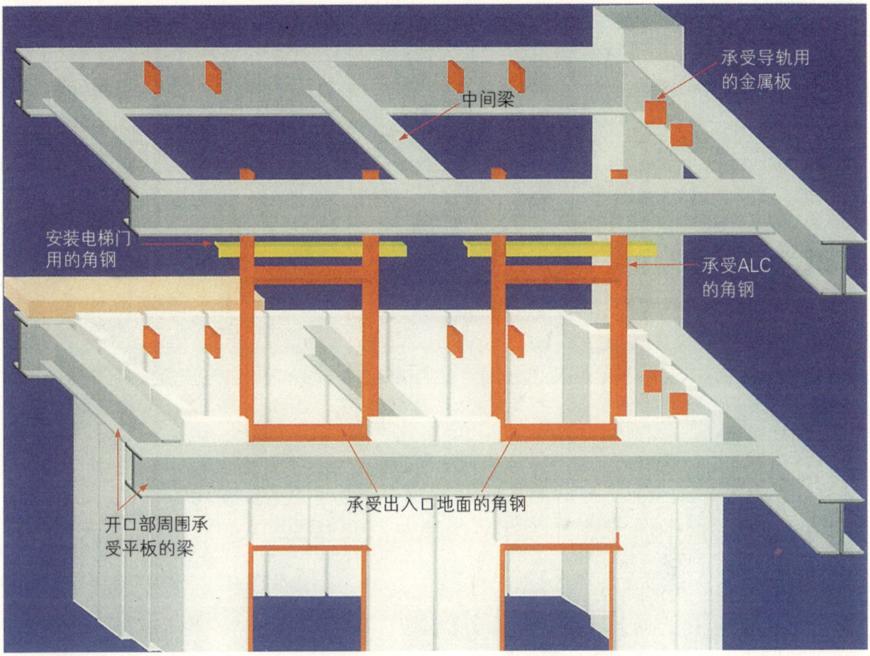

1 安装电梯门的角钢，因为位置不合重做的事例很多。所以可以把它归入电梯工程。

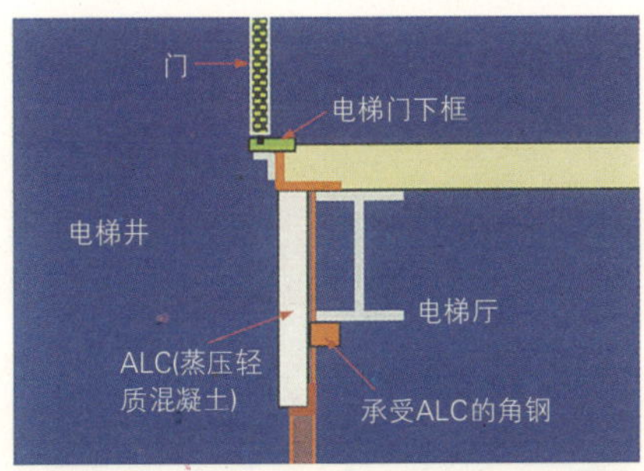

2 在电梯的出入口，把承受电梯门下框的混凝土平板延伸到开口位置。另外，把安装角钢用的构件先安到钢结构梁上。

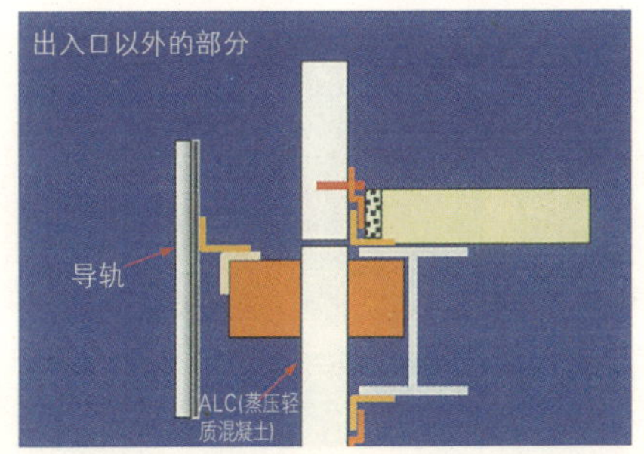

3 承受导轨的钢结构按照ALC的划线定位先安装到钢结构上。

156 电梯机械室周围的钢结构

根据电梯的速度和规格，从下层上来的架空尺寸的高度不同，必须由这个高度来决定需要将机械室上升放在什么位置。另外，考虑到机器的重量和跨度，承受机器的梁的高度也会变化，也要根据这个来决定机械室的高度位置。当电梯的机种有变更的时候需要注意。

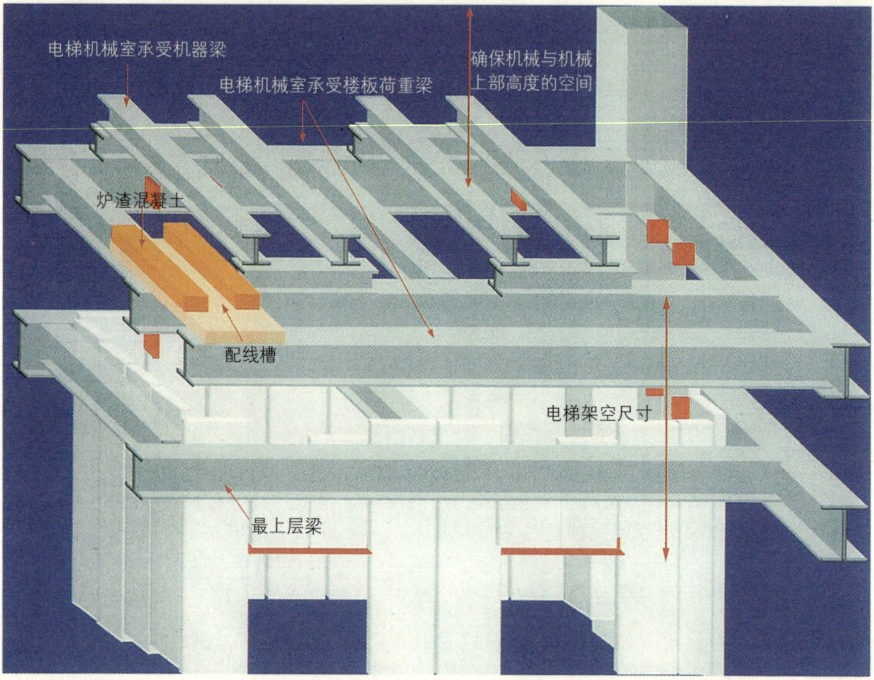

1 设法让机器的托梁和墙不相互影响。如果把机器从下面往上吊，就需要在地面开很大的口，处理起来很费工夫。要求把机器从上面搬进去。如果以上图为参考来决定设计方针就容易理解。

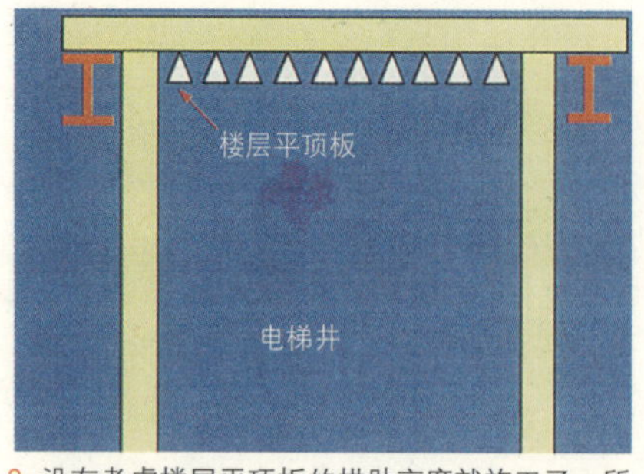

2 没有考虑楼层平顶板的拱肋高度就施工了，所以发生了法规上的架空尺寸不足的问题，不得不把平板切断取下。

3 电梯的机器承受梁的防锈涂漆以灰色外观比较好。

157 设备管井和钢结构梁的位置

当让不懂设备工程的人进行设计的时候，各种图纸之间没有整合性，施工开始之后花费了大量时间来调整，结果给施工委托人造成利益上的损失。通过考虑管道和配置问题后制定的钢结构的配置计划，将提高作业性能，降低经费，缩短工期。

1 因为设备路线的检讨有误，开口部的右侧一旦承受大的荷重，楼板就可能下垂弯曲。

2 像上图那样配置次梁是必要的。需要大的平板开口的时候，如果把它的周围用钢结构梁围起来就安全了。

3 这是排气管道的楼板开口和钢结构次梁的状况。在主筋方向制作开口的时候，一定要进行结构的研究。

4 把配管集中起来，正在使用起重机械进行安装。钢结构梁上面整齐地安上了承受的构件，可以看出事先对设备做出了计划。

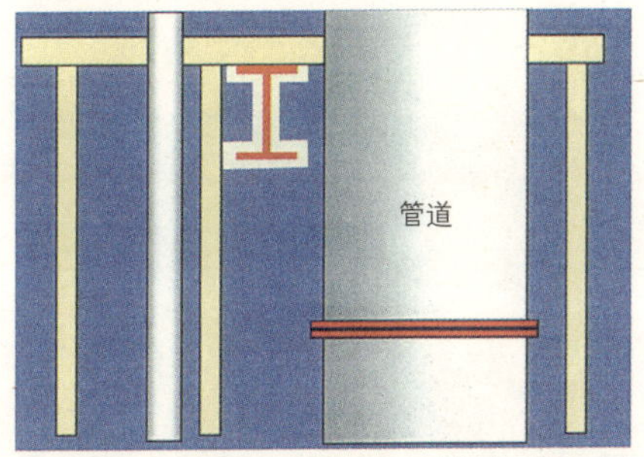

5 有的设计把设备用的管井配置在梁的附近，因为离墙太近施工性能非常糟糕。要懂得不要把管道、配管从梁中穿过。

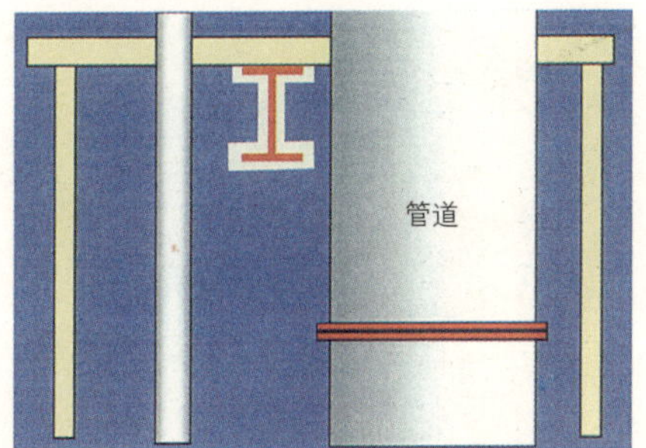

6 要从战略上考虑管道、配管的配置，根据作业空间来决定次梁的位置。

158 波纹钢板的失败案例

如果波纹钢板从钢结构梁上松动，或者是和钢结构翼缘之间夹着垃圾和水分，焊接螺柱就不会牢牢接合。还要做好管理，避免出现图 1 所示的偏离。如果没有很好地考虑钢板的划线定位，铺设钢板方向的钢结构的位置，就会产生如图 2 和图 3 这样的失败。

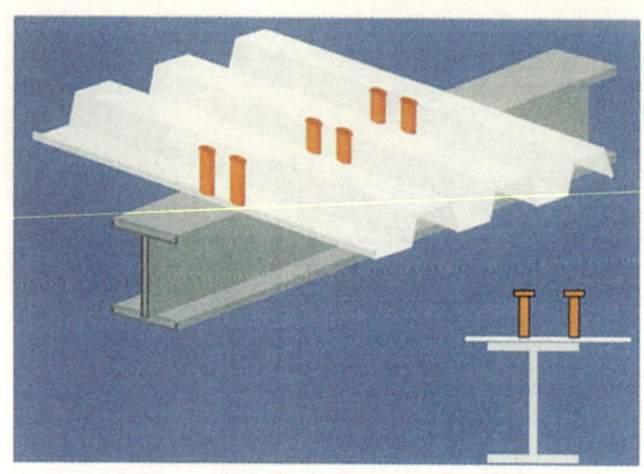

1 如上图所示，有的焊接螺柱露出到梁的端部。这是由于划线时的疏漏造成的。

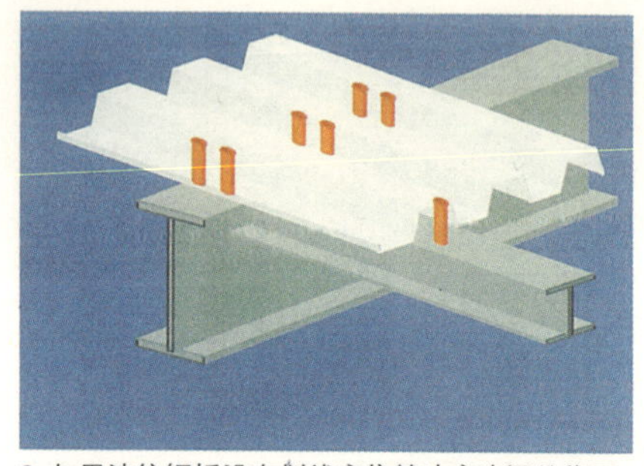

2 如果波纹钢板没有划线定位就决定次梁的位置，当钢板的拱起位置正好位于次梁的上面时就不能打焊接螺柱。

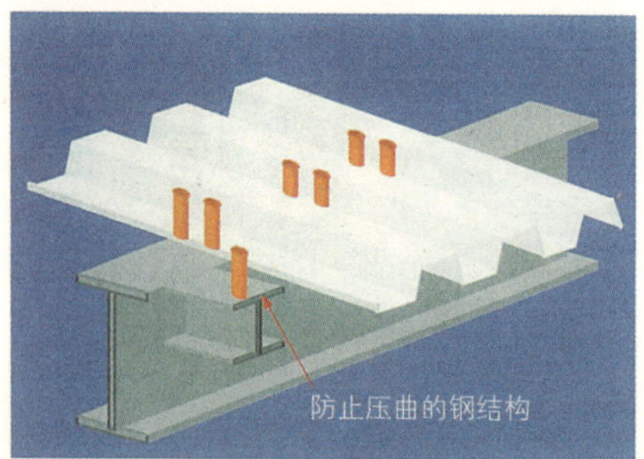

3 因为钢结构梁的防止压曲的钢构件的位置正好在钢板的拱起位置上，所以打焊接螺柱会损坏钢板。

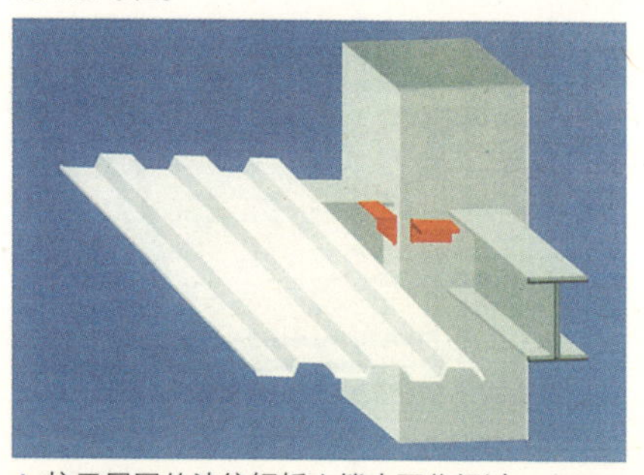

4 柱子周围的波纹钢板支撑也要作探讨。

5 设置设备管道开口的时候，为了使波纹钢板在被切断时不掉下来，要装上防止掉落的支撑物。

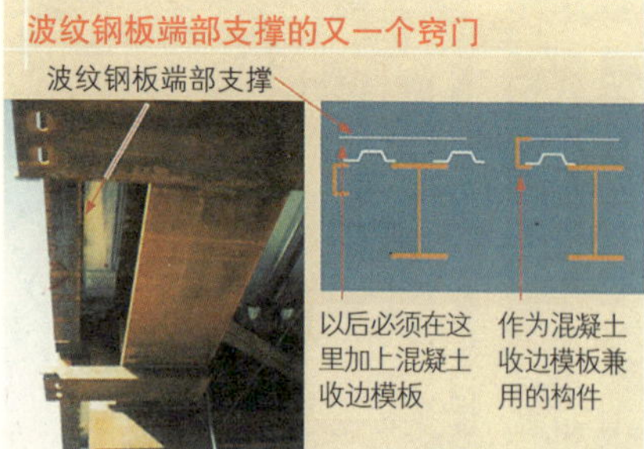

6 在照片那样的场合，把波纹钢板支撑构件兼作波纹钢板端部混凝土收边模板比较好。

159 钢结构的耐火保护层的工艺规程

如果耽误了耐火保护层的喷涂的施工时期，将给整个工程带来极大影响。在玻璃安装之前进行施工的场合，喷涂材料容易被风吹散，所以充分的防护很重要。另外，施工时期如果推迟，因为隔墙和设备机器管道等等，将使喷涂施工本身很难进行。

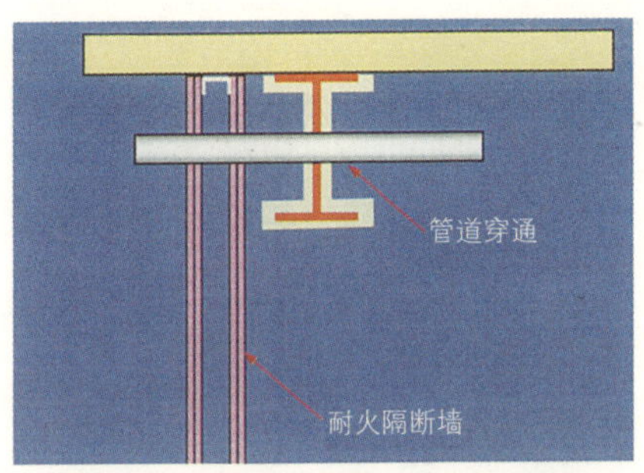

1 像这样在梁的附近把耐火隔断墙做到上面楼层的平板处的时候，有二个地方发生了管道穿通的问题，因为没有作业空间，所以区间穿通的处理变得很困难。

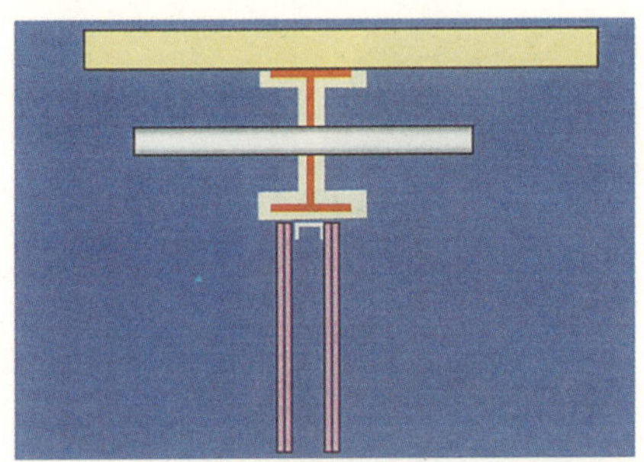

2 由于像这样的在梁的下面制作耐火隔断墙，将提高施工性。但是，和钢骨相连部分的岩棉必须再次喷涂。

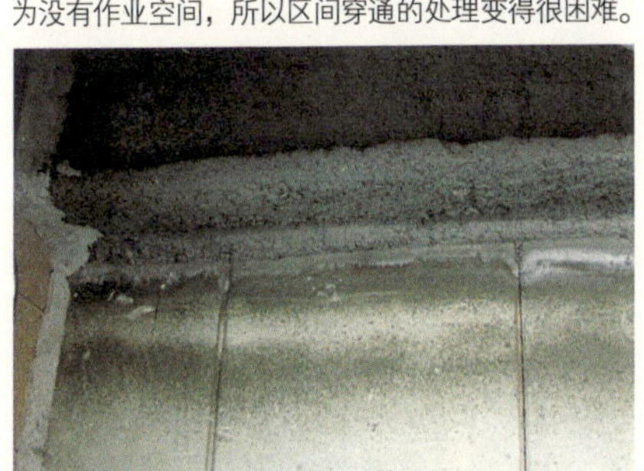

3 ALC 的耐火隔断墙施工之后，作为缝隙处理喷涂了岩棉，但是养护做的太差，墙壁弄得很脏。因为是不装修的机械室，希望多加注意。

4 为了安装窗帘盒把钢梁下面的岩棉剥开进行了焊接，可是没有做好修补。

5 为了先行把板的耐火隔断墙的耐火喷涂处理了，所以只在上面部分贴了双层墙板。

6 因为PC板和钢结构梁之间的缝隙太大，所以在岩棉喷涂用的底层上安装钢丝网。

160 钢结构耐火保护材料的种类

耐火保护材料中不仅有喷涂的种类还有许多其它种类。从成本来说喷涂种类是最具吸引力的，但是，在施工量少的场合或是灰尘防护特别麻烦的场合，要从战略上区别使用。还有，使用FR钢(建筑结构用耐火钢材)建造自行式停车场和门廊等无耐火保护的建筑物，或者是应用钢管混凝土柱结构(CFT)，也有柱子实现无耐火保护的事例。

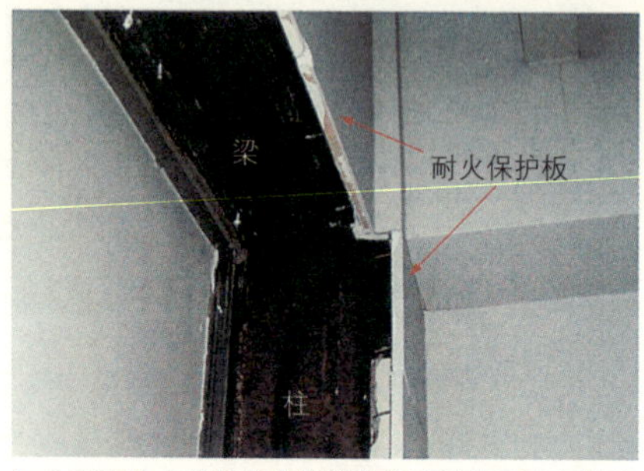

1 上面照片中的板各自都兼作柱和梁的耐火保护和装饰面。装修费用很少的场合，这是有效的办法。

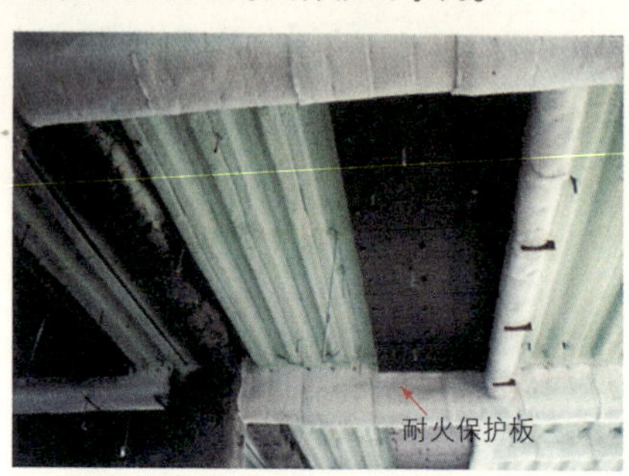

2 把钢结构的主梁和次梁用耐火保护材料卷着。左边的柱和主梁是采用历来的半湿式岩棉的喷涂。

3 钢结构梁和ALC之间很狭窄，钢结构的耐火保护不能做。因此采用复合耐火的方法。

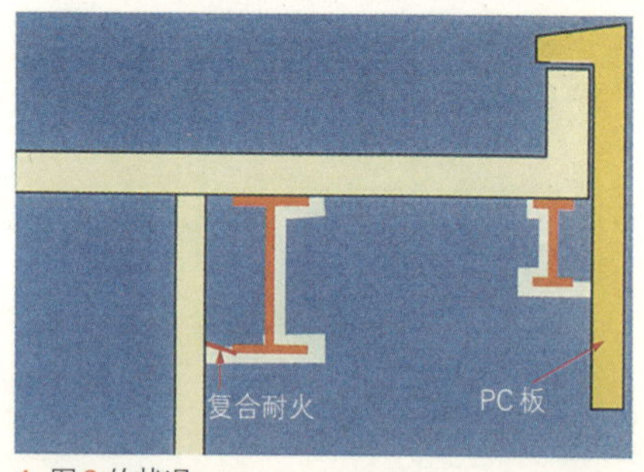

4 图3的状况。

5 小型的岩棉喷涂机械。主要在修补中使用，会增加成本。

6 把原有的梁下面隔断部分用专门的防火材料喷涂。

161 为了在钢结构框架上固定配件而揭下耐火保护层

把配件和墙安装到钢结构框架上的时候，多数的做法就像图1和图2那样，把以前喷涂上去的耐火保护层揭下来之后进行焊接。可是，如果施工中不够小心就会损伤结构部件，另外，耐火保护层的修补很费时间，也不能做的很漂亮。往往就可能不做修补而放弃不管了。

1 为了固定出入口的自动门的上部框架，把钢结构梁的耐火保护膜揭开，正在打锚。

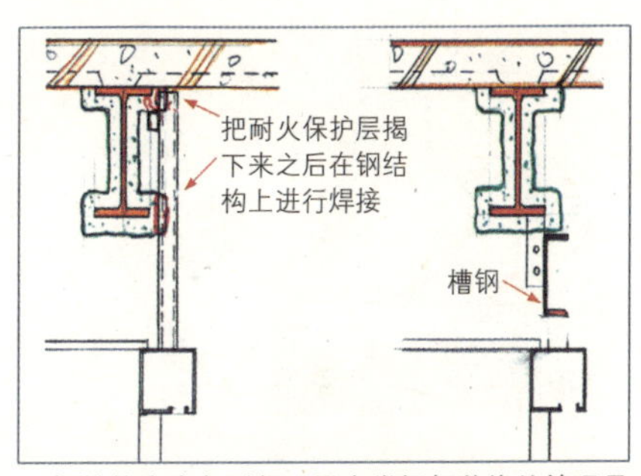

2 钢结构在发包时候，没有掌握好装修的情况是产生这个问题的原因。如果像右图那样，把槽钢先安装上去，就可以按计划、不费事地解决了问题。

3 这也是为了把出入口的配件框固定在柱子上，正把柱子的耐火保护层剥下来。

4 如上图所示，如果先在柱子上安装与耐火保护层同样厚度的角钢，就省去了不必要的麻烦。

5 为了固定墙，把耐火保护层揭开焊接了墙的上部滑道。在修复工程中才被发现。

6 如果做了上图那样的准备就没问题。

162 钢结构的耐火保护层的管理要点

耐火保护层的施工，它的设备需要相当大的空间，喷涂材料的量也很多，所以为了提高效率，要计划好便于搬入的场所。另外，如果不事先规定好施工的厚度，就会产生图 1 那样的偷工减料工程。

1 在修复工程中掀开顶棚的时候，发现了耐火保护层已被剥掉的钢结构梁。像这样的建筑物，还可以在其它地方看到许多管理不善的施工状况。

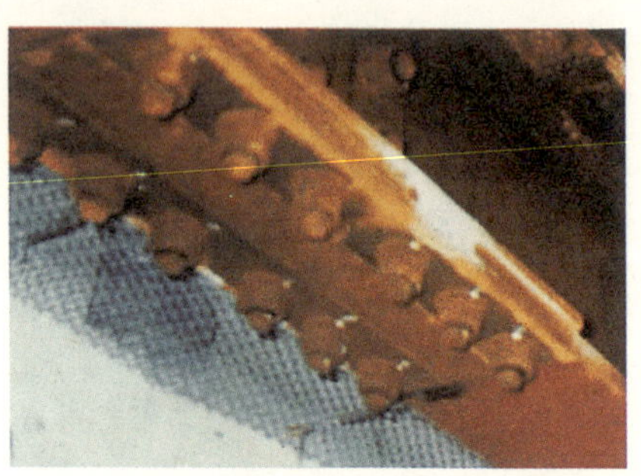

2 为了安装耐火保护层的底层钢丝网，在拼接板上焊接了钢筋。如果没有充分地提醒施工人员，他们就会满不在乎地进行这样的作业。

3 钢结构梁的下翼缘的边缘部分的耐火保护层厚度不足。这是施工上喷涂困难的地方，所以由此可以看出建设公司的技术力量和施工能力。

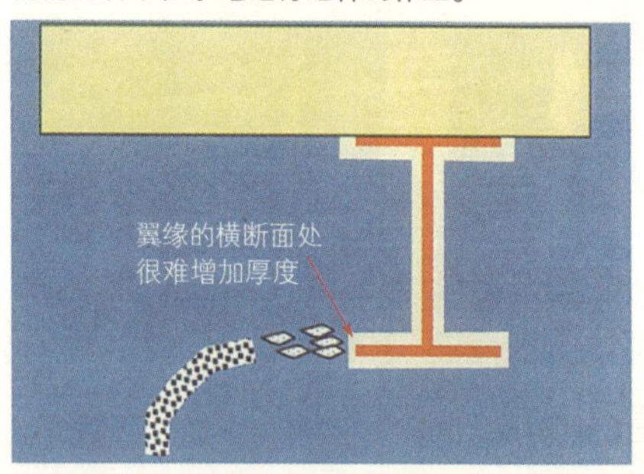

4 梁的这个部分就像上图一样很难增加厚度，但是，如果在政府部门的检查中受到批评后再重做的话，就非常麻烦了，要严格管理。

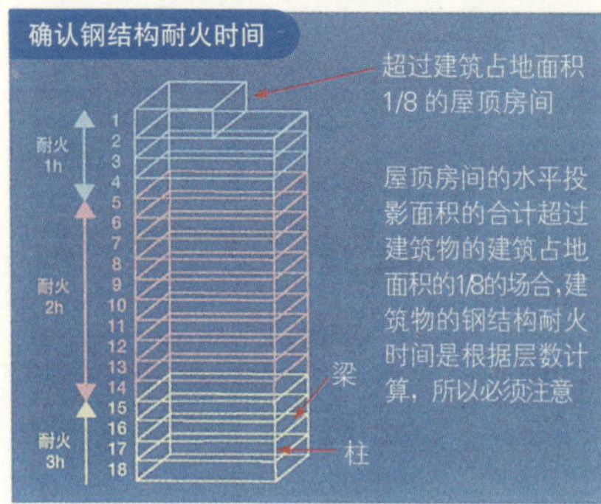

5 需要确认楼层和柱、梁的耐火保护层的厚度。

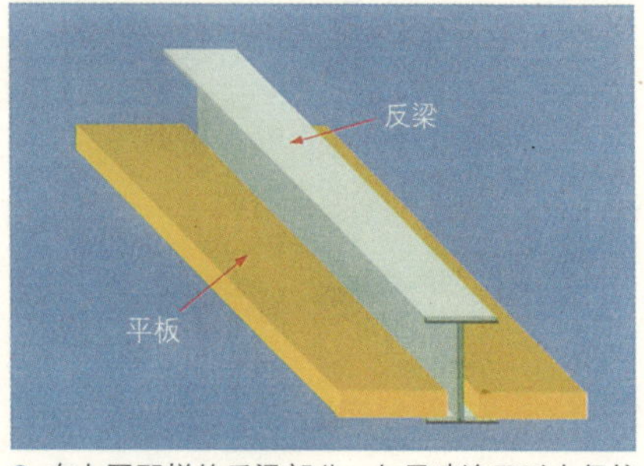

6 在上图那样的反梁部分，如果喷涂了耐火保护层，就会在施工中被践踏，几乎都要重做。最好是彻底进行现场防护，或者是改喷涂为使用耐火板之类。

163 把钢筋预先安装到钢结构框架上

通过先把钢筋绑扎到钢柱和钢梁上，可以节省钢筋工程的作业脚手架，并顺利地配筋。根据柱主筋的接合方法需要寻找种种窍门，所以要进行充分的检讨。

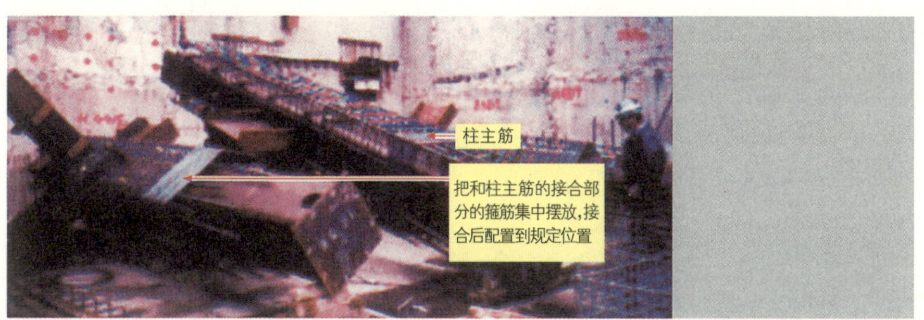

1 把柱主筋和箍筋组装到搬进来的钢结构柱子上。如果柱主筋太长，地面切割的时候会把主筋折弯，所以要注意。另外，准备好地面组装的空间，制定好计划，以保证钢筋安装的顺利进行。

2 纠正倾斜钢丝用的零件，如果露出，螺旋箍筋就无法配筋，所以一定要注意。配筋完成后安装升降扶梯。

3 也可以采用螺节钢筋和联结器来连接主筋。只有联结器的部分变大，所以箍筋的安装方法和施工方法必须要制定计划。

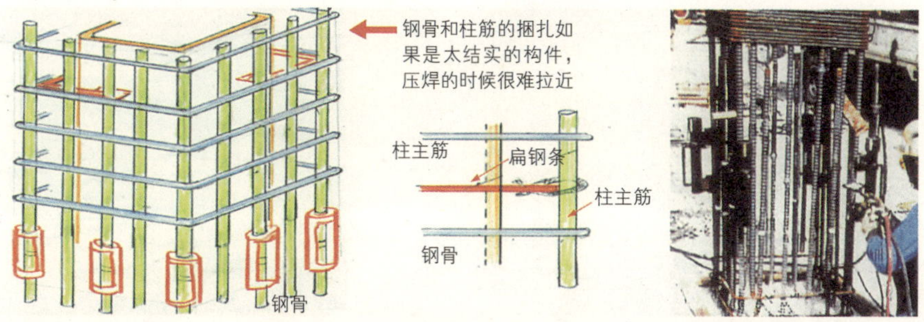

4 压接柱主筋的时候，必须用油压千斤顶把柱筋拉近，如果钢骨的束缚力太强就无法拉近，所以把具有适当强度和柔软性的零件安装到钢骨上。这也根据钢骨和钢筋之间的距离来决定，但是在距离小的场合，扁钢条比角钢更有柔软性，更好用。

作者简介

半泽正一

1974年毕业于日本横滨国立大学工学院建筑系。积累了27年的建筑现场施工经验，现在为建筑工程项目经理。日本一级建筑师、一级建筑施工管理工程师和卫生管理人员。

著有:《建筑防水与装修工程》、《建筑设备工程》和《建筑结构工程》。